西门子工业自动化系列教材

人机界面组态与应用技术

席巍 编著

机械工业出版社

本书从实用、易学的角度出发，介绍了人机界面与组态应用技术，以西门子公司的人机界面产品为例，全面介绍了其组态软件 WinCC flexible 的特点、基本组成和安装、界面操作和设计环境等内容，着重介绍了组态与模拟调试的方法，包括对变量、画面对象、报警与用户管理、数据记录、趋势视图、配方、报表、运行脚本的组态方法。本书图文并茂，使用大量丰富的实例，将 WinCC flexible 的各项功能结合起来，使读者能快速掌握。本书从最基本的概念和操作开始，十分详尽地讲述了 Wincc flexible 组态的内容，每章最后均有练习题，便于读者及时复习、熟练掌握所学内容。

本书可作为大专院校机电类、机电一体化专业的教材，也可作为工程技术人员的培训教材和参考用书。

图书在版编目（CIP）数据

人机界面组态与应用技术 / 席巍编著. —北京：机械工业出版社，2010.4 （2024.1 重印）
（西门子工业自动化系列教材）
ISBN 978-7-111-29869-4

Ⅰ. ①人… Ⅱ. ①席… ②李… Ⅲ. ①人—机系统—教材 Ⅳ. ①TB18

中国版本图书馆 CIP 数据核字（2010）第 030896 号

机械工业出版社（北京市百万庄大街 22 号 邮政编码 100037）
策划编辑：时 静
责任编辑：时 静 吴超莉
责任印制：张 博

北京雁林吉兆印刷有限公司印刷

2024 年 1 月第 1 版 · 第 10 次印刷
184mm×260mm · 12.25 印张 · 300 千字

标准书号：ISBN 978-7-111-29869-4
定价：39.00 元

电话服务 网络服务
客服电话：010-88361066 机 工 官 网：www.cmpbook.com
010-88379833 机 工 官 博：weibo.com/cmp1952
010-68326294 金 书 网：www.golden-book.com
封底无防伪标均为盗版 机工教育服务网：www.cmpedu.com

前　言

近年来，人机界面在控制系统中起着越来越重要的作用。用户可以通过人机界面随时了解、观察并掌握整个控制系统的工作状态，必要时还可以通过人机界面向控制系统发出故障报警，进行人工干预。因此，人机界面可以被看成用户与硬件、控制软件的交叉部分。用户可以通过人机界面与控制系统进行信息交换，向控制系统输入数据、信息和控制命令，而控制系统又可以通过人机界面回送控制系统的数据与有关信息给用户。

西门子的人机界面产品能满足不同用户的个性化需求，可以监控整个生产过程，保证机器设置和工厂时刻处于优化的高效运行状态。西门子公司的组态软件 WinCC flexible 操作简单，组态效率高，功能强大。WinCC flexible 智能化工具可简化项目的创建，用于对画面层级和动作路径进行图形化组态，并可组态大批量数据。通过其操作界面可以快速访问 HMI 对象，同时还可根据用户要求对其进行调整，使用批量处理功能可同时完成多个对象的添加与编辑。

本书以西门子公司的人机界面产品为例，通过大量的实例，详细地介绍了使用组态软件 WinCC flexible 对人机界面进行组态和模拟调试的方法。本书在编写过程中，力求语言简洁、通俗易懂，图文并茂。

本书共 10 章：第 1 章介绍了人机界面与西门子人机界面产品；第 2 章介绍了组态软件 WinCC flexible 的特点，组成及其安装；第 3 章介绍了 WinCC flexible 的界面与入门技巧、组态项目与调试项目的方法：第 4 章介绍了 WinCC flexible 画面对象的组态；第 5 章介绍了报警与用户管理；第 6 章介绍了历史数据与趋势视图；第 7 章介绍了如何组态配方：第 8 章介绍了 WinCC flexible 中的报表；第 9 章介绍了如何使用脚本；第 10 章介绍了如何组态多语言项目。

由于作者水平有限，错误和疏漏之处在所难免，恳请广大读者提出宝贵意见和建议。

作　者

目　　录

第1章 概 述

1.1 人机界面概述

1.1.1 人机界面的基本概念

近年来，人机界面在控制系统中起着越来越重要的作用。用户可以通过人机界面随时了解、观察并掌握整个控制系统的工作状态，必要时还可以通过人机界面向控制系统发出故障报警，进行人工干预。因此，人机界面可以被看成用户与硬件、控制软件的交叉部分。用户可以通过人机界面与控制系统进行信息交换，向控制系统输入数据、信息和控制命令，而控制系统又可以通过人机界面回送控制系统的数据与有关信息给用户。

1．人机界面的定义

人机界面（Human-Machine Interface，HMI），又称人机接口。人机界面可以连接可编程序控制器（PLC）、变频器、直流调速器、温控仪表、数采模块等工业控制设备，利用显示屏显示，通过触摸屏、按键、鼠标等输入单元写入参数或输入操作命令，进而实现用户与机器的信息交换。

2．人机界面的组成及工作原理

人机界面产品一般由HMI硬件设备和HMI操作软件两部分组成。HMI硬件设备包括处理器、显示单元、输入单元、通信接口、数据存储单元等，其中处理器的性能决定了人机界面产品性能的高低，是人机界面的核心单元。根据人机界面的产品等级不同，可分别选用8位、16位、32位的处理器。HMI操作软件一般分为两部分，即运行于HMI硬件中的系统软件与运行于PC硬件平台、Windows操作系统下的组态软件。

人机界面是人（操作员）与过程（机器/设备）之间的接口，可以连接的设备种类非常多，如各种PLC、PC卡、仪表、变频器、数采模块等。在这些设备中，可编程序控制器是工业控制过程的实际单元，人机界面连接的主要设备种类是PLC。首先，用户根据监控任务的需要，在PC上通过HMI组态软件进行系统组态，创建相关的项目工程文件，其中包括创建变量使人机界面与PLC进行数据传递，创建画面尽可能精确地把相关设备或控制过程映射在人机界面上等；再通过PC与HMI硬件设备的通信接口，把编制好的项目工程文件下载到HMI硬件设备中；最后再通过相应的通信接口，将HMI硬件设备与PLC相连接，来实现对设备或控制过程的操作并使其可视化。图1-1提供了自动化监控系统的基本结构总览。

3．人机界面产品的基本功能

人机界面产品具有以下基本功能。

- 过程可视化：将工业生产过程动态地显示在HMI设备上。
- 操作员对过程的控制：操作员可以通过图形用户界面来控制工业生产过程。

● 显示报警：对工业生产过程的临界状态会自动触发报警。
● 归档过程值和报警：根据需求，可以记录报警和过程值，检索以前的生产数据。
● 过程值和报警记录：根据需求，可以打印输出报警和过程值报表。
● 过程和设备的参数管理：根据产品的品种，可以将工业生产过程中相应产品的参数存储在配方中。

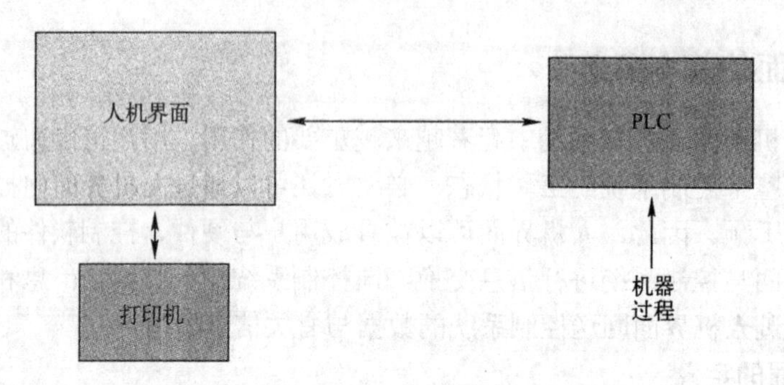

图 1-1　自动化监控系统的基本结构总览

1.1.2　人机界面产品的分类与选型

1. 人机界面产品分类

根据输入方式的不同，可以将人机界面产品分为 4 类，分别是薄膜键盘输入的 HMI、触摸屏输入的 HMI、触摸屏+薄膜键盘输入的 HMI 和基于 PC 的 HMI。

根据显示方式的不同，可以将人机界面产品分为文本显示的 HMI 和图形显示的 HMI。

根据安装固定方式的不同，可以将人机界面产品分为固定安装的 HMI 和移动的 HMI。

2. 人机界面产品的选型

人机界面产品的选型一般从以下几个方面考虑。

● 显示屏尺寸及色彩、分辨率。
● HMI 的处理器速度性能。
● 输入方式：触摸屏、薄膜键盘或触摸屏+薄膜键盘、基于 PC。
● 用户内存的大小、所支持的画面数量、支持的变量个数。
● 是否支持配方、脚本等高级功能。
● 通信接口的种类及数量，是否支持打印功能。
● 组态软件及相应的选件。

1.2　西门子人机界面产品简介

西门子的人机界面产品能满足不同用户的个性化需求，可以监控整个生产过程，保证机器设备和工厂时刻处于优化的高效运行状态。SIMATIC HMI 的产品组成如图 1-2 所示。

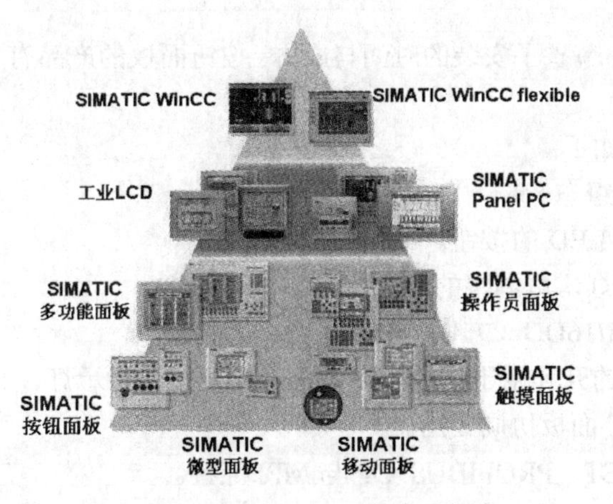

图 1-2　SIMATIC HMI 的产品组成

西门子人机界面具有如下特点。

- 操作方便，支持键盘操作与触摸操作，适用于恶劣的工业环境。
- 具有丰富的通信接口。
- 良好的开放性，可以支持多种品牌的 PLC，易于扩展。
- 支持多种语言，全球通用。
- 使用统一的组态软件。

西门子人机界面的硬件产品分类如图 1-3 所示。

	按钮面板	微型面板			通用面板			多功能面板		移动面板	
	PP7/PP17系列	TD系列	77Micro系列	177Micro系列	77系列	177系列	277系列	MP277系列	MP377系列	Mobile Panels 177系列	Mobile Panels 277系列
移动										■	■
固定	■	■	■	■	■	■	■	■	■		
操作											
触摸屏				■		■1)	■1)	■1)	■1)		
按键	■	■	■		■	■1)	■1)	■1)	■1)		
触摸屏和按键						▪				■	■
显示器											
TFT							■	■	■		■
STN		■	■	■	■	■				■	
接口											
PPI	■	■	■	■	■	■	■	■	■	■	■
PROFIBUS	■				■	■	■	■	■	■1)	■
PROFINET/Ethernet	▪					▪	■	■	■	■1)	■3)
USB					▪	▪	■	■	■		■
HMI 功能											
报警系统	■2)	■	■	■	■	■	■	■	■	■	■
配方					▪	▪	■	■	■	■	■
归档							■	■	■		■
Visual Basic 脚本							■	■	■		■
软件选项						▪	■	■	■	■	■

图 1-3　西门子人机界面产品的分类图

■—具有特性　　1）—不同的设备类型
▪—高性能产品具有的特性　　2）—通过集成的 LED
3）—移动面板 277IWLAN 支持无线以太网

1.2.1　按钮面板

按钮面板（Push Button Panels）也称为纯按钮面板，是可更换总线的控制面板，其结构简单，使用方便。在安装时，需要使用相应的安装开孔和总线电缆将面板连接至控制器，与传统的操作面板比较，节省了安装的时间与成本。按钮面板的产品有 PP17-I、PP17-II、PP17-I PROFIsafe。

按钮面板的特点如下：

- 即插即用，预组态。
- 使用耐用多色 LED 的按钮。
- 集成信号指示灯，可调整的信号扩展。
- 板载最多 16DI/16DO，方便扩展。
- 支持 22.5mm 的开孔用于集成标准设备，如按钮、指示灯、急停或钥匙开关。
- 可与 SIMATIC 面板协同使用。
- 支持 PROFINET、PROFIBUS-DP 与 MPI 连接。
- 坚固可靠，易于维护。

（1）PP17-I

PP17-I 为较复杂任务设计，可以为扩展更标准元件提供足够的空间，其外观如图 1-4 所示。PP17-I 具有 16 个按钮集成 LED，16 点数字量输入与 16 点数字量输出，预留 12 个 22.5mm 的标准安装孔，前面板尺寸为 240mm×204mm（宽×高），开孔尺寸为 226mm×190mm×53mm（宽×高×深），防护等级前面板为 IP65、背板为 IP20，支持 PROFIBUS-DP 连接与 MPI 连接，最高传输速率为 12Mbaud。

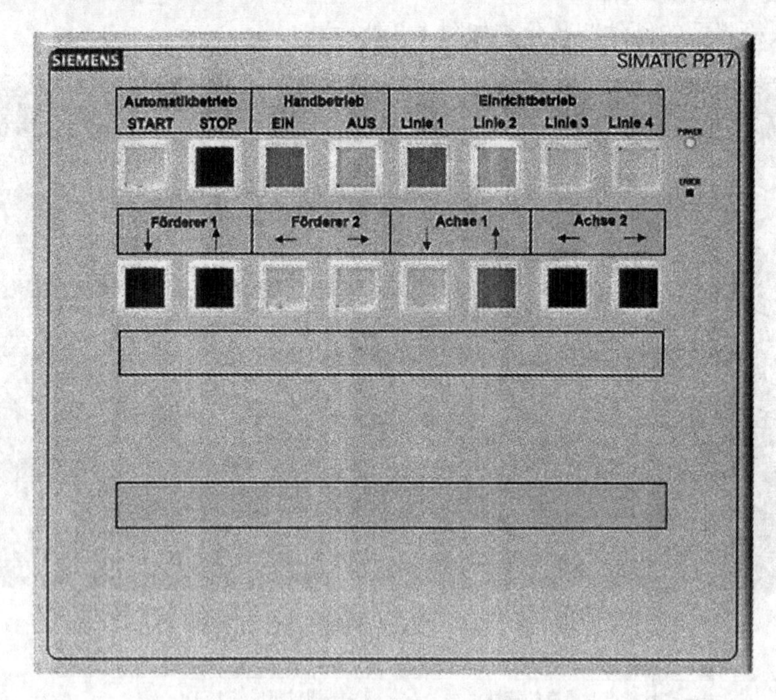

图 1-4　PP17-I

（2）PP17-II

PP17-II 为更复杂任务设计，其外观如图 1-5 所示。PP17-II 具有 32 个按钮集成 LED，16 点数字量输入与 16 点数字量输出，预留 12 个 22.5mm 的标准安装孔，前面板尺寸为 240mm×204mm（宽×高），开孔尺寸为 226mm×190mm×53mm（宽×高×深），防护等级前面板为

IP65、背板为 IP20，支持 MPI 连接与 PROFIBUS-DP 连接，最高传输速率为 12Mbaud。

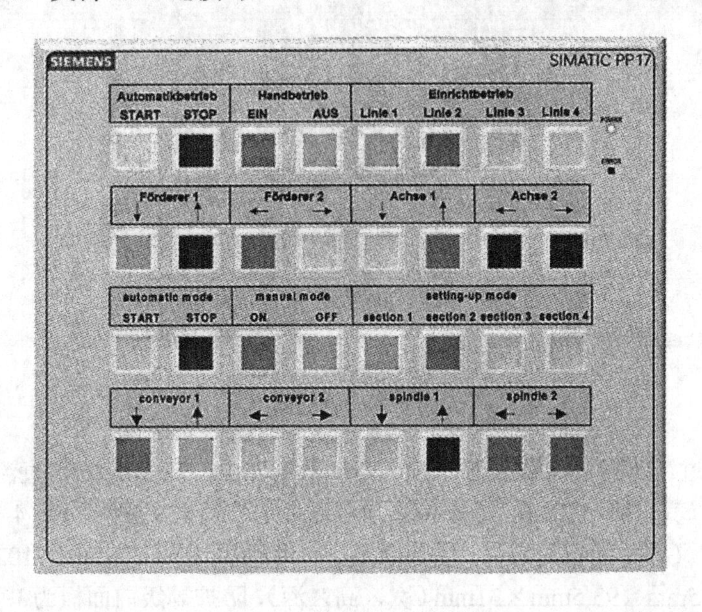

图 1-5　PP17-II

（3）PP17-I PROFlsafe

PP17-I PROFlsafe 具有 16 个带照明的按键及丰富的数字输入输出，安装了输入通道（F-DI），适用于简单的急停应用场合。PP17-I PROFlsafe 集成了 PROFlsafe 通信功能，在 SIMATIC S7-F-CPU 300/400 故障安全模式中用于简单的急停程序。PP17-I PROFlsafe 最多可以连接 2/4 个双通道急停按钮。PP17-I PROFlsafe 在 PROFIBUS 中有 1 至最大 4F 通道用于紧急停止，有多达 14 个数字输入，14 个数字输出；在 PROFINET 中有 1 至最大 2F 通道用于紧急停止，有多达 16 个数字输入，8 个数字输出。PP17-I PROFlsafe 的外部尺寸、安装开孔与 PP17-I 相同，其外观如图 1-6 所示。

图 1-6　PP17-I PROFlsafe 安装在操作站中

1.2.2　微型面板

微型面板（Micro Panels）是专门为 SIMATIC S7-200 PLC 定做的，可以使用标准 MPI 或 PROFIBUS 电缆与其连接。它的结构紧凑，操作简单，品种丰富，包括文本显示器、微型的触摸屏与微型的操作员面板。根据显示方式，可以分为文本显示面板与图形显示面板。

1．文本显示面板

文本显示面板，顾名思义，只能显示数字与字符，不能显示图形。文本显示面板的产品有文本显示器 TD400C。

TD400C 是西门子公司的新一代文本显示器，可以使操作员或用户与应用程序进行交互，具有极高的性价比，与 S7-200 通过高速 PPI 通信，速率可达 187.5kbaud，其外观如图 1-7 所示。

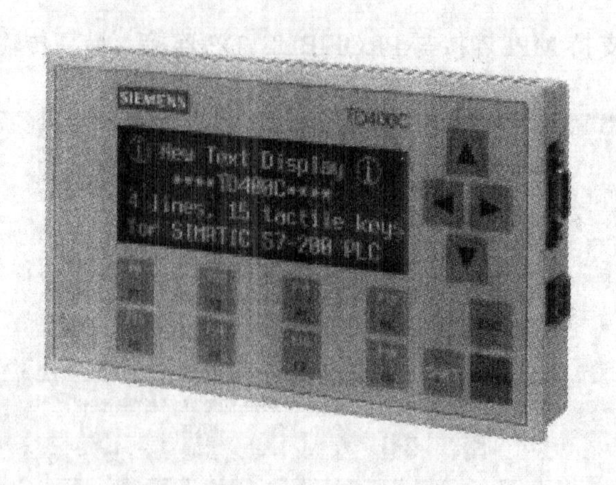

图 1-7　TD400C

TD400C 通过 TD/CPU 电缆从 S7-200 CPU 获得供电，或者由 24V 直流电源供电，蓝色背光 LCD 显示，其分辨率为 192×64 像素，可以显示 2 行（大字体）或 4 行（小字体），具有 8 个可自由定义的功能按键与 7 个系统按键，前面板尺寸为 174mm×102mm（宽×高），开孔尺寸为 163.5mm×93.5mm×31mm（宽×高×深），防护等级前面板为 IP65、背板为 IP20。

TD400C 具有下列功能：

- 支持两种显示字体。
- 支持中英文显示。
- 64 个画面，80 条报警信息。
- 提供密码保护。
- 屏幕保护功能。
- 使用 Step 7-MicroWinV4.0 SP4 中文版组态。

2．图形显示面板

图形显示面板除了可以显示数字与字符外，还可以以图形的方式来监控生产过程现场。图形显示面板的产品有微型触摸屏 TP 177micro、K-TP 178micro 与微型操作员面板 OP73 micro。

（1）TP 177micro

TP 177micro 是 4 级蓝色的 5.7in 像素图形显示器，其分辨率为 320×240 像素，前面板尺寸为 212mm×156mm（宽×高），开孔尺寸为 196mm×140mm（宽×高），防护等级前面板为 IP65、背板为 IP20，外观如图 1-8 所示。TP 177micro 的性价比较高，可以在许多有安装限制的场合进行垂直安装。

TP 177micro 能组态的语言数量为 32 种，支持 5 种在线语言，支持矢量图形，支持棒图/趋势图示，可以组态 250 个画面与 500 个报警信息，可以使用 250 个变量，用户内存为 256KB。

TP 177micro 采用 PPI 协议，可以实现与 S7-200 连接，使用 WinCC flexible 组态。

（2）K-TP 178micro

K-TP 178micro 是根据中国用户的需求专门设计的，为 S7-200 的应用而定制的具有图形功能的设备，适用于防水、防尘的应用场合，特别适用于纺织行业，其外观如图 1-9 所示。

K-TP 178micro 是 5.7in 触摸屏，蓝色 4 级灰度显示，其分辨率为 320×240 像素，前面板尺寸为 212mm×173.5mm（宽×高），开孔尺寸为 196mm×158mm（宽×高），防护等级前面板为 IP65、背板为 IP20，具有 6 个可自由定义的功能按键。K-TP 178micro 采用 32 位 ARM7 处理器，其性能优异，系统启动时间与操作响应时间短，可以通过触摸屏和功能按键的组合进行操作，电源与通信状态指示灯、触摸与按键的声音反馈为用户的操作提供了安全保障。

K-TP 178micro 可以组态 32 种语言，最多支持 5 种在线语言，支持矢量图形，支持棒图/趋势图示，支持配方功能，可以组态 500 个画面与 2000 个报警信息，可以使用 1000 个变量，用户内存为 1024KB，具有强大的密码保护功能，支持 50 个用户组。

K-TP 178micro 采用 PPI 协议，可以实现与 S7-200 连接，使用 WinCC flexible 组态。

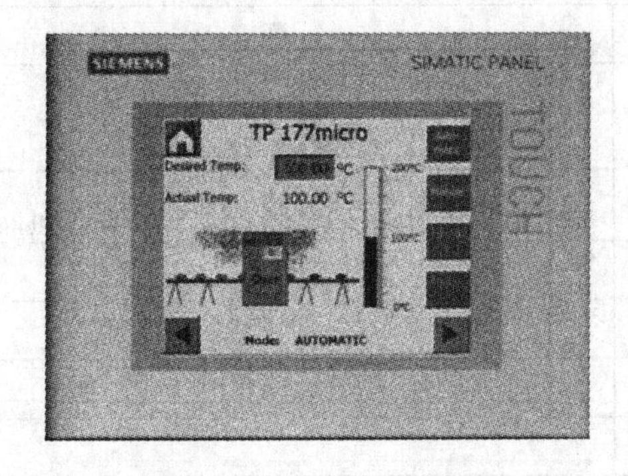

图 1-8　TP 177micro

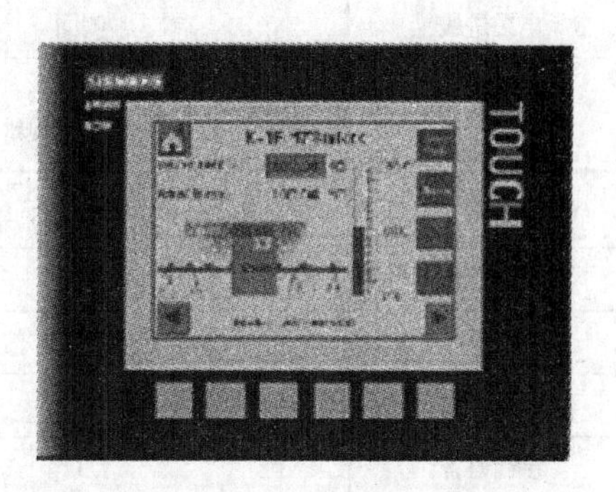

图 1-9　K-TP 178micro

（3）OP 73micro

OP 73micro 是 3in 像素图形显示器，是 OP3 与 TD200 的升级产品，其外观如图 1-10 所示。

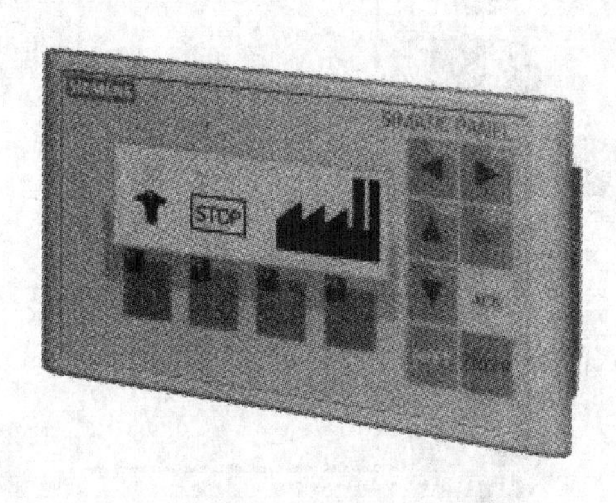

图 1-10　OP 73micro

OP 73micro 为液晶显示器，其分辨率为 160×48 像素，前面板尺寸为 153mm×83mm（宽×高），开孔尺寸为 137mm×67mm（宽×高），防护等级前面板为 IP65、背板为 IP20。OP 73micro 不仅能够显示文本，而且还支持图形显示，如位图、棒图，具有 4 个可自由定义的功能按键与 8 个系统按键，可以组态 250 个画面与 250 个报警信息，可以使用 500 个变量，用户内存为 128KB，具有密码保护功能，可连接 S7-200，具有多主机通信功能，可以网络集成，能组态 32 种语言，最多支持 5 种在线语言。

OP3 与 OP 73micro 的技术参数见表 1-1。

表 1-1　OP3 与 OP 73micro 的技术参数

技术参数 \ 产品名称	OP3	OP 73micro
显示屏	2 行	3in（3～6 行）
数字键	与功能键组合使用	通过光标键输入
功能键	5	4
响应按钮 ACK	—	故障信息响应按钮
接口	RS232，RS485	RS485
电缆进线	侧面	底面
显示	文本显示 一种文本规格	文本显示 不同文本规格 图形、棒图、按钮、图标、符号语言
连接	通过 PPI 连接 S7-200 通过 MPI 连接 S7-300/400	通过 PPI 连接 S7-200 通过 MPI/DP 连接 S7-300/400，最高速率为 1.5Mbit/s
由 CPU 供电	可以	–
报警	自动显示状态信息	全面的报警系统，包括状态与故障信息
帮助文本	—	√（最多 320 个字符）
在线语言	3	5
项目语言/种	5	32
组态工具	ProTool	WinCC flexible

OP 73micro 与 OP3/TD200 的兼容性如图 1-11 所示。

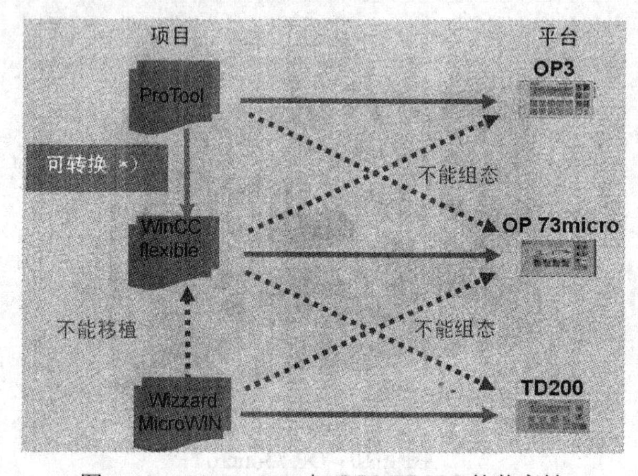

图 1-11　OP 73micro 与 OP3/TD200 的兼容性

1.2.3　操作员面板

操作员面板（Operator Panels）也称为键控式面板，用户通过液晶显示器、面板上的密封薄膜键盘来实现整个过程的监视控制。操作员面板的产品有 OP 73、OP 77A、OP 77B、OP 177B 和 OP 277。

（1）OP 73

OP 73 是 3in 像素图形显示器，是 OP3 的后续产品，其外观如图 1-12 所示。

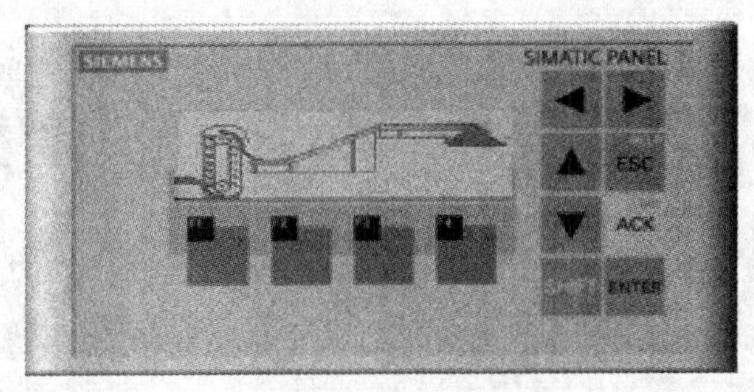

图 1-12 OP 73

OP 73 为液晶显示器，其分辨率为 160×48 像素，前面板尺寸为 153mm×83mm（宽×高），开孔尺寸为 137mm×67mm（宽×高），防护等级前面板为 IP65、背板为 IP20。OP 73 不仅能够显示文本，而且支持图形显示，如位图、棒图，具有 4 个可自由定义的功能按键与 8 个系统按键，可以组态 500 个画面与 500 个报警信息，可以使用 1000 个变量，用户内存为 256KB，具有密码保护功能，支持 PROFIBUS-DP 通信，最多支持 5 种在线语言，可连接 S7-200/300/400，使用 WinCC flexible 组态。

OP3 与 OP 73 的技术参数见表 1-2。

表 1-2 OP3 与 OP 73 的技术参数

技术参数 \ 产品名称	OP3	OP 73
显示屏	2 行	3in（3～6 行）
数字键	与功能键组合使用	通过光标键输入
功能键	5	4
响应按钮 ACK	—	故障信息响应按钮
接口	RS232，RS485	RS485
电缆进线	侧面	底面
显示	文本显示 一种文本规格	文本显示 不同文本规格 图形、棒图、按钮、图标、符号语言
连接	通过 PPI 连接 S7-200 通过 MPI 连接 S7-300/400	通过 PPI 连接 S7-200 通过 MPI/DP 连接 S7-300/400，最高速率为 1.5Mbit/s
由 CPU 供电	可以	—
报警	自动显示状态信息	全面的报警系统，包括状态与故障信息
帮助文本	—	√（最多 320 个字符）
在线语言	3	5
项目语言/种	5	32
组态工具	ProTool	WinCC flexible

OP 73 与 OP3 的兼容性如图 1-13 所示。

（2）OP 77A/OP 77B

西门子 77 系列面板除了 OP 73 外，还包括 OP 77A 和 OP 77B。OP 77A/OP 77B 是 OP 7 的升级产品，其外观如图 1-14 所示。

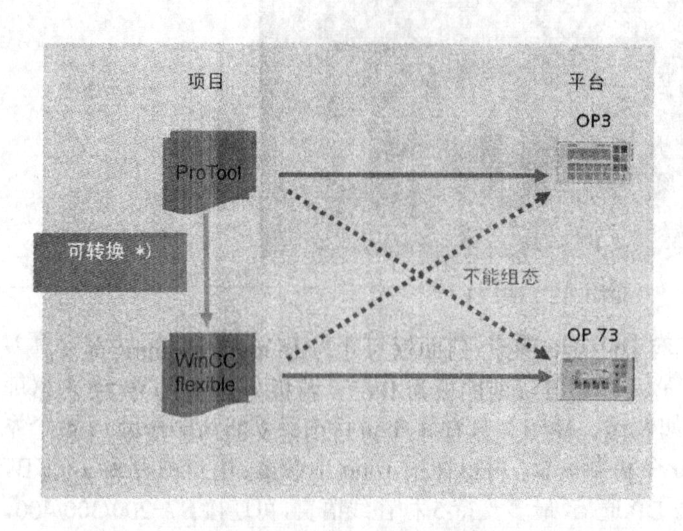

图 1-13　OP 73 与 OP3 的兼容性

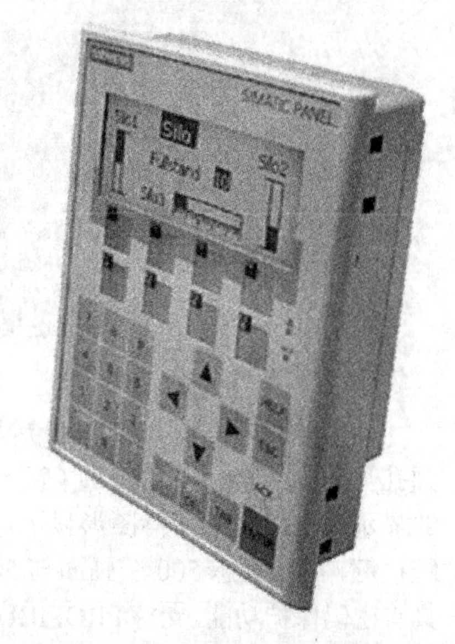

图 1-14　OP 77A/OP 77B

OP 77A/OP 77B 具有 4.5in 像素显示屏，结构紧凑，其分辨率为 160×64 像素，前面板尺寸为 150mm×186mm（宽×高），开孔尺寸为 134mm×170mm（宽×高），防护等级前面板为 IP65、背板为 IP20。OP 77A/OP 77B 支持位图与棒图，具有可图形标记软键，有 8 个可自由定义的功能按键与 23 个系统按键，可以组态 500 个画面与 1000 个报警信息，可以使用 1000 个变量，支持 MPI 与 PROFIBUS 通信，最多支持 5 种在线语言，消息系统带循环缓冲器的可定义类型的消息，使用 WinCC flexible 组态。

与 OP 77A 相比，OP 77B 简化了数据处理，增加了通信选项，增加了用户内存。OP 77B 使用标准多媒体卡，可以扩展用于备份 OP 77B 的配方数据和项目的存储器。OP 77B 中以“csv”标准格式保存的配方可以在 PC 中进一步处理。OP 77B 可以使用 USB 接口连接打印机或下载项目，还可以通过 RS232 接口或 MPI/PROFIBUS 从中心站下载项目。OP 77B 可以通过调制解调器或 SIMATIC TeleService 等进行远程组态下载，在服务过程中节省了时间和费用。OP 77A 与 OP 77B 的技术参数见表 1-3。

表 1-3　OP 77A 与 OP 77B 的技术参数

技术参数 \ 产品名称	OP 77A	OP 77B
通信	通过 MPI/DP 连接 S7-200/300/400	通过 MPI/DP 连接 S7-200/300/400
最高速率/（Mbit/s）	1.5	12
第三方驱动程序		
用户内存/KB	256	1024
接口	RS422/RS485	RS232/RS422/RS485，USB
打印机	—	√
MMC 插槽	—	√
信息	位信息	位信息、模拟信息、报警
配方/配方内存	√	100/32KB

OP 77A/OP 77B 与 OP 7 的兼容性如图 1-15 所示。

（3）OP 177B

OP 177B 是一种“触控+按键”组合的 HMI 产品，满足 PROFIBUS-DP 或 PROFINET 各种应用环境的面板，是 OP 17、OP 170B 的后续产品，其外观如图 1-16 所示。根据其应用场合，分为 OP 177B DP 与 OP 177B PN/DP。

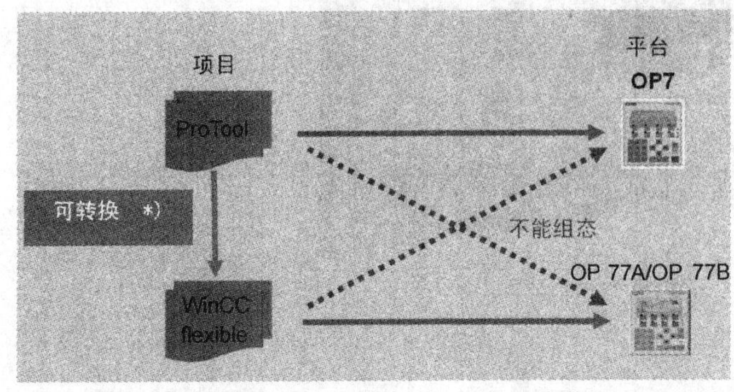

图 1-15　OP 77A/OP 77B 与 OP 7 的兼容性

图 1-16　OP 177B

OP 177B 为 5.7in 像素显示屏，分辨率为 320×240 像素，前面板尺寸为 243mm×212mm（宽×高），开孔尺寸为 227mm×194mm（宽×高），防护等级前面板为 IP65、背板为 IP20。OP 177B 支持矢量图形，支持棒图/趋势图示，具有 32 个可自由定义的功能按键，系统按键可以任意组态，用户内存为 2048KB，可以组态 500 个画面与 2000 个报警信息，可以使用 1000 个变量，能组态 32 种语言，最多支持 5 种在线语言，有一个 RS422 接口、一个 RS485 接口与一个标准多媒体卡插槽，内置 USB 接口用于打印与下载，可以连接 S7-200/300/400 及其他品牌的 PLC，使用 WinCC flexible 组态。

OP 177B DP 与 OP 177B PN/DP 的技术参数见表 1-4。

表 1-4　OP 177B DP 与 OP 177B PN/DP 的技术参数

产品名称 / 技术参数	OP 177B DP	OP 177B PN/DP
显示器颜色	4 种蓝色色调	256 色彩色
接口	RS422/RS485、USB	RS422/RS485、USB、PROFINET
选件	—	Sm@rtService、 Sm@rtAccess

（4）OP 277

OP 277 为 5.7in 像素显示屏，分辨率为 320×240 像素，前面板尺寸为 308mm×204mm（宽×高），开孔尺寸为 280mm×176mm（宽×高），防护等级前面板为 IP65、背板为 IP20，其外观如图 1-17 所示。OP 277 基于 Windows CE 系统，具有 24 个可自由定义的功能按键，36 个系统按键可以任意组态，用户内存为 4000KB，可以组态 500 个画面与 2000 个报警信息，可以使用 2048 个变量，能组态 32 种语言，支持矢量图形，支持棒图/趋势图示，支持配方功能，支持 Sm@rtService 和 Sm@rtAccess，支持脚本与归档，最多支持 5 种在线语言，有一个 RS422/RS485 接口，一个内置 PROFINET/以太网接口与一个标准多媒体卡插槽，内置 USB 接口用于打印与下载，可以连接 S7-200/300/400 及其他品牌的 PLC，使用 WinCC flexible 组态。

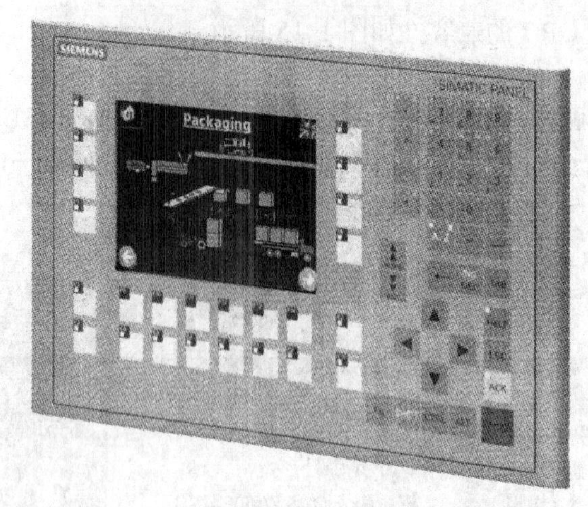

图 1-17　OP 277

1.2.4　触摸面板

触摸面板（Touch Panels）无须物理按钮，用户根据触摸面板上具有明确意义和提示信息的按键，通过触摸感应及显示能使其直观地进行图形控制监视。触摸面板的产品有 TP 177A、TP 177B 与 TP 277。

（1）TP 177A

TP 177A 是一款经济的、优化的触摸面板，具有 5.7in 像素显示屏，分辨率为 320×240 像素，可以垂直安装，前面板尺寸为 212mm×156mm（宽×高），开孔尺寸为 196mm×140mm（宽×高），防护等级前面板为 IP65、背板为 IP20，其外观如图 1-18 所示。TP 177A 的用户内存为 512KB，可以组态 250 个画面与 1000 个报警信息，可以使用 500 个变量，能组态 32 种语言，最多支持 5 种在线语言，支持矢量图形，支持棒图/趋势图示，支持配方功能，有一个 RS485 接口与一个标准多媒体卡插槽，可以连接 S7-200/300/400 及其他品牌的 PLC，使用 WinCC flexible 组态。

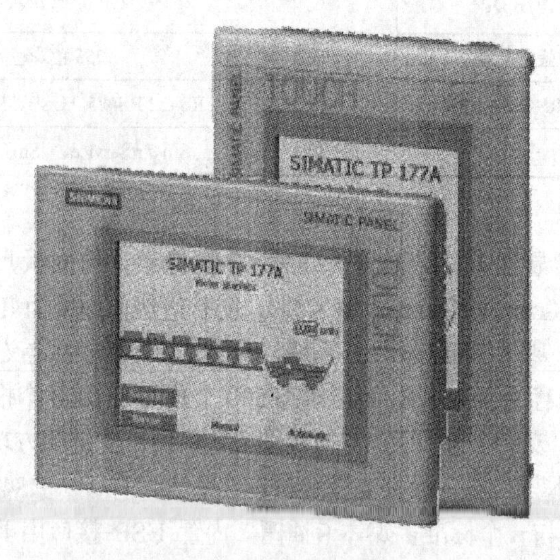

图 1-18　TP 177A

（2）TP 177B

TP 177B 是一种可触控面板，满足 PROFIBUS-DP 或 PROFINET 各种应用环境的面板，其外观如图 1-19 所示。根据其应用场合，分为 TP 177B DP 与 TP 177B PN/DP。

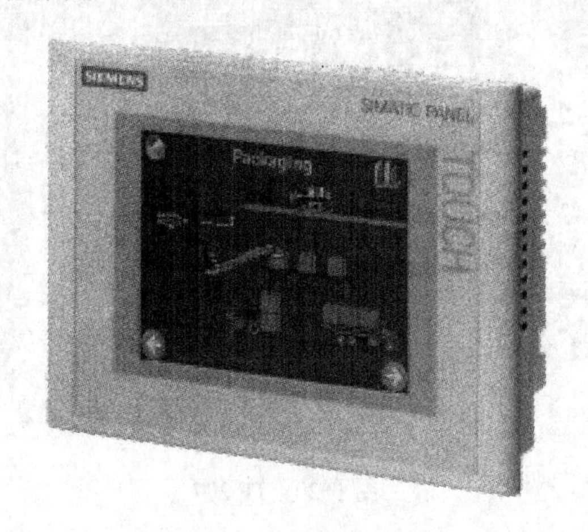

图 1-19　TP 177B

TP 177B 为 5.7in 像素显示屏，分辨率为 320×240 像素，前面板尺寸为 212mm×156mm（宽×高），开孔尺寸为 196mm×140mm（宽×高），防护等级前面板为 IP65、背板为 IP20。TP 177B 的用户内存为 2048KB，可以组态 500 个画面与 2000 个报警信息，可以使用 1000 个变量，能组态 32 种语言，最多支持 5 种在线语言，支持矢量图形，支持棒图/趋势图示，支持配方功能，有一个 RS422 接口、一个 RS485 接口与一个标准多媒体卡插槽，内置 USB 接口用于打印与下载，可以连接 S7-200/300/400 及其他品牌的 PLC，使用 WinCC flexible 组态。

TP 177B DP 与 TP 177B PN/DP 的技术参数见表 1-5。

表 1-5　TP 177B DP 与 TP 177B PN/DP 的技术参数

产品名称 技术参数	TP 177B DP	TP 177B PN/DP
显示器颜色	4 种蓝色色调	256 色彩色
接口	RS422/RS485、USB	RS422/RS485、USB、PROFINET
选件	—	Sm@rtService 、Sm@rtAccess

（3）TP 277

TP 277 为 5.7in 像素显示屏，分辨率为 320×240 像素，前面板尺寸为 212mm×156mm（宽×高），开孔尺寸为 196mm×140mm（宽×高），防护等级前面板为 IP65、背板为 IP20，其外观如图 1-20 所示。TP 277 基于 Windows CE 系统，用户内存为 4000KB，可以组态 500 个画面与 4000 个报警信息，可以使用 2048 个变量，能组态 32 种语言，最多支持 5 种在线语言，支持矢量图形，支持棒图/趋势图示，支持配方功能，支持 Sm@rtService 和 Sm@rtAccess，支持脚本与归档，有一个 RS422/RS485 接口，一个内置 PROFINET/以太网接口与一个标准多媒体卡插槽，内置 USB 接口用于打印与下载，可以连接 S7-200/300/400 及其他品牌的 PLC，使用 WinCC flexible 组态。

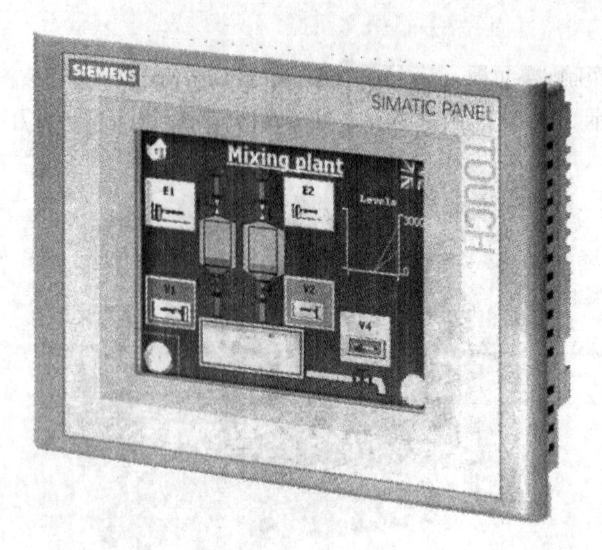

图 1-20　TP 277

1.2.5　多功能面板

多功能面板（Mutli Panels）基于 Windows CE 操作系统，可以使用其他的基于标准 Windows CE 的应用程序，可以在一个平台上集成多种自动化功能，可以满足最高性能的要求。与 PC 相比，多功能面板具有坚固耐用性，可以在高震动或多灰尘的恶劣工业环境下工作。

通过 PROFINET/Ethernet，多功能面板可以访问办公环境，将归档与配方保存在上位 PC 中实现集中管理，进行数据交换，还可以访问网络打印机。

多功能面板的产品有 MP 277、MP 377。

多功能面板的特点如下：

1）坚固设计。

2）使用 IE 浏览器（内置）可以访问 HTML 文档。

3）高存储容量，还可实现内存扩展，用于归档或配方、备份/恢复等功能。

4）板载 MPI、PROFIBUS、PORFINET/Ethernet 和 USB 接口。

5）明亮的 64K 色 TFT 显示器。

6）模块化的扩展，选件如：

- PLC SIMATIC WinAC MP 2007 软件。
- 与制造商无关的 OPC 服务器。
- 使用 Sm@rtService 软件包通过 Intranet/Internet 进行远程维护和服务。
- Sm@rtAccess 用于客户机/服务器功能的初级应用。
- ProAgent 用于过程诊断信息的可视化。

7）Audit 用于可跟踪行和简单确认。

（1）MP 277

MP 277 是多功能面板的入门产品，使用 Windows CE 5.0 操作系统，是 MP 270 的后续产品。与 MP 270 相比，MP 277 性能明显提升，其外观如图 1-21 所示。

图 1-21　MP 277

MP 277 多功能面板为 64K 色液晶显示器，分辨率为 640×480 像素，防护等级前面板为 IP65、背板为 IP20。MP 277 的用户内存为 6000KB，可以组态 500 个画面与 4000 个报警信息，可以使用 2048 个变量，能组态 32 种语言，最多支持 5 种在线语言，支持矢量图形，支持棒图/趋势图示，支持配方功能，支持 Sm@rtService 和 Sm@rtAccess，支持脚本与归档，有一个 RS422/RS485 接口，一个内置 PROFINET/以太网接口与一个标准多媒体卡插槽，内置 USB 接口用于打印与下载，可以连接 S7-200/300/400 及其他品牌的 PLC，使用 WinCC flexible 组态。

MP 277 多功能面板的其余技术参数见表 1-6。

表 1-6　MP 277 多功能面板的技术参数

产品名称 技术参数	MP 277 8" Touch	MP 277 10" Touch	MP 277 8"Key	MP 277 10"Key
尺寸	7.5	7.5	10.4	10.4
控制元素	触摸屏		薄膜键盘	
可编程/系统按键	—		26/36	36/36
前面板尺寸（宽×高）/mm	240×180	325×263	352×221	483×310
开孔尺寸（宽×高）/mm	225×165	309×247	337×205	432×289

（2）MP 377

MP 377 多功能面板满足高性能应用的要求，使用 Windows CE 5.0 操作系统，是 MP 370 的后续产品。与 MP 370 相比，MP 377 性能明显提升，其外观如图 1-22 所示。

MP 377 多功能面板为 64K 色液晶显示器，MP 377 12"key 和 MP 377 12"Touch 的分辨率为 800×600 像素、MP 377 15"Touch 的分辨率为 1024×768 像素、MP 377 19"Touch 的分辨为 1280×1024 像素，防护等级前面板为 IP65、背板为 IP20。MP 377 的用户内存为 12MB，可以组态 500 个画面与 4000 个报警信息，可以使用 2048 个变量，能组态 32 种语言，最多支持 5 种在线语言，支持矢量图形，支持棒图/趋势图示，支持配方功能，支持 Sm@rtService 和 Sm@rtAccess，支持脚本与归档，有一个 RS422/RS485 接口，一个内置 PROFINET/以太网接口与一个标准多媒体卡插槽，内置 USB 接口用于打印与下载，可以连接 S7-200/300/400 及其他品牌的 PLC，使用 WinCC flexible 组态。

图 1-22　MP 377

MP 377 多功能面板集成的 Microsoft Media Player 提供多媒体功能，允许播放视频文件。除了扩展的 IE 浏览器，还可以使用微软浏览器显示 Word 文档、Excel 表格和 PDF 文件。

MP 377 多功能面板的其余技术参数见表 1-7。

表 1-7　MP 377 多功能面板的技术参数

技术参数 \ 产品名称	MP 377 12" Key	MP 377 12" Touch	MP 377 15" Touch	MP 377 19" Touch
尺寸/in	12.1	12.1	15.1	19
控制元素	薄膜键盘	触摸屏		
可编程/系统按键	36/38	—		
前面板尺寸（宽×高）/mm	483×310	335×275	400×310	483×400
安装开孔尺寸（宽×高）/mm	448×288	309×247	366×288	447×379

1.2.6　移动面板

移动面板（Mobile Panels）为键控+触摸式面板，结构紧凑，符合人体工程学设计，基于 Windows CE 操作系统，可用于机器与设备需要现场移动与监视的场合。

移动面板的产品有 Mobile Panels 177、Mobile Panels 277 与 Mobile Panels 277(F)IWLAN。

移动面板的特点如下：

- 适用于工业环境中的坚固设计。
- 符合人体工程学的设计，紧凑轻便。
- 热插拔增加了灵活性。
- 不用中断紧急停止电路就可以插入和拔下（带接线箱）。
- 成熟安全概念下的可靠操作。
- 连接点识别。
- 集成接口为串口、MPI、PROFIBUS 或 PROFINET/Ethernet。
- 设备对接后起动时间短。

（1）Mobile Panels 177

Mobile Panels 177 是移动面板 Mobile Panels 170 的升级产品，其外观如图 1-23 所示。

Mobile Panels 177 移动面板为 256 色、5.7in 像素显示屏，其分辨率为 320×240 像素，直

径为245mm，防护等级为IP65。Mobile Panels 177的用户内存为2MB，具有14个可自由定义的功能按键与14个系统按键，可以组态500个画面与2000个报警信息，可以使用1000个变量，能组态32种语言，最多支持5种在线语言，支持矢量图形，支持棒图/趋势图示，支持配方功能，支持Sm@rtService和Sm@rtAccess，有一个RS422/RS485接口，一个内置PROFINET/以太网接口，一个标准多媒体卡插槽，内置USB接口用于打印与下载，可以连接S7-200/300/400及其他品牌的PLC，使用WinCC flexible组态。

（2）Mobile Panels 277

Mobile Panels 277是移动面板Mobile Panels 170的升级产品，其外观如图1-24所示。

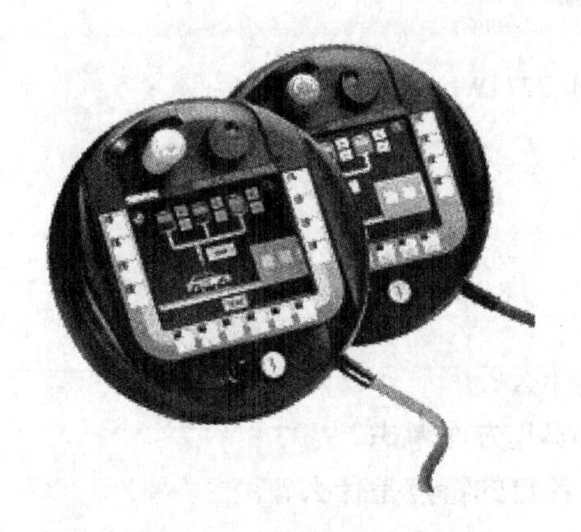

图1-23 Mobile Panels 177

图1-24 Mobile Panels 277

Mobile Panels 277移动面板为64K色、7.5in像素显示屏，其分辨率为640×480像素，直径为290mm，防护等级为IP65。Mobile Panels 277的用户内存为6MB，具有18个可自由定义的功能按键与18个系统按键，可以组态500个画面与4000个报警信息，可以使用2048个变量，能组态32种语言，最多支持5种在线语言，支持矢量图形，支持棒图/趋势图示，支持配方功能，支持Sm@rtService/Sm@rtAccess/ProAgent/Audit/OPC Server/Internet Explorer，支持脚本与归档，有一个RS422/RS485接口，一个内置PROFINET/以太网接口，一个标准多媒体卡插槽，内置USB接口用于打印与下载，可以连接S7-200/300/400及其他品牌的PLC，使用WinCC flexible组态。

（3）Mobile Panels 277（F）IWLAN

Mobile Panels 277 IWLAN是操作和监视领域的一次世界级的创新，基于无线通信的工业监控操作面板，适用于移动设备监控系统，其外观如图1-25所示。

Mobile Panels 277 IWLAN移动面板为64K色、7.5in像素显示屏，其分辨率为640×480像素，直径为290mm，防护等级为IP65。Mobile Panels 277 IWLAN的用户内存为6MB，具有18个可自由定义的功能按键与18个系统按键，可以组态500个画面与4000个报警信息，可以使用2048个变量，能组态32种语言，最多支持5种在线语言，支持矢量图形，支持棒图/趋势图示，支持配方功能，支持Sm@rtService/Sm@rtAccess/Audit/OPC Server/Internet Explorer，支持脚本与归档，有一个RS422/RS485接口，一个内置PROFINET/以太网接口，一个标准多媒体卡插槽，内置USB接口用于打印与下载，可以连接S7-200/300/400及其他品牌的PLC，使用WinCC flexible组态。

图 1-25　Mobile Panels 277 IWLAN

1.3　练习题

1．什么是人机界面？

2．人机界面由几部分组成？它的工作原理是什么？

3．人机界面产品分为几类？它的选型一般从哪几方面考虑？

4．西门子的人机界面产品分为哪几种类型？各自的特点是什么？

第2章　WinCC flexible 简介

2.1　WinCC flexible 概述

西门子的人机界面软件家族包括 ProTool、WinCC 与 WinCC flexible。ProTool 涵盖了机器层面的应用，适用于从 SIMATIC HMI 操作装置到带有 ProTool/Pro 基于 PC 的单用户系统。过程可视化系统 WinCC 用来进行单用户或多用户解决方案中的对象监控和在 Windows 2000/XP 专业版下作为 IT 与商业集成的平台。WinCC flexible 是 ProTool 与 ProTool/Pro 软件的升级产品，可以组态所有 SIMATIC 操作面板与基于 PC 的可视化工作站，用于工厂和机械工程中机器级的操作员控制和自动化过程监测。

与 ProTool 和 ProTool/Pro 软件相比，WinCC flexible 可以满足各种需求，从单用户、多用户到基于网络的工厂自动化控制与监视。WinCC flexible 软件兼容 ProTool 软件所设计的项目，即可通过移植将先前的工程项目在 WinCC flexible 中使用，从而节约投资成本。

WinCC flexible 操作简单，组态效率高，功能强大。WinCC flexible 智能化工具可简化项目的创建，用于对画面层级和动作路径进行图形化组态，并可组态大批量数据。通过其操作界面可以快速访问 HMI 对象，同时还可根据用户要求对其进行调整，使用批量处理功能可同时完成多个对象的添加与编辑。

WinCC flexible 可以创建报警，自定义报警类别等级，实现报警确认与报警登记显示。

WinCC flexible/Archives 的过程值和信息报警，用于记录处理过程数据。操作过程数据的记录可以监视运行性能、产品质量和故障现象。

WinCC flexible/Recipes 用于管理包含相关设备或产品数据的配方。

WinCC flexible 可以通过 PPI、MPI、PROFIBUS-DP、工业以太网与 PROFINET 连接 SIMATIC S7，以及由领先的制造商制造的用于控制器的多种协议驱动器，可以通过 OPC 独立于制造商的通信，可确保用户始终获得正确且范围广泛的自动化解决方案。

WinCC flexible/Sm@rtAccess 可以通过 Intranet/Internet 对现场站进行远程控制，通信过程中操作员站可互相访问画面与当前过程值，实现操作设备间的通信。例如，分布式操作员站用于操作物理分布的现场设备，中央站用于集中处理归档数据或通过 Office 应用程序分析与显示数据。

WinCC flexible/Sm@rtService 可以在 PC 上通过标准浏览器实现操作设备和 PC 的远程访问，还可以使用现成的诊断功能对操作员站进行诊断，可以在紧急情况下向手机发送短信息，以事件触发的方式向维护人员发送电子邮件，并通过互联网实现远程操作服务及维护功能。

2.1.1　WinCC flexible 的特点

WinCC flexible 软件有如下特点：

● 基于最新软件技术的创新性组态界面，集成了 ProTool 的简易性、耐用性和 WinCC 的开放性、扩展性。
● 功能块库可自定义及重复使用各种功能块，并可对其进行集中更改。
● 高效率地组态动态面板、智能工具。
● 使用用户 ID 或密码进行访问。
● 配方管理。
● 报表系统。
● 提供广泛的语言支持。
● 在一个项目中可组态 32 种语言。
● 支持多语言文本和自动翻译的文本库。
● 提供简单的文本导入/导出功能。
● 开放简易的扩展功能。
● Sm@rt 客户机/服务器概念（选件）。
● 网络服务与诊断（选件）。
● OPC 服务器通信（选件）。
● 过程诊断（选件）。
● 操作员操作行为与组态的记录、跟踪（选件）。

2.1.2 WinCC flexible 的组件

1. WinCC flexible 工程系统

WinCC flexible 工程系统是用于处理所有基本组态任务的软件，用户通过它实现工程项目的组态。WinCC flexible 采用模块化的设计。随着版本的逐步升高，所支持的设备范围以及 WinCC flexible 的功能都得到了扩展。用户可以通过 Powerpack 程序包将项目移植到更高版本中。WinCC flexible 版本决定了在 SIMATIC HMI 系列中可以组态哪些 HMI 设备。WinCC flexible 包括了性能从 Micro Panel 到简单的 PC 可视化的一系列产品，如图 2-1 所示。

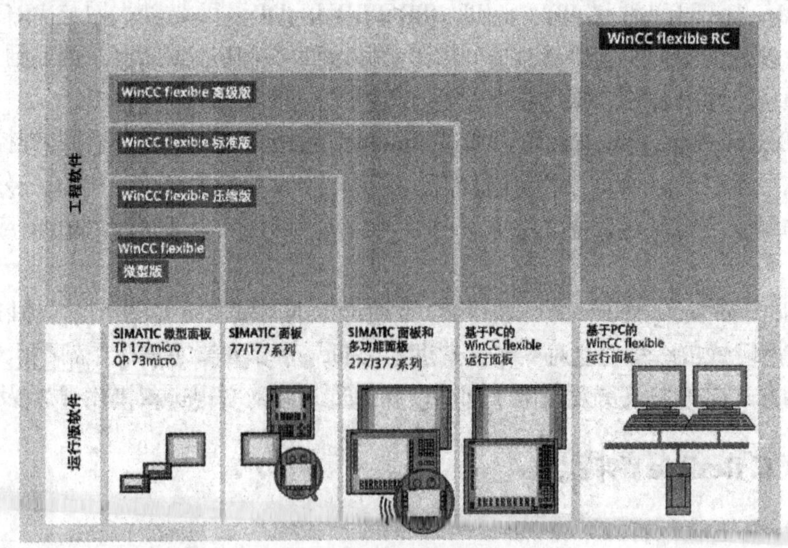

图 2-1 WinCC flexible

2. WinCC flexible 运行系统

WinCC flexible 运行系统是用于过程可视化的软件。在运行时，可以在过程模式下执行项目，实现图像在屏幕上可视化、自动化系统之间的通信。操作员可以监控整个生产过程，进行过程操作（如根据需求设置设定值或起动/停止电机的运转），对当前运行时的数据进行归档。

WinCC flexible 运行系统支持一定数量的授权变量（Powertags），其数量由用户的许可/授权来决定，还可以使用 Powerpack 增加授权变量的数量。

- WinCC flexible 运行系统 128：支持 128 个过程变量。
- WinCC flexible 运行系统 512：支持 512 个过程变量。
- WinCC flexible 运行系统 2048：支持 2048 个过程变量。

3. WinCC flexible 选件

WinCC flexible 选件可以扩展 WinCC flexible 的标准功能。每个选件需要一个单独的授权。WinCC flexible 工程系统的选件见表 2-1。WinCC flexible 运行系统的选件见表 2-2。

表 2-1 WinCC flexible 工程系统的选件

WinCC flexible 工程系统选件	功 能	可 用 性
WinCC flexible /ChangeControl	版本管理和修改跟踪	WinCC flexible 压缩版/标准版/高级版

表 2-2 WinCC flexible 运行系统的选件

WinCC flexible 运行系统选件	功 能	不基于 PC 的 HMI 设备	SIMATIC Panel PC
WinCC flexible /Archives	运行系统的归档功能	自 Panel 270	x
WinCC flexible /Recipes	运行系统的配方功能	与设备相关	x
WinCC flexible /Sm@rtAccess	远程控制和远程监视，以及不同 SIMATIC HMI 系统之间的通信	自 Panel 270	x
WinCC flexible /Sm@rtService	通过 Internet/Intranet 实现机器/设备的远程维护和服务	自 Panel 270	x
WinCC flexible /OPC-Server	使用 HMI 设备作为 OPC 服务器	多功能面板	x
WinCC flexible /ProAgent	在运行时的过程诊断	自 Panel 270	x
WinCC flexible /Audit	根据 FDA 报告交互作用	自 Panel 270	x

注：x 表示无此功能。

2.2 WinCC flexible 的安装要求

2.2.1 系统最小需求

WinCC flexible 支持所有与通用 IBM/AT 格式兼容的 PC。WinCC flexible 运行的硬件系统最低推荐配置与软件要求如下：

- 中央处理器：Pentium IV（或相当水平的）处理器，处理速度达 1.6 GHz 或更快。
- 内存（RAM）：大于或等于 1GB。

- 硬盘：1.5 GB 以上的硬盘自由空间。
- 图形/分辨率：1024×768 像素或更高，256 色或更高。
- 操作系统：Windows 2000 SP4 或 Windows XP Professional SP2。
- Internet 浏览器：Microsoft Internet Explorer v6.0 SP1 或更高版本。
- 查看 PDF 格式的软件：Adobe Acrobat Reader 5.0 或更高版本。

2.2.2 WinCC flexible 的许可与授权

所有版本的 WinCC flexible 软件都需要许可证。这个许可证是一种纸张形式的许可证书，该证书授予了在计算机上安装和使用所购买的 WinCC flexible 软件版本的权利。

授权密钥保存在防复制的授权软盘或 USB 存储卡中。在安装 WinCC flexible 软件时，将会要求用户插入含有授权密钥的授权软盘或 USB 存储卡。

不同版本的 WinCC flexible 软件需要通过相关的授权密钥来激活使用。

不同版本的 WinCC flexible 软件的许可与授权密钥如图 2-2 所示。

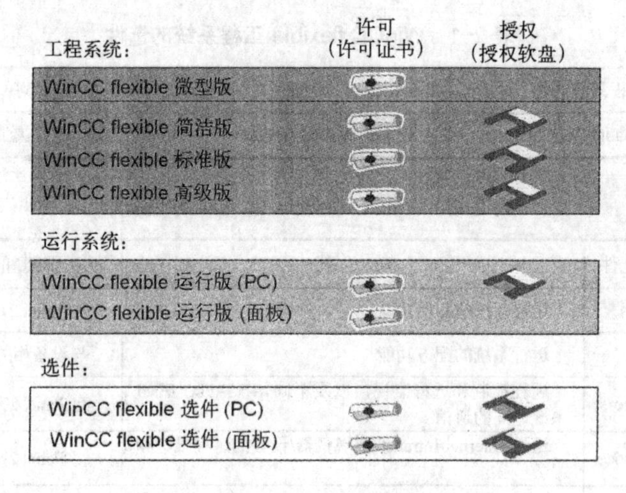

图 2-2 WinCC flexible 的许可与授权

2.3 练习题

1. WinCC flexible 软件有哪些特点？
2. 安装 WinCC flexible 软件的系统最小需求包括什么？

第3章 组态项目

WinCC flexible 是用于组态现场控制设备与系统用户界面的组态软件。WinCC flexible 的工程项目中包含用于现场或 HMI 设备的所有的组态数据。这些组态数据分别是过程画面（用于显示生产过程）、变量（用于运行时，PLC 与 HMI 设备之间的数据传递）、报警（用于运行时显示运作状态）与记录（用于保存过程值和报警）。

3.1 Wincc flexible 的启动

启动 WinCC flexible，单击“开始→SIMATIC→WinCC flexible 2007→WinCC flexible”命令，如图 3-1 所示。

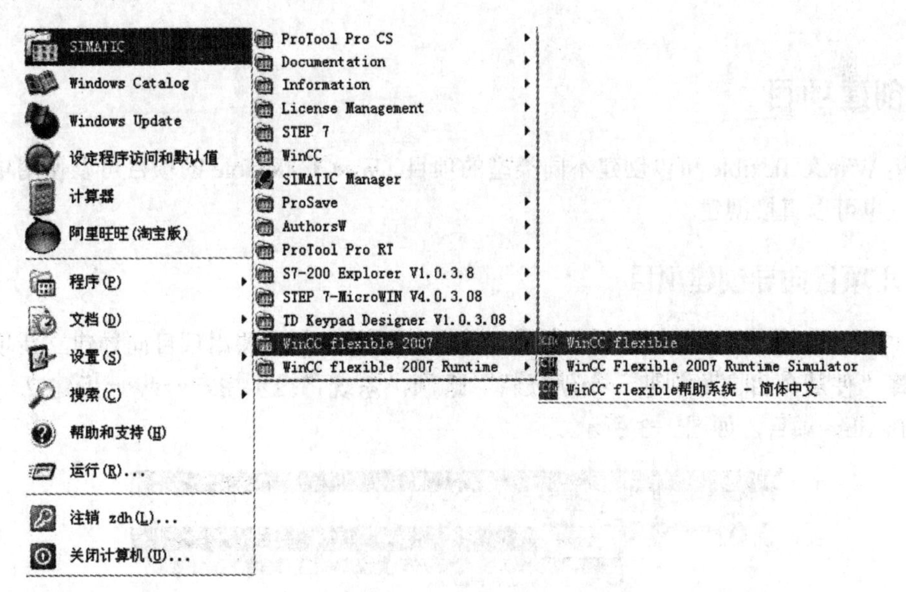

图 3-1 启动 WinCC flexible

启动 WinCC flexible 后，进入首页。在该页将会看到以下 5 个选项，如图 3-2 所示。

- 打开最新编辑过的项目。
- 使用项目向导创建一个新项目。根据项目向导的提示，用户可以创建一个完整的 HMI 项目，此功能适用于初级用户。
- 打开一个现有的项目。根据用户输入的路径，打开计算机中的 HMI 项目。
- 创建一个空项目。用户可以创建一个 HMI 项目，但所有的项目信息都需要用户自行开发，此功能适用于有经验的用户。
- 打开一个 ProTool 项目。

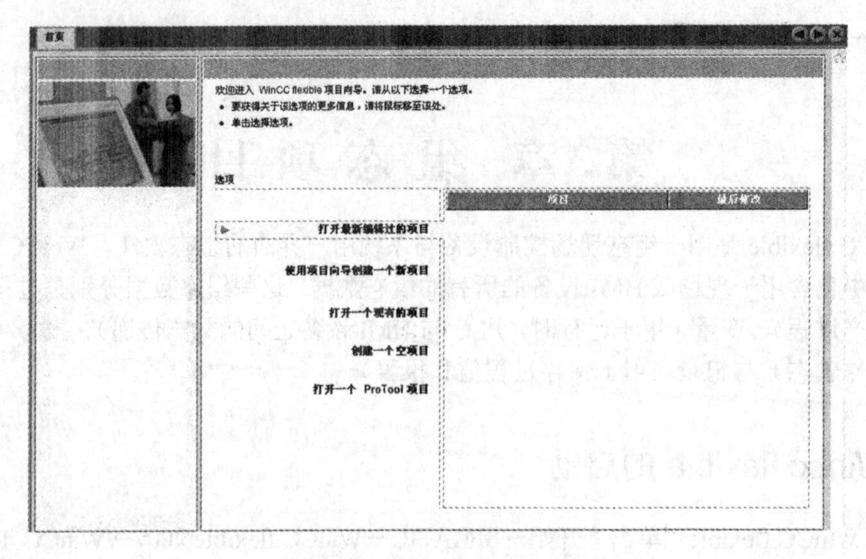

图 3-2　WinCC flexible 的首页

3.2　创建项目

使用 WinCC flexible 可以创建不同类型的项目。WinCC flexible 的项目可以使用项目向导来创建，也可以直接创建。

3.2.1　用项目向导创建项目

1）打开 WinCC flexible 软件后，执行“项目”菜单中的“使用项目向导建立新项目”命令或选择“使用项目向导创建一个新项目”选项，系统将提示用户一步一步建立一个新的 WinCC flexible 项目，如图 3-3 所示。

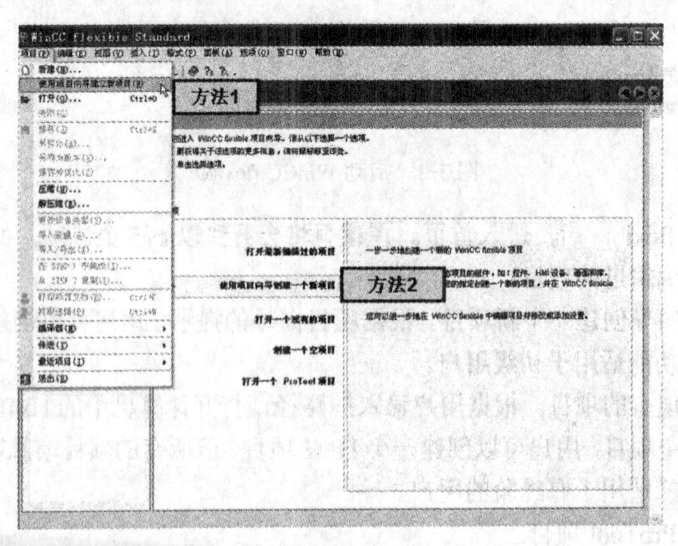

图 3-3　使用项目向导建立新项目

2）首先，需要根据现场设备的使用环境来选择项目类型，是否需要与STEP7项目集成。项目的类型取决于系统组态、系统或现场设备的大小、系统或现场设备所需要的表现形式以及用于运行与监控的HMI设备。

在WinCC flexible中，可以组态的项目类型有以下几种。

- 小型设备：控制器与HMI设备直接相连。
- 大型设备：控制器与多个同步的HMI设备相连。其中一个HMI设备为服务器，其余的HMI设备为客户机。客户机仅提供有限的操作功能。
- 分布式操作：控制中心控制器与3个各自带有一个HMI设备的控制器连接。所有的HMI设备同步并具有相同的操作特性。
- 控制中心和本地操作：生产单元的典型组态。控制器与本地、控制中心的HMI设备连接。本地HMI设备只提供有限的操作功能。
- Sm@rtClient：两个HMI设备之间的连接（客户机/服务器）。

如选择小型设备，即一台控制器与一台HMI设备连接，如图3-4所示。选择完成后单击“下一步”按钮继续组态。

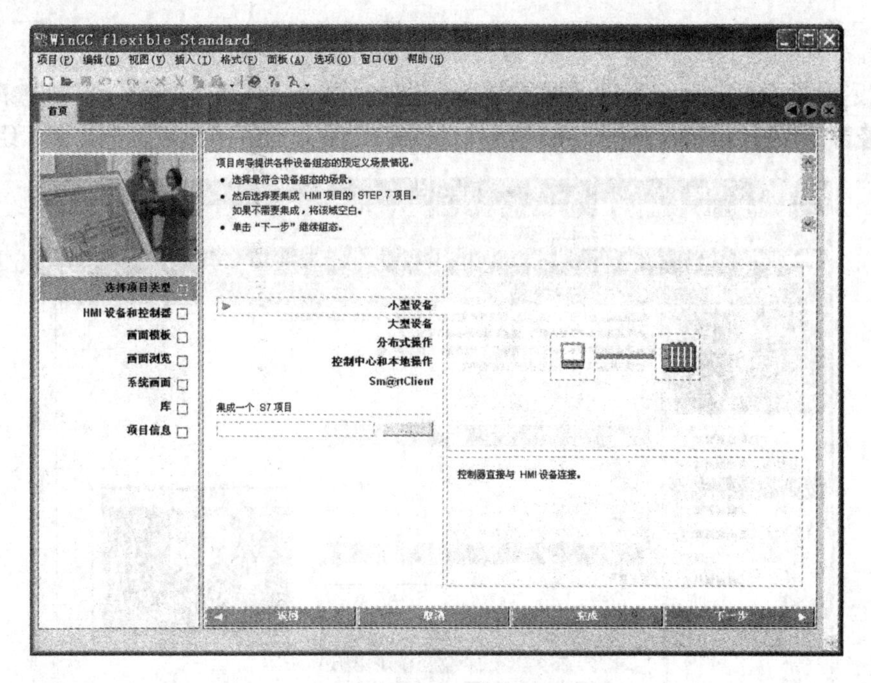

图3-4 选择项目的类型

3）根据现场设备来选择HMI设备与控制器，其型号必须与实物相符合。单击HMI设备的图标可以选择或更改HMI设备的型号。单击“连接”下拉列表框，可以选择HMI设备与控制器之间的连接方式（即HMI设备上的接口），该连接方式与HMI设备的型号有关。单击“控制器”下拉列表框，可以选择与HMI设备相连接的控制器的类型。例如，选择的HMI设备是MP 370 12"Key，与其相连接的控制器是SIMATIC S7-300/400，如图3-5所示。选择完成后，单击“下一步”按钮继续组态。

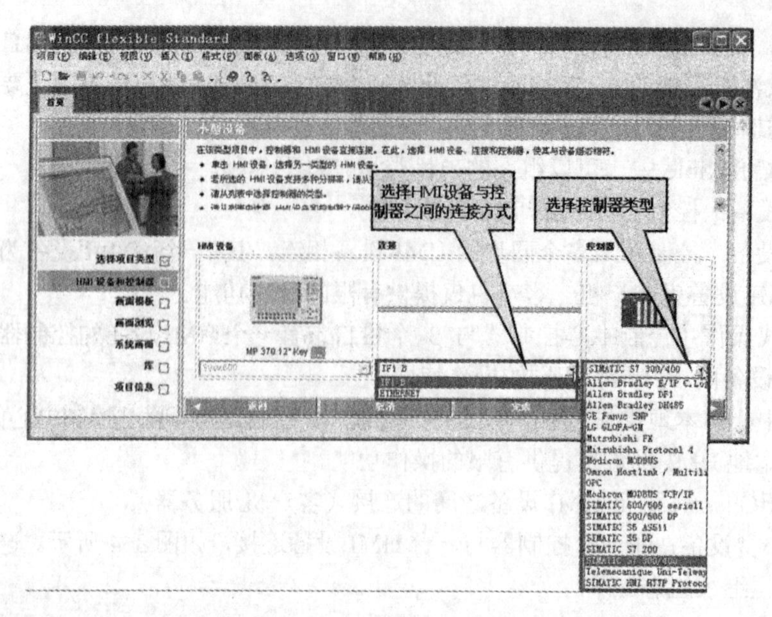

图 3-5　选择 HMI 设备和控制器

4）设置画面模板。用户可以根据需求来设置画面模板，对其“标题”、“浏览条”与“报警行/报警窗口”进行设置，如图 3-6 所示。设置完成后单击“下一步”按钮继续组态。

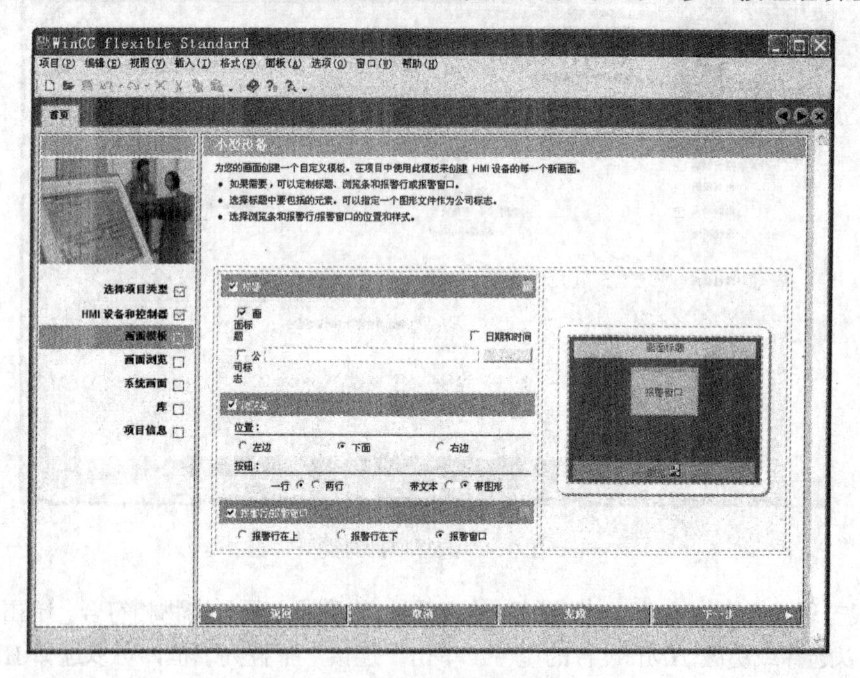

图 3-6 设置画面模板

5）画面浏览的设置。用户可以对所有画面进行结构设置，即整个监控过程需要画面的数量与各个画面的层次关系。如图 3-7 所示，定义了从起始画面开始，共有两个组成画面，且每个组成画面都有 3 个详细画面，设置完成后单击“下一步”按钮继续组态。

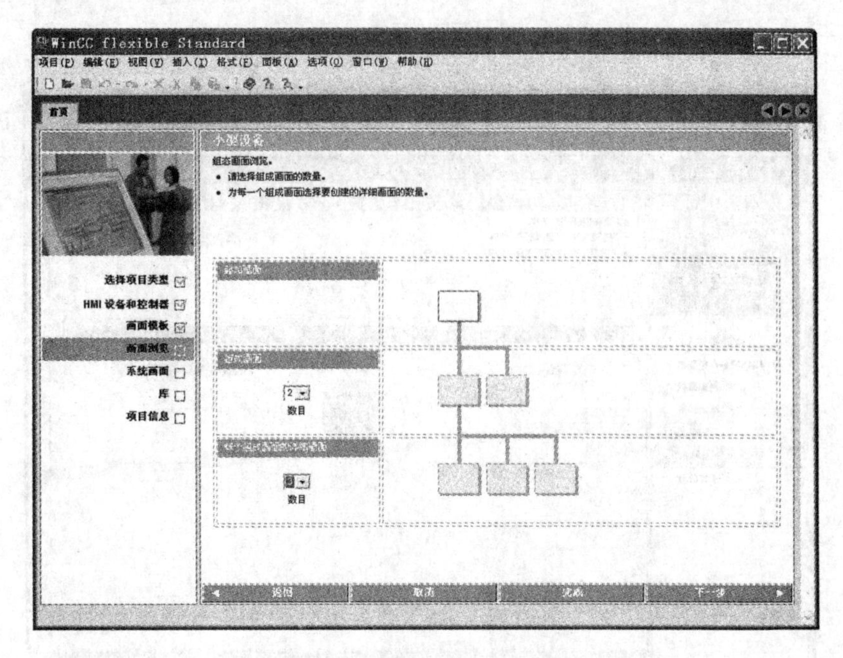

图 3-7　画面浏览的设置

6）系统画面的设置。用户是否使用系统画面，可以根据需要选择相应的复选框，如图 3-8 所示。设置完成后单击“下一步”按钮继续组态。

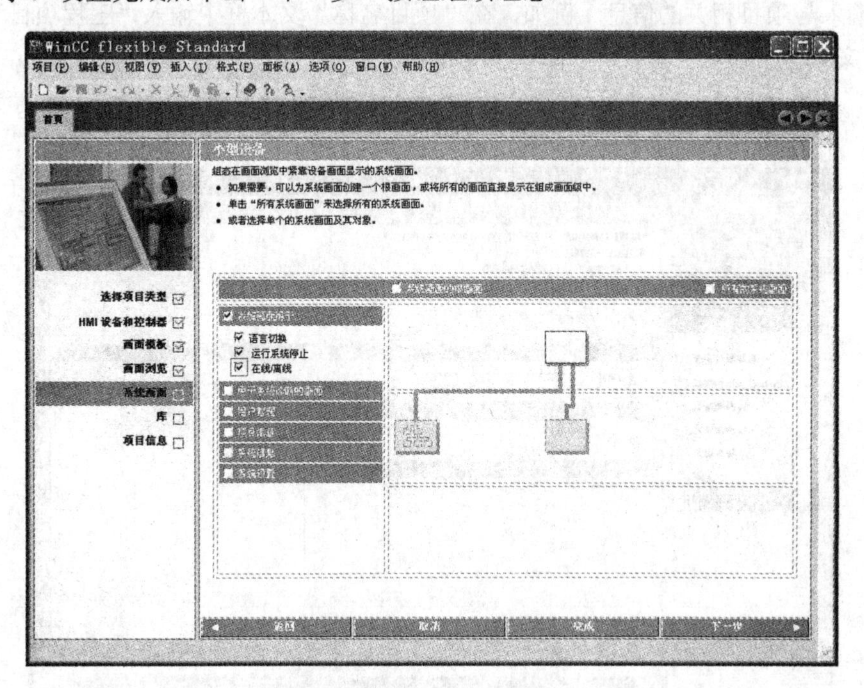

图 3-8　系统画面的设置

7）选择需要在项目中集成的库。用户在项目中可能使用到的大部分图形对象元素均可在库中找到，如选择“Button_and_switches”库集成在项目中，如图 3-9 所示。选择完成后单击“下一步”按钮继续组态。

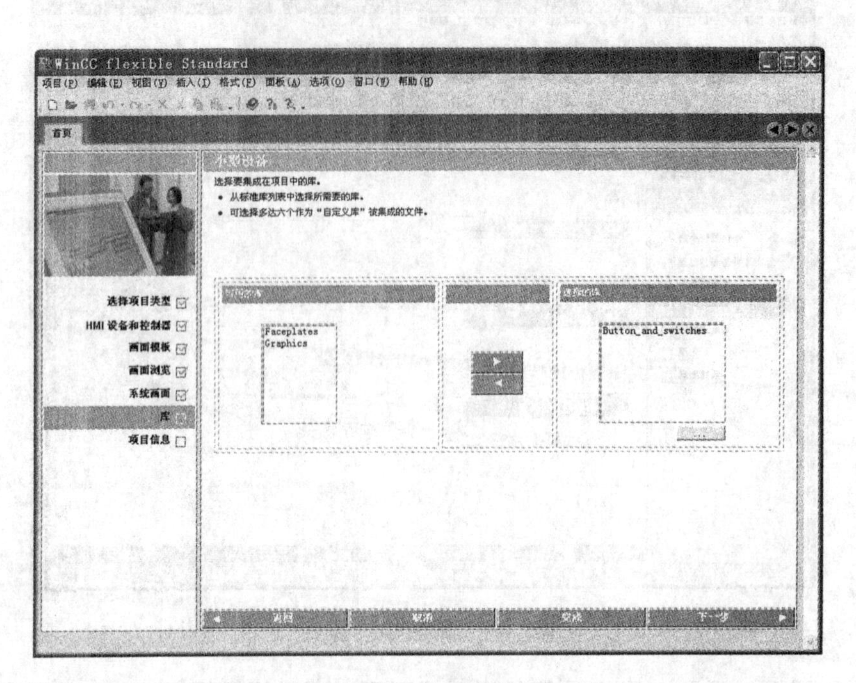

图 3-9　库的选择

8）输入与项目相关的信息。例如，在“项目名称”文本框中输入“工程项目”，在“项目作者”文本框中输入“zdh”，如图 3-10 所示。

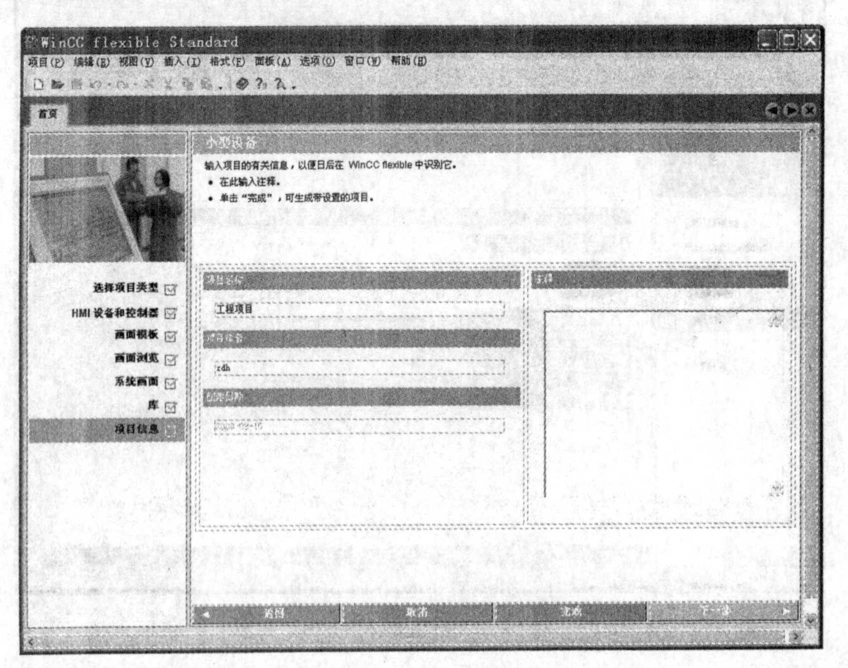

图 3-10　项目信息

输入完成后，单击“完成”按钮生成项目文件，如图 3-11 所示。

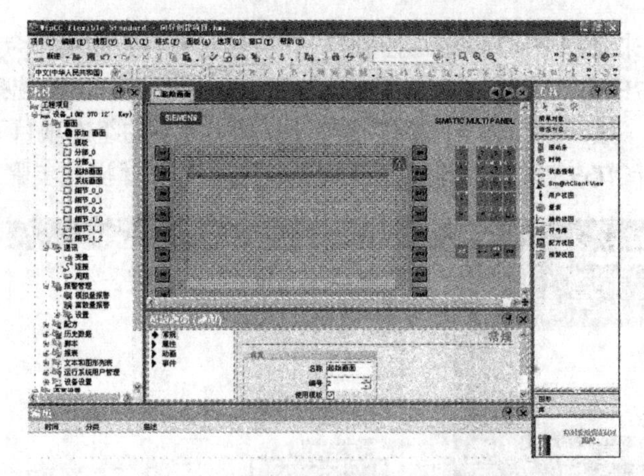

图 3-11　使用项目向导创建的项目

3.2.2　直接创建项目

1）打开 WinCC flexible 软件后，执行“项目”菜单中的“新建”命令或选择“创建一个空项目”选项，来新建一个项目，如图 3-12 所示。

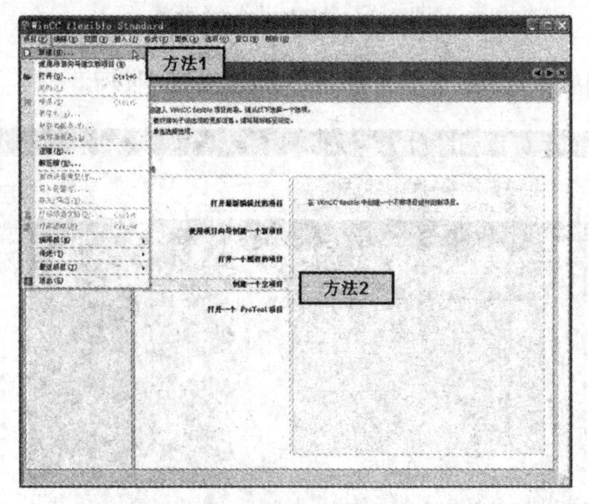

图 3-12　新建项目

2）执行“新建”命令后，系统弹出“设备选择”对话框，如图 3-13 所示。

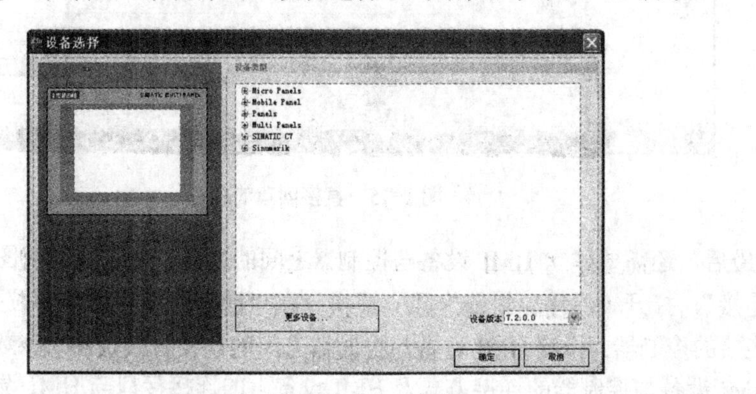

图 3-13　“设备选择”对话框

3)根据现场设备来选择 HMI 设备与控制器，其型号必须与实物相符合。例如，选择“Panels”文件夹下的“TP 177B color PN/DP”，如图 3-14 所示。注意：这里所选择的设备版本要与实际的 HMI 设备版本一致，否则会导致不能将在计算机上开发的组态项目下载到 HMI 设备中。此时需要对设备进行“OS 更新”（类似升级 firmware），其具体操作步骤见 3.6.2 节。

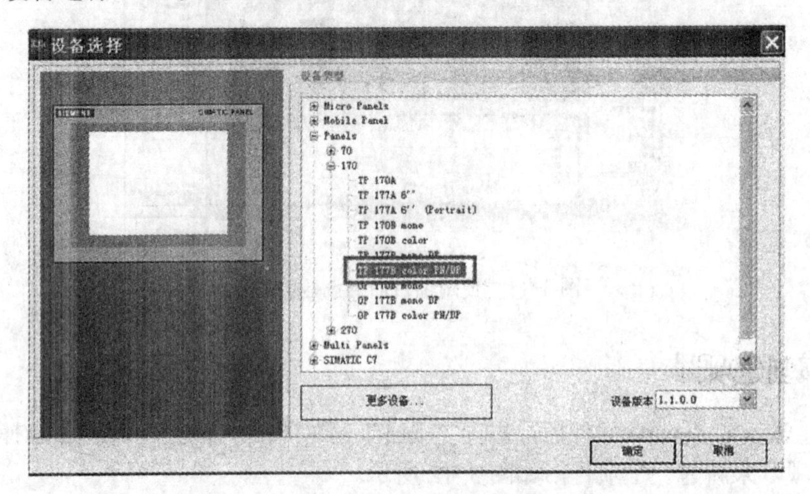

图 3-14　HMI 设备的选择

4）单击“确定”按钮，完成项目的建立，如图 3-15 所示。

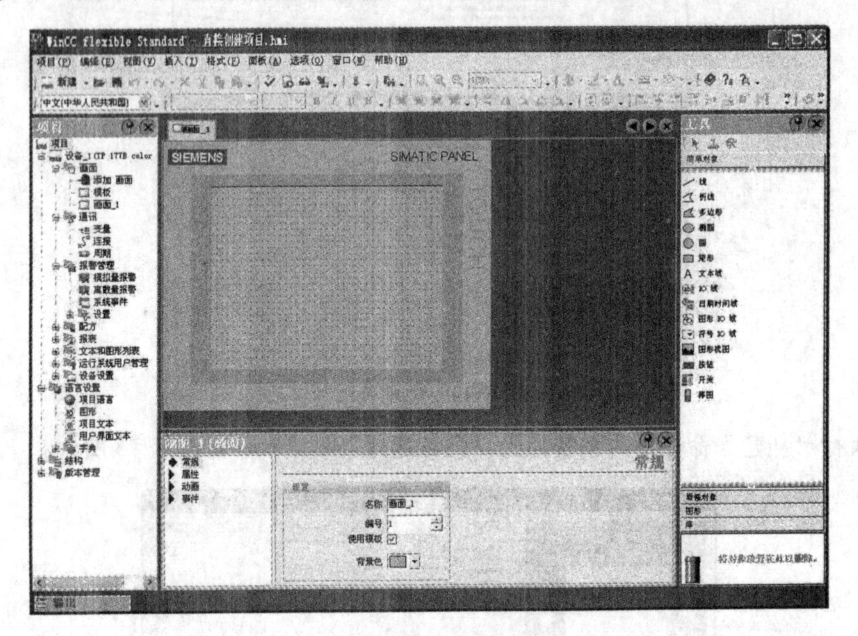

图 3-15　直接创建的项目

5）最后，还需要建立 HMI 设备与控制器之间的连接。双击项目视图中“通讯”文件夹下的“连接”，打开“连接编辑器”建立连接。在“通讯驱动程序”下拉菜单中选择与 HMI 设备相连接的控制器，设置 HMI 设备与控制器之间的连接方式及相关参数，如图 3-16 所示。注意：HMI 设备与控制器的连接方式及 HMI 设备上的连接接口与 HMI 设备的型号有关。

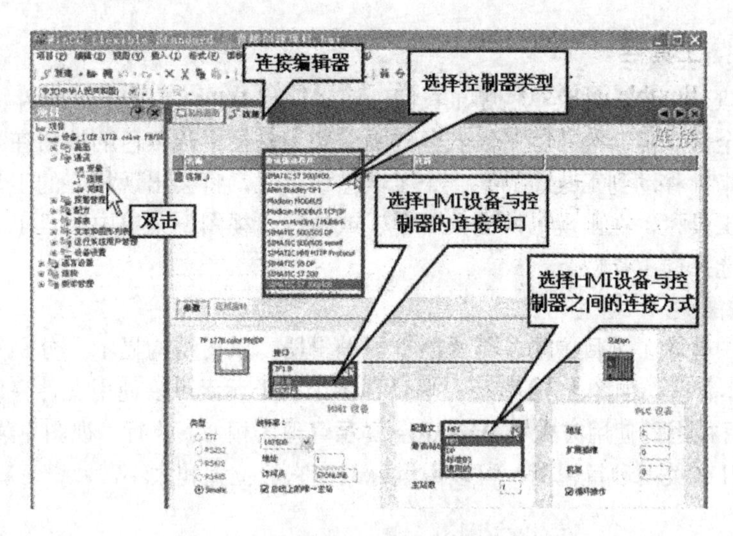

图 3-16　连接编辑器

3.3　WinCC flexible 的界面与入门技巧

3.3.1　WinCC flexible 的界面

WinCC flexible 的主界面如图 3-17 所示。

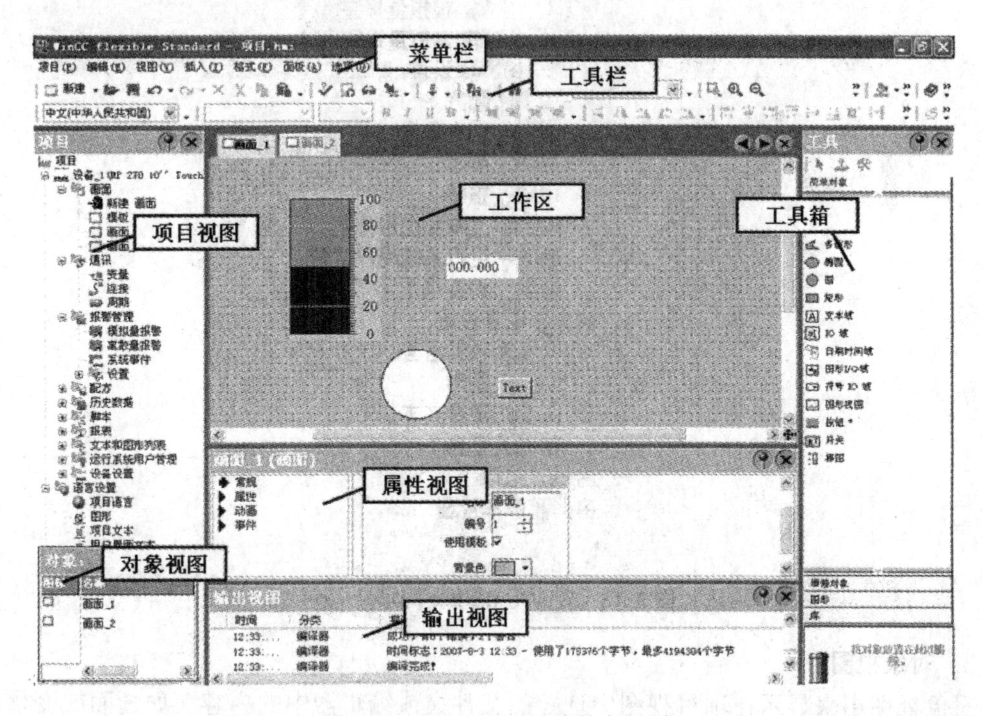

图 3-17　WinCC flexible 的主界面

该界面一般可分为以下几个区：菜单栏、工具栏、项目视图、对象视图、工作区、属性视图、输出视图和工具箱。

1．菜单栏和工具栏

通过 WinCC flexible 的菜单栏和工具栏，可以使用 WinCC flexible 软件提供的组态 HMI 设备所需要的全部功能。菜单栏中浅灰色的命令和工具栏中浅灰色的按钮在当前条件下不能使用。当鼠标指针移动到工具栏的某一个工具按钮上时，将会出现相应的工具使用提示。用鼠标右键单击工具栏，在出现的快捷菜单中，或执行“视图”菜单中的“工具栏”命令，可以打开或关闭选择的工具栏。

2．项目视图

项目视图中包含了项目中的各组成部分与编辑器，以树结构显示，分别是设备、语言设置、结构与版本管理，如图 3-18 所示。项目视图中的子元素可以使用文件夹以结构化的方式保存对象。项目视图的使用方式与 Windows 资源管理器相似。执行“视图”菜单中的“项目”命令，可以打开或关闭项目视图，可以用鼠标改变它的位置和大小。

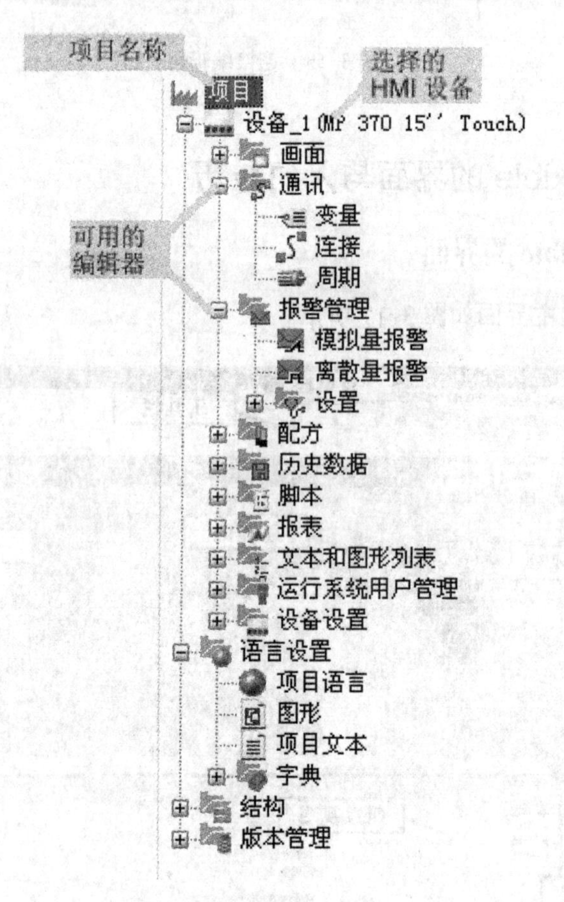

图 3-18　WinCC flexible 的项目视图

3．对象视图

对象视图用来显示在项目视图中选定的文件夹或编辑器中的内容（如画面或变量的列表），如图 3-19 所示。执行“视图”菜单中的“对象”命令，可以打开或关闭对象视图。对象视图的位置是浮动的，可以用鼠标改变它的位置和大小。

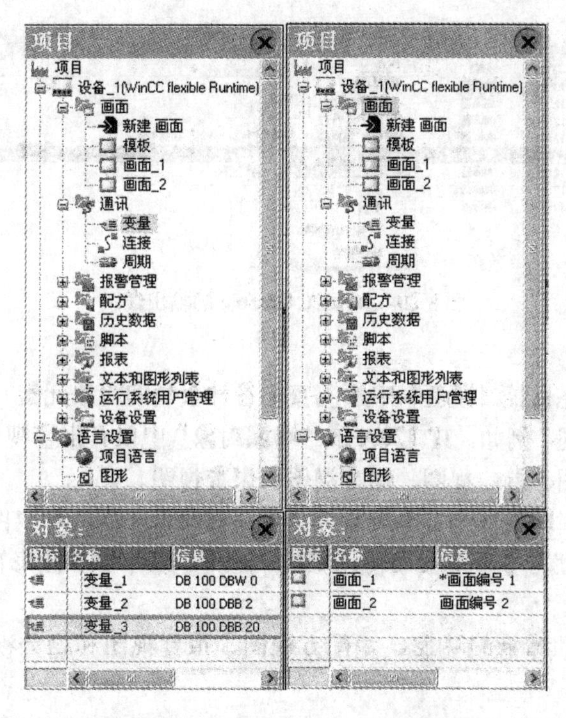

图 3-19　WinCC flexible 的对象视图

4. 工作区

用户在工作区编辑项目对象，包括表格格式的项目数据（如变量）与图形格式的项目数据（如画面）。在工作区中，每个编辑器都以单独的标签形式打开。最多可以同时打开 20 个编辑器。在同时打开多个编辑器时，只有一个标签处于激活状态，单击工作区上部相应的标签，可以打开对应的编辑器。如果不能全部显示被同时打开的编辑器的标签，可以用按钮和按钮来左右移动编辑器的标签。单击工作区右上角的按钮，将会关闭当前被打开（即被显示）的编辑器。

5. 属性视图

属性视图用于设置在工作区中选取的对象的属性，如画面中对象的颜色、输入域连接的变量等。属性视图的内容基于所选择的编辑对象，这些属性按类别排列。当需要改变属性中相关的数据时，输入所需参数后按〈Enter〉键即可。属性视图一般在工作区的下面。在编辑画面时，如果未激活画面中的对象，在“属性”对话框中将显示该画面的属性，可以对画面的属性进行编辑。执行“视图”菜单中的“属性”命令，可以打开或关闭属性视图，可以用鼠标改变它的位置和大小。

6. 输出视图

输出视图用来显示在项目投入运行之前自动生成的系统报警信息，通常按其出现的顺序来显示系统报警信息。单击输出视图中对应的列标题，可以对系统报警排序。单击鼠标右键，在弹出的快捷菜单中可以选择“跳转至出错处/变量”命令，如图3-20所示。执行“视图”菜单中的“输出”命令，可以打开或关闭输出视图。输出视图的位置是浮动的，可以用鼠标改变它的位置和大小。

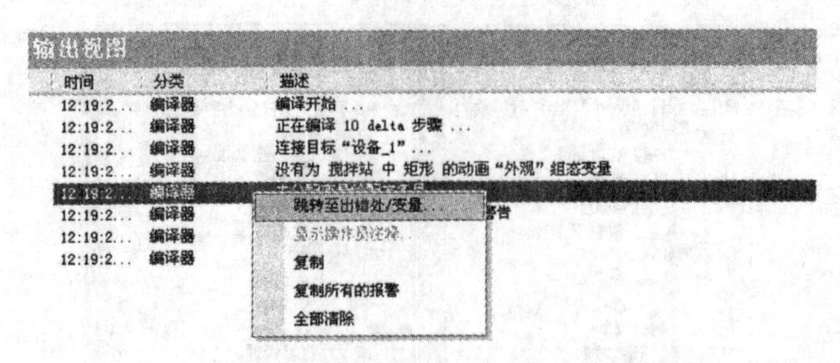

图 3-20　WinCC flexible 的输出视图

7. 工具箱

工具箱中包含组态监控过程画面中所需要的各种类型的对象元素。不同的 HMI 设备所能使用的对象元素也不同。例如，TP 170A 的“增强对象”中仅有报警视图，而 TP 170B 的“增强对象”中有用户视图、趋势视图、配方视图和报警视图。

工具箱中提供的对象组有“简单对象”、“增强对象”、“库”和“图形”。

- 简单对象：提供简单基本的功能，如线、矩形、文本域和图形视图等，用于组态基本的图形、文字。
- 增强对象：提供增强的功能，如配方视图、报警视图和趋势视图等，用于显示动态过程。
- 库：用于存储常用对象的中央数据库。只需对库中存储的对象组态一次，以后便可以多次重复使用。可以通过多次使用或重复使用对象模板来添加画面对象，从而提高编程效率。
- 图形：提供了大量丰富的图形，可以供用户选用。

3.3.2　WinCC flexible 的入门技巧

1. 组态界面设置

执行“选项”菜单中的“设置”命令，在出现的对话框中，可以设置 WinCC flexible 的组态界面。例如，设置用户界面语言，如果安装了几种语言，可以切换它们。图 3-21 所示是对“画面编辑器”中“画面选项”的设置。

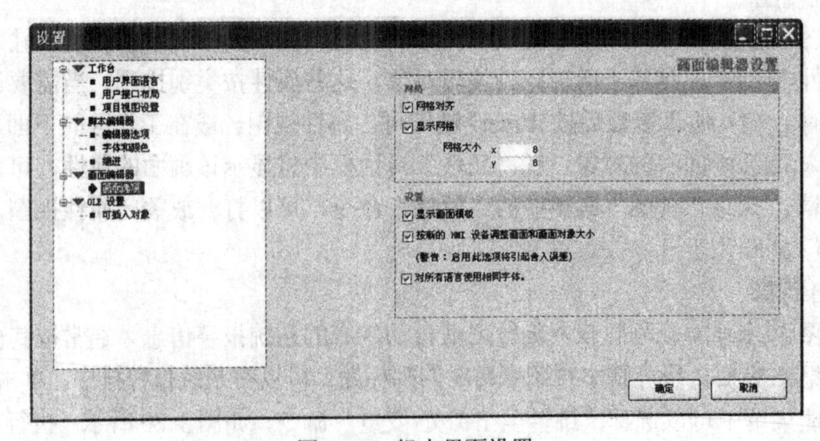

图 3-21　组态界面设置

2. 对窗口和工具栏的操作

WinCC flexible 允许用户自定义窗口和工具栏的布局，这样可以隐藏某些不常用的窗口以扩大工作区。表 3-1 列出了窗口和工具栏的操作元素及其用途。

表 3-1　窗口和工具栏的操作元素及其用途

操 作 元 素	用　途
	关闭窗口或工具栏
项目	通过拖放来移动和停放窗口和工具栏
	通过拖放来移动工具栏
	添加或删除工具按钮
	激活窗口的自动隐藏模式
	禁用窗口的自动隐藏模式

可以将工具栏停放在任何现有的工具栏上，具体操作如图 3-22 所示。

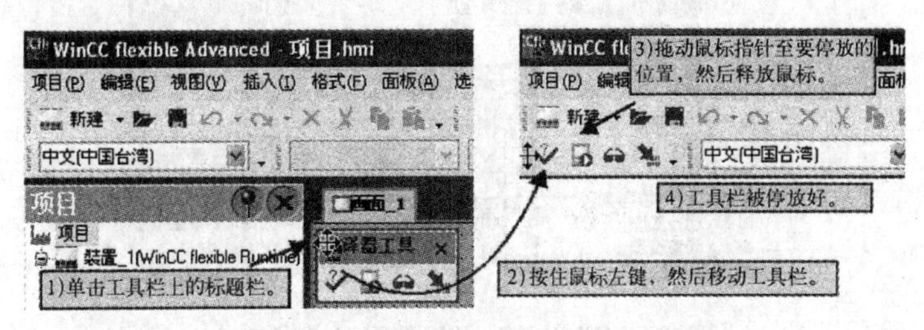

图 3-22　WinCC flexible 中工具栏的移动

单击按钮，按钮中的“操作杆”的方向将会变化。如图 3-23 所示，对象视图的位置是浮动的，可以用鼠标改变它的位置和大小；项目视图中按钮方向位于垂直位置时，项目视图不会隐藏；属性视图（画面_1）中按钮方向位于水平位置时，属性视图可以自动隐藏起来。单击属性视图之外的其他区域，该视图被隐藏。当该视图被隐藏时，在屏幕左下角会出现相应的图标。将鼠标放到该图标上，将会重新出现属性视图。

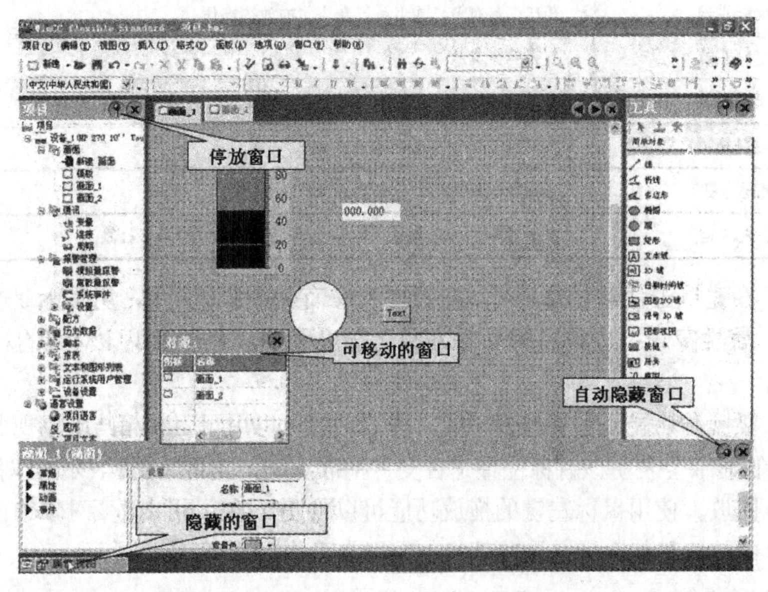

图 3-23　WinCC flexible 的窗口操作（一）

执行“视图”菜单中相关的命令，可以打开或关闭相应的窗口。执行“视图”菜单中的“重新设置布局”命令，窗口的排列将会恢复到生成项目时的初始状态，如图 3-24 所示。

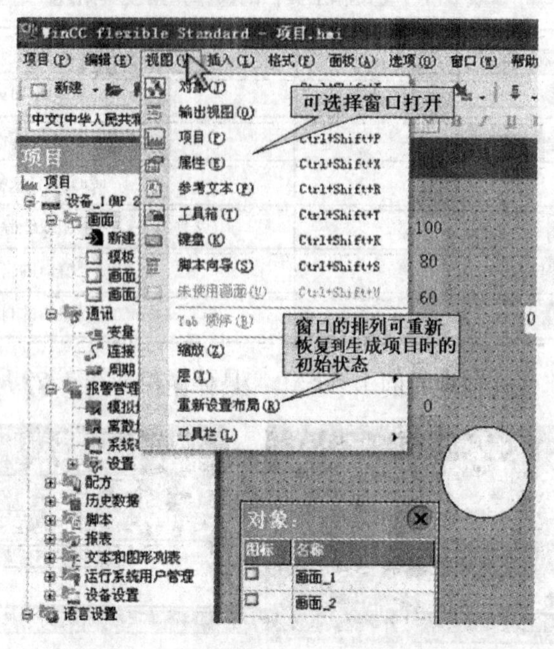

图 3-24　WinCC flexible 的窗口操作（二）

3. 鼠标的使用

在 WinCC flexible 中，各项的操作主要通过鼠标来完成。常见的鼠标操作见表 3-2。

表 3-2　常见的鼠标操作

功　能	作　用
单击鼠标左键	激活任意对象，或者执行命令、拖放等操作
单击鼠标右键	打开快捷菜单
双击鼠标左键	在项目视图或对象视图中启动编辑器，或者打开文件夹
〈鼠标左键+拖放〉	在项目视图中生成对象的副本
〈Ctrl+鼠标左键〉	在对象视图中逐个选择若干单个对象
〈Shift+鼠标左键〉	在对象视图中选择使用鼠标绘制的矩形框内的所有对象

通过鼠标右键单击任意对象，可以打开与对象有关的快捷菜单；用鼠标双击对象，可以打开或关闭其属性窗口；当鼠标停留在对象上方几秒时，将会出现该对象的相关信息，如图 3-25 所示。

鼠标的重要操作功能还包括拖放功能。拖放功能可以用于工具箱与对象视图中的所用对象。鼠标指针的显示会表明该目标位置是否支持拖放功能，出现图标表示可以拖放，出现图标表示不能拖放。使用鼠标左键的拖放功能可以创建对象，可以改变对象的位置与大小，还可以改变窗口的位置与大小。这些都将使得组态工作更加容易。

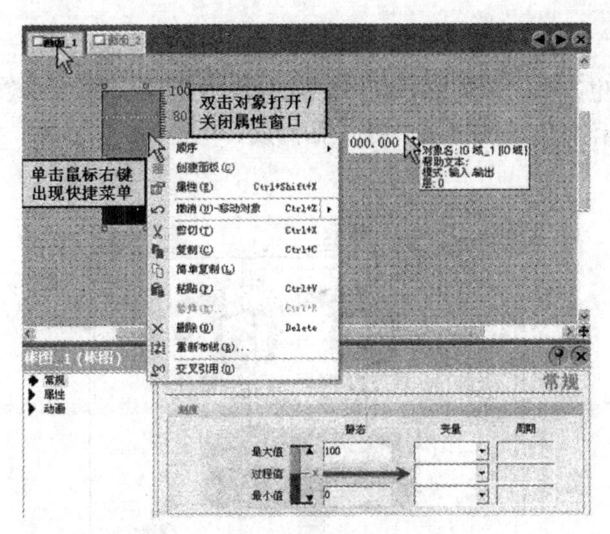

图 3-25 WinCC flexible 中鼠标的使用

4．帮助的使用

在 WinCC flexible 中，当鼠标指针在某个命令、图标或对象元素上停留几秒钟时，将会自动出现该对象的相关信息。当鼠标指针移动到工具栏上的某个工具按钮上时，将会出现该工具按钮最重要的提示帮助信息。提示旁的问号说明可以显示快捷帮助，单击提示帮助信息中的❓图标或按〈F1〉键可以显示出该工具按钮的快捷帮助信息。此外，也可以通过执行“帮助”菜单中的相关命令来获取相关的帮助信息，如图 3-26 所示。

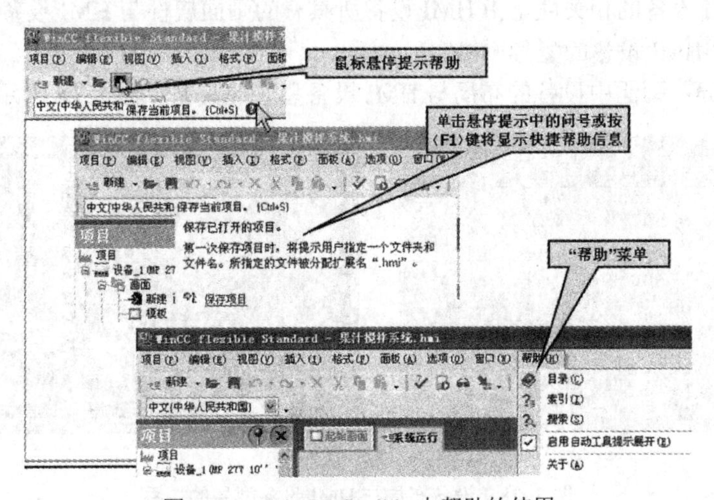

图 3-26 WinCC flexible 中帮助的使用

3.4 创建画面

3.4.1 画面的基本概念

画面是整个项目的关键元素，是现场生产过程的映像。通过画面中可视化的画面对象，操作员可以控制和监视生产现场的机器设备，反映了实际的工业生产过程。

1．画面的组成

图 3-27 显示了生产中一个物料的混合过程，液料从不同容器注入漆料罐，然后进行搅拌。在画面中可以显示出液料罐与漆料罐中的液面高度、电机的运行状态，可以打开与关闭相应的阀门。

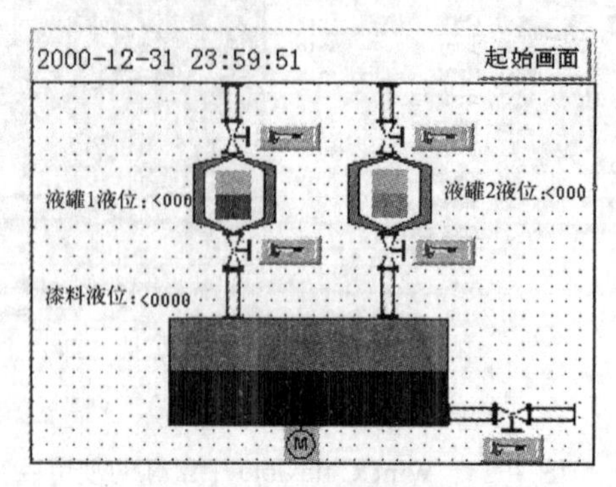

图 3-27　物料混合画面

画面中的这些对象元素可以分为静态元件与动态元件两大类。静态元件用于静态显示，在系统运行时它们的状态不会变化，如使用文本来指示不同的设备。动态元件用于动态显示，根据现场过程的不同，会显示出不同的状态，如使用棒图来显示液位的变化。动态元件需要连接变量。

2．画面与 HMI 设备的相关性

画面与 HMI 设备的相关性是指 HMI 设备所具有的画面属性与 HMI 设备的型号有关。以下的画面属性由 HMI 设备的型号所决定。

1）设备布局：画面中设备的布局与 HMI 设备型号的关系如图 3-28 所示。

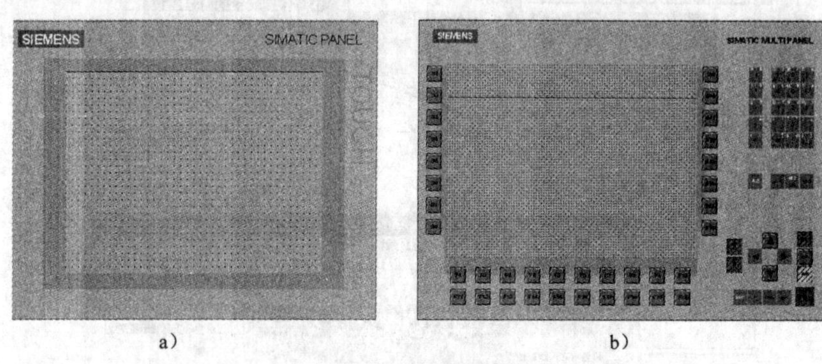

a）　　b）

图 3-28　设备布局与 HMI 设备型号的关系

a）TP 177B Color PN/DP　b）MP 370 12" Key

2）屏幕分辨率：屏幕分辨率由 HMI 设备的显示尺寸决定。

3）颜色深度：颜色的深度由所选 HMI 设备所支持的颜色深度决定。

4）字体：所支持的字体取决于所选的 HMI 设备类型。

5）可用的画面对象：不同的 HMI 设备所能使用的画面对象元素也不同。例如，TP 170A 的“增强对象”中仅有报警视图，而 TP 170B 的“增强对象”中有用户视图、趋势视图、配方视图和报警视图。

3.4.2 画面的创建

根据生产现场与控制系统的要求，工程项目一般是由多幅画面组成的，各个画面之间应能按要求互相切换。应根据操作的需要安排切换顺序，各画面之间的相互关系应层次分明。

画面设计时，首先需要对画面进行总体设计，来规划创建哪些画面、每个画面的主要功能，确定画面的结构与个数；其次需要分析各个画面之间的关系、如何实现画面切换，定义画面浏览的控制策略；然后要对画面进行分区，并组态画面模板。最后使用画面对象组态各个画面。

1. 新建画面

下面以 3.2.2 节中所创建的项目“直接创建项目”为例进行介绍。双击项目视图中“画面”文件夹下的“新建画面”，或选择“画面”文件夹后单击鼠标右键，在弹出的快捷菜单中选择“添加画面”命令，或单击工具栏中“新建”下拉列表框中的“画面”，都会在工作区出现一幅新的画面，如图 3-29 所示。

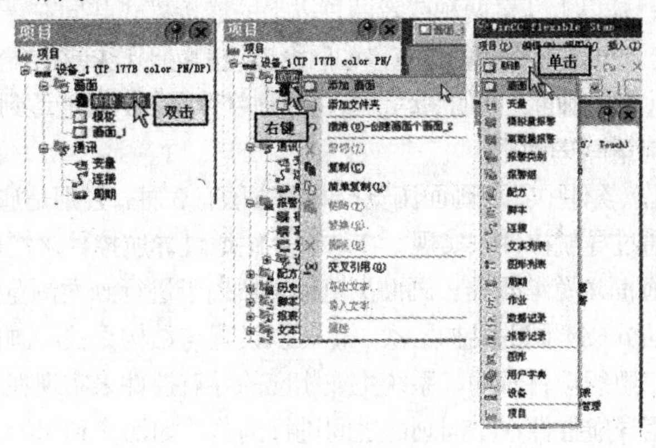

图 3-29 新建画面

“画面_1”是创建项目时系统自动生成的画面。用户再次新建画面，其画面被自动指定一个默认的名称，如“画面_2”，同时在项目视图的“画面”文件夹内将会出现新画面的图标。使用鼠标右键单击项目视图中画面的图标，在出现的快捷菜单中执行“重命名”命令，可以修改该画面的名称。

2. 画面浏览的控制策略

根据现场的自动化生产系统的需求，可以采用不同的画面浏览控制策略来组织项目画面，一般有以下几种：

（1）环形连接

环形连接是一种比较简单的连接模式。多幅画面依次连接成一个环形。在这个环中，每两幅画面之间的切换可以是单向的，也可以是双向的。这种环形连接模式常用于较少画面、画面之间无主次关系的设计。环形连接模式的优点是结构简单。缺点是画面切换操作很烦琐。

（2）星形连接

星形连接也是一种比较简单的连接模式。在这种连接模式下，有一幅画面是中心画面，其他画面都与这幅画面有双向连接关系，而非中心画面之间没有连接关系。这种星形连接常用于较少画面、画面之间存在主次关系的设计。星形连接模式的优点是画面切换比较简单，任何两幅画面只需两次操作就可以实现切换。缺点是如果画面比较多，中心画面则显得比较凌乱，容易造成中心画面的臃肿。

（3）树形连接

树形连接是一种按种类分成不同分支的连接模式。在这种模式下，所有画面按照一定的逻辑关系被分成不同分支，从而实现双向连接。如果画面之间没有逻辑关系或者不处于同一分支下，它们之间就没有任何连接。这种连接模式的优点是操作员易操作、主次关系分明。进入某个特定画面时，只要明白它的逻辑关系并按照逻辑路线，就可以很快完成切换。缺点是对于不明白其逻辑关系的新手来说操作比较困难。

（4）网形连接

网形连接实际上是环形连接的改进连接模式。它的画面没有主次之分。在这种模式下，所有的画面两两之间都有双向连接关系。这种连接模式的优点是方便了环形连接的画面切换。但是，它的缺点也在于多连接方式对编程人员的要求非常苛刻，特别是画面很多时其编制的工作量很大。

（5）复合连接

复合连接实际上就是以上任意两种或者两种以上的连接模式共同在一组画面中使用的连接模式。其优点是可以结合不同连接模式的优点，如网形连接和树形连接的结合就可以使画面既具有比较好的逻辑性，也可以实现画面之间的快速切换，达到单种连接所不能达到的效果。

3．画面浏览控制策略的实现

WinCC flexible 组态软件中实现画面浏览控制的方法有 3 种，分别是通过浏览按钮来实现、使用功能按键来实现和通过导航控件来实现。在这里介绍通过导航控件来实现画面浏览的方法。

导航控件产生于画面浏览编辑器。画面浏览编辑器用于进行画面浏览控制策略的组态。画面浏览编辑器可以将画面分成不同的结构层次，也可以设置与结构无关的画面之间的直接连接，可以用不同的连接模式来组织项目画面，系统生成相应的导航控件来实现在若干画面间的浏览。操作员可以在运行时使用导航控件在不同画面之间进行浏览，如切换到起始画面或邻近画面。

（1）由项目向导创建项目时生成画面浏览

用户在使用项目向导创建项目时可以进行画面浏览的设置。打开 3.2.1 节所创建的项目“用项目向导创建项目”，双击项目视图中“设备设置”文件夹下的“画面浏览”，可以打开画面浏览编辑器，这时所显示的画面层次结构是通过项目向导生成的画面浏览，如图 3-30 所示。从中可以看到该项目所使用的控制策略是树形连接模式，第一层是起始画面（根画面），第二层是组成画面（父画面），第三层是组成画面的详细画面（子画面）。

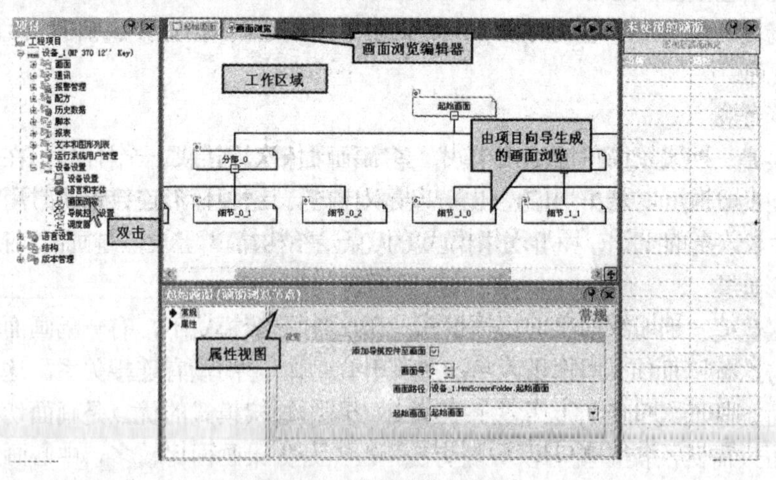

图 3-30　画面浏览的使用

（2）直接创建项目的画面浏览

用户在直接创建项目时没有进行画面浏览的设置。打开 3.2.2 节所创建的项目“直接创建项目”，这时需要双击项目视图中“设备设置”文件夹下的“画面浏览”图标，打开画面浏览编辑器后再进行设置。

在未使用的画面中，选择相应的画面后单击“添加至画面浏览”或使用鼠标拖放至画面浏览编辑器的工作区域，根据用户需求设置连接模式，如图 3-31 所示。

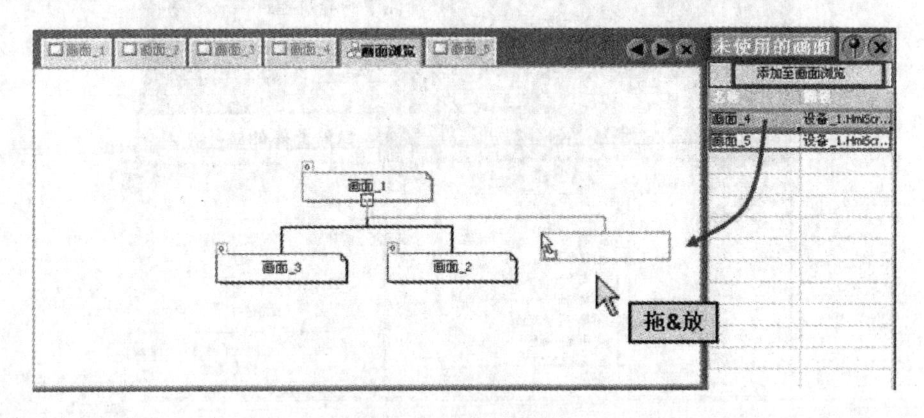

图 3-31　组态画面浏览（一）

此外，在画面浏览编辑器工作区中，还可以设置两个画面之间的直接连接，显示连接数目，隐藏/显示结构视图，如图 3-32 所示。每个画面的左上角有一个直接连接框，通过鼠标的拖放可以设置画面间的直接连接。框中的数字显示了该画面的所有直接连接的个数，单击该框可以出现绿色箭头指示直接连接。每个画面的下方有一小框表示其结构关系。若框中出现“+”表示隐藏该画面结构视图，出现“-”表示显示该画面结构视图。

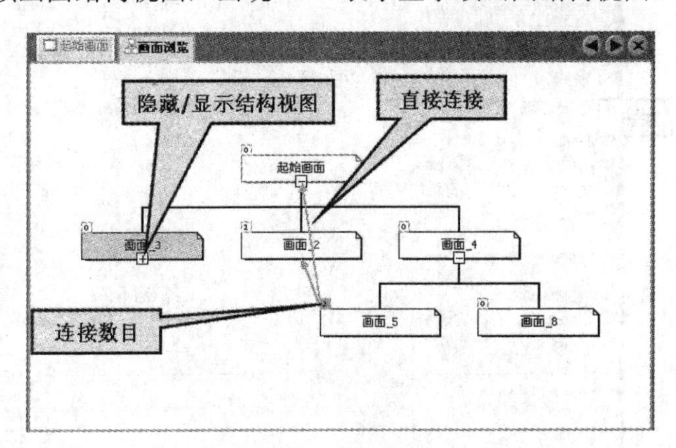

图 3-32　组态画面浏览（二）

（3）导航控件

画面浏览控制策略进行组态后，系统会自动生成导航控件，其属性视图如图 3-33 所示。双击项目视图中“设备设置”文件夹下的“导航控件设置”图标，可以对其进行相关设置，如图 3-34 所示。

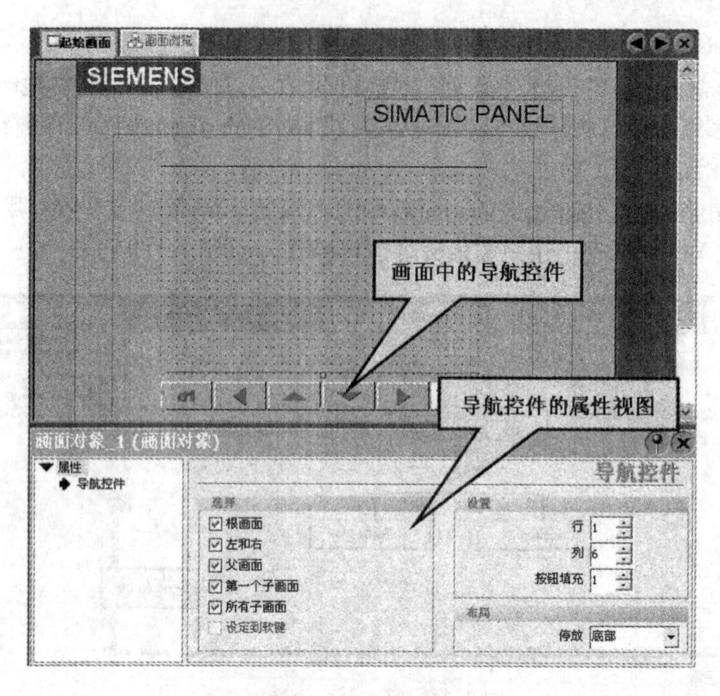

图 3-33　导航控件

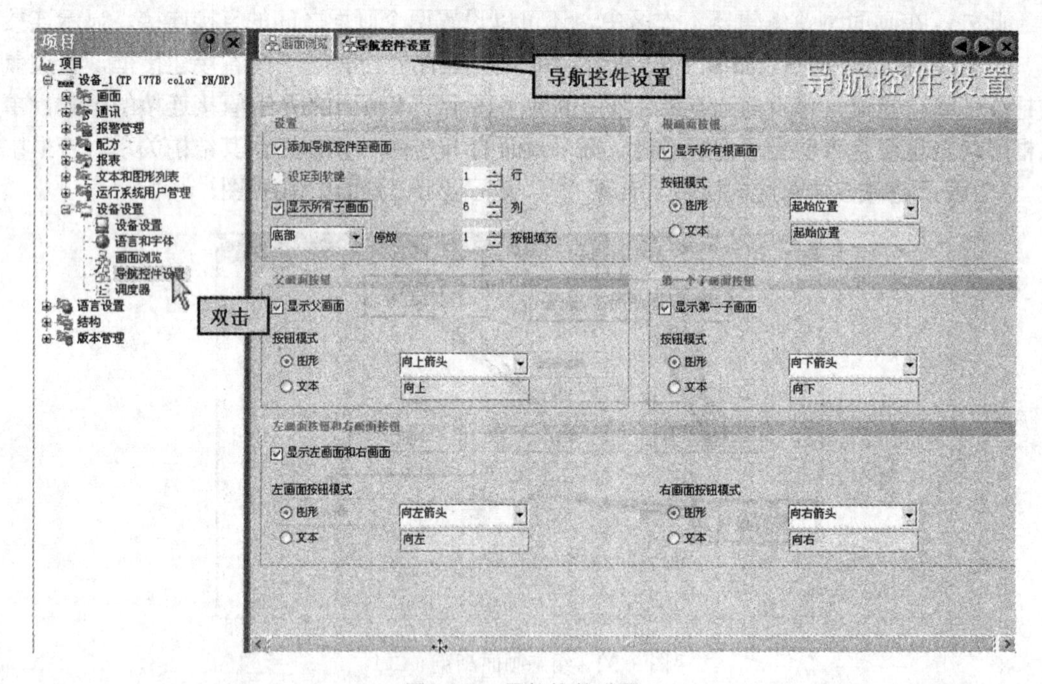

图 3-34　导航控件设置

（4）定义起始画面

在画面浏览编辑器工作区中，选择相应的画面后，单击鼠标右键，在弹出的快捷菜单中执行“新画面”命令可以生成该画面的子画面，执行“重命名”命令可以定义该画面的名字，如定义为起始画面。此外，还可以将该画面设置为起始画面，如图 3-35 所示。

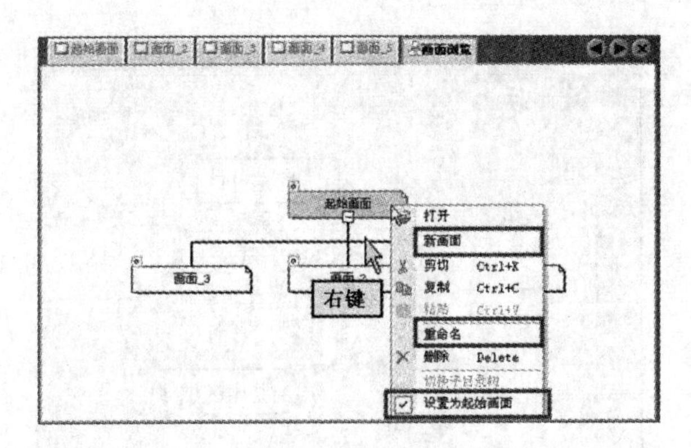

图 3-35　设置画面

起始画面是 HMI 设备运行用户项目启动时打开的第一幅画面，也可以通过双击项目视图中“设备设置”文件夹下的“设备设置”，打开“设备设置”对话框来进行设置，如图 3-36 所示。在该对话框中还可以修改 HMI 设备的名称、型号。

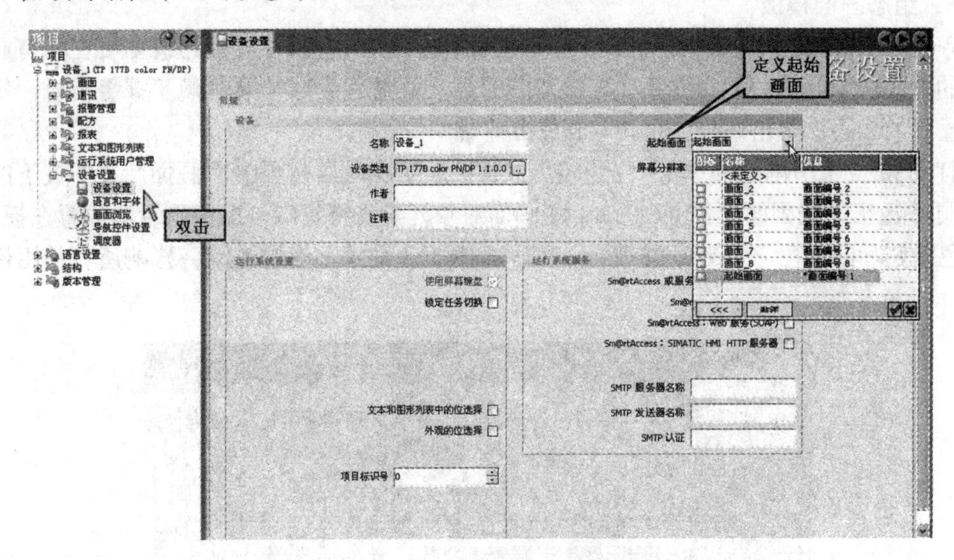

图 3-36　定义起始画面

4．画面分区

在进行画面组态时，首先要对画面进行设置，将画面进行分区，该设置可以在项目下任何一幅画面中进行，将影响项目下所有的画面。图 3-37 显示了画面分区的效果。

（1）基本区域

基本区域位于整个画面区域的下方。如果改变固定窗口的大小，则基本区域的大小也自动改变。在基本区域中组态过程画面，其内容根据用户需求而定。

（2）固定窗口

组态时，用鼠标将画面顶部的水平线往下拖动，水平线上面即是固定窗口。固定窗口是一个始终显示的窗口，位于基本区域的上方。用户可以将所有的画面都需要的对象（如公司标志或项目名称）放在固定窗口中。HMI 设备运行时，分割固定窗口的水平线不会出现。

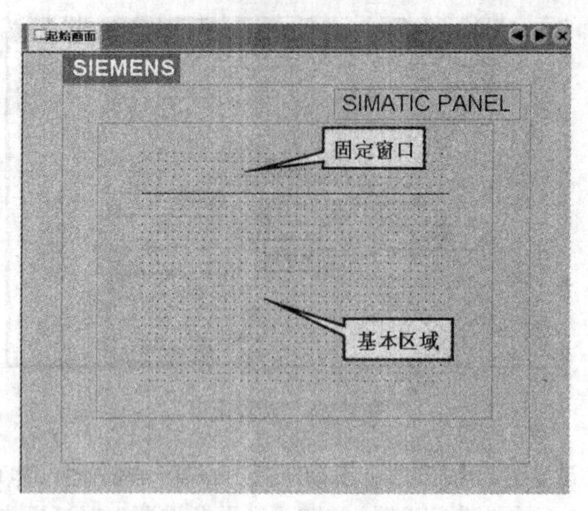

图 3-37　画面分区

5．组态画面模板

WinCC flexible 软件为用户提供了一个画面模板。在该模板中可以组态需要在所有画面中显示的画面对象元素，如报警窗口与报警指示器。系统运行时如果出现了报警信息，那么在当时显示的画面中将出现报警窗口与报警指示器。

打开 3.2.2 节所创建的项目“直接创建项目”，双击项目视图中“画面”文件夹下的“模板”，则模板出现在画面工作区。例如，将画面对象元素报警窗口与报警指示器放置在模板中，其颜色为实际的颜色，如图 3-38 所示。对画面模板上对象元素的改动将影响所有使用模板的画面。

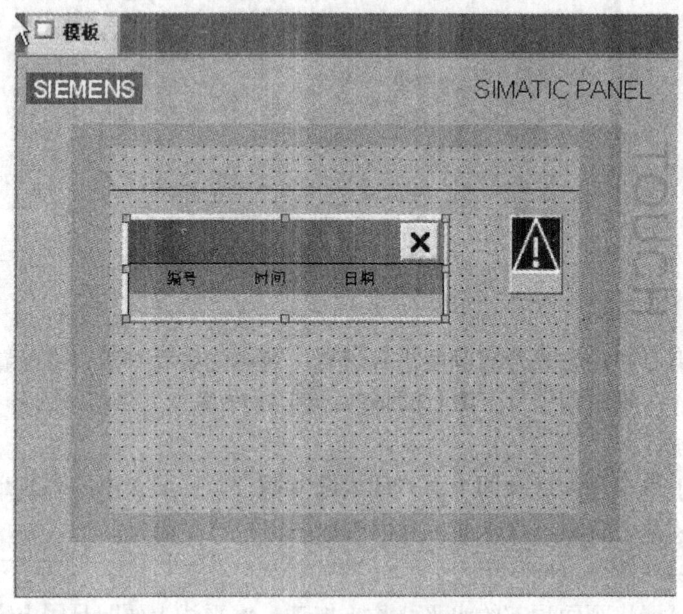

图 3-38　模板

用户在组态某个画面时，如果希望使用模板，在画面工作区下方的“常规”类对话框中，选中“使用模板”复选框即可，来自模板的对象的颜色要比实际颜色浅，如图 3-39 所示。

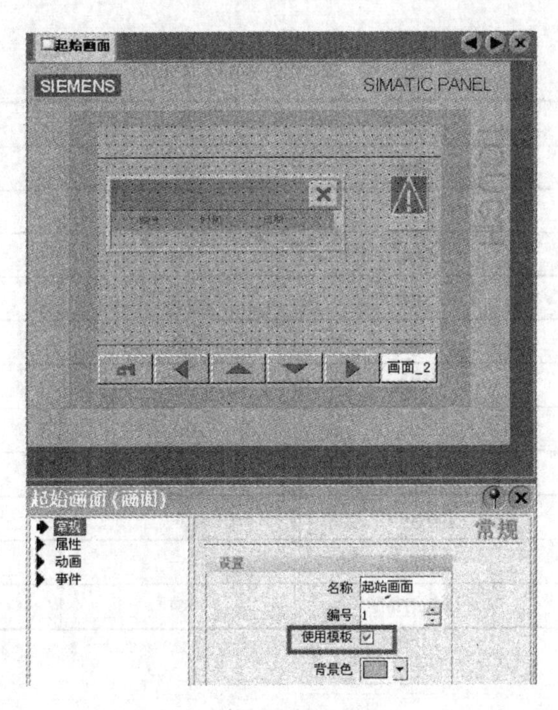

图 3-39 模板的选用

3.5 组态变量

现场设备生产运行状况可以实时显示在 HMI 设备的过程画面中。画面中的动态元件对象的状态变化都依赖于变量。变量是 HMI 设备与控制器之间进行数据交换的最重要的通信通道。因此，在组态画面对象之前，首先要定义好变量。

3.5.1 变量的基本概念

1. 变量的分类

顾名思义，变量就是变化的量，一般分为内部变量与外部变量。

- 内部变量：与外部控制器没有连接的变量。内部变量的值存储在 HMI 设备的存储器中，不需要为其分配地址，只有 HMI 设备能够对其进行访问，一般用于 HMI 设备内部的计算或执行其他任务。内部变量没有数量限制，可以无限制地使用。
- 外部变量：与外部控制器（如 PLC）具有过程连接的变量，是 HMI 设备与外部控制器进行数据交换的桥梁。外部变量必须指定与 HMI 相连接的 PLC 及其在 PLC 上的存储器地址，其值随 PLC 程序的执行而改变。HMI 与 PLC 都可以对外部变量进行读、写，其能采用的数据类型取决于与 HMI 相连接的 PLC。可使用外部变量的最大数目与授权有关。

2. 变量的数据类型

无论是内部变量还是外部变量，都需要定义其数据类型。变量的基本数据类型见表 3-3。

表 3-3　变量的基本数据类型

变 量 类 型	符　号	位数/bit	取 值 范 围
字符	Char	8	—
字节	Byte	8	0~255
有符号整数	Int	16	-32768~32767
无符号整数	Uint	16	0~65535
长整数	Long	32	-2147483648~2147483647
无符号长整数	Ulong	32	0~4294967295
浮点数（实数）	Float	32	1.175495e-3.402823e+38
双精度浮点数	Double	64	—
布尔（位）变量	Bool	1	True(1)、false(0)
字符串	String	—	—
日期时间	Date Time	64	日期/时间值

3.5.2　变量的组态

1. 打开变量编辑器

打开 3.2.2 节所创建的项目“直接创建项目”，双击项目视图中“通讯”文件夹下的“变量”，将会在工作区打开变量编辑器，如图 3-40 所示。

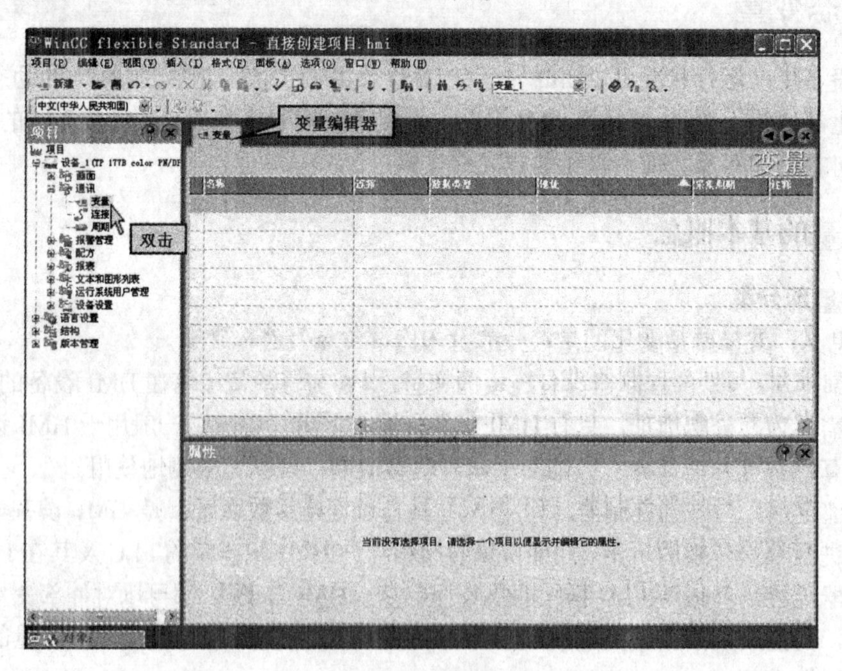

图 3-40　变量编辑器

2. 定义变量

在变量编辑器中需要设置变量的名称、连接、数据类型、地址和采集周期等参数。

（1）名称

用户可以为每个变量选择一个名称。注意：名称在此变量文件夹内只能出现一次。

（2）连接

输入变量的名称后，在变量编辑器的“连接”下拉菜单中，定义变量的类型，可以将其设置为“<内部变量>”或“与 HMI 相连接的 PLC 的连接（外部变量）”，如图 3-41 所示。

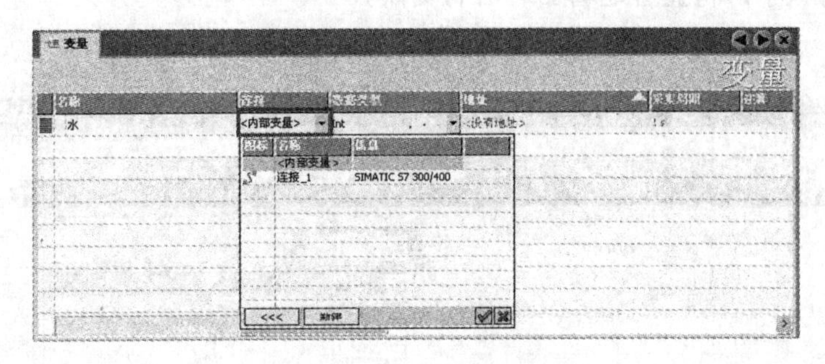

图 3-41　定义变量的类型

（3）数据类型

在变量编辑器的“数据类型”下拉菜单中，定义该变量的数据类型，如图 3-42 所示。注意：对于外部变量，定义的数据类型与 PLC 的型号有关，一定要与该变量在 PLC 中的类型一致。

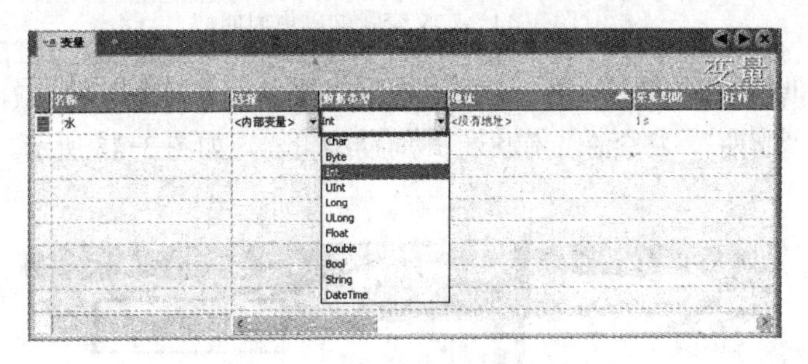

图 3-42　定义变量的数据类型

（4）地址

在变量编辑器的“地址”下拉菜单中，定义该变量的地址。注意：内部变量是没有地址的。外部变量的地址是与 HMI 相连接的 PLC 上的存储器地址，其范围与 PLC 的型号有关，如图 3-43 所示。

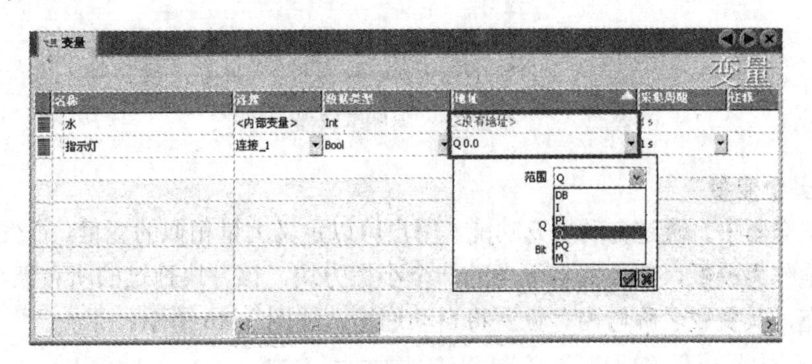

图 3-43　定义变量的地址

(5) 采集周期

在变量编辑器的“采集周期”下拉菜单中，定义该变量的采集周期，系统提供的采集周期的最小值为“100ms”，如图 3-44 所示。采集周期用来确定画面的刷新频率。在设置时需要考虑过程值的变化速度。例如，烤炉的温度变化比电气传动装置的速度变化慢得多，如果采集周期设置得太小，将显著地增加通信的负荷。

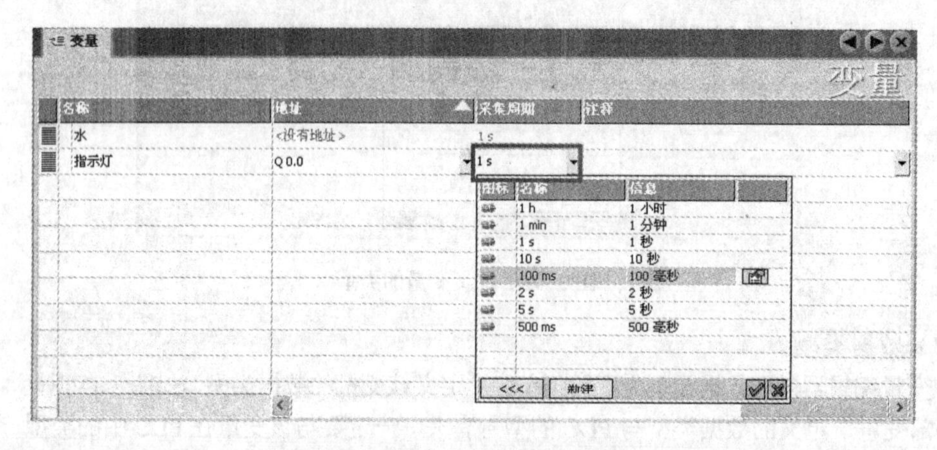

图 3-44　定义变量的采集周期

除了系统提供的采集周期外，用户还可以根据需要自定义采集周期。双击项目视图中“通讯”文件夹下的“周期”，将会在工作区打开周期编辑器，如图 3-45 所示。

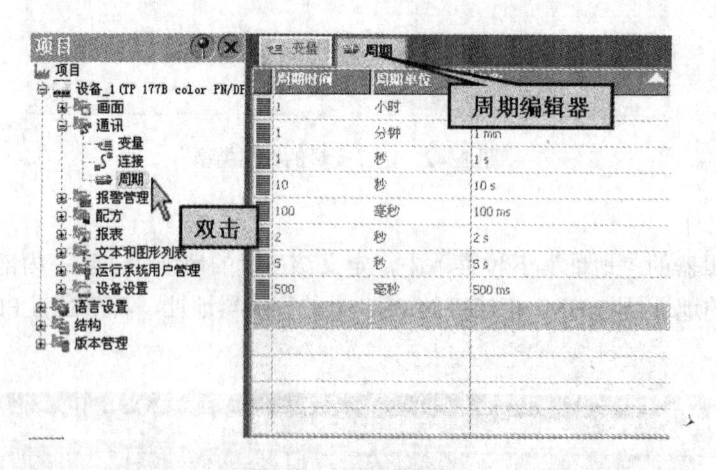

图 3-45　周期编辑器

3. 定义多个变量

在变量编辑器中，通过自动填充功能，用户可以定义大量相似的变量。在变量名称列中，选中一个变量作为模板，拖放其右下角的一个小黑方块。该方块拖过的所有被标记的单元格将被自动填充，其变量名称与内存位置将自动递增，如图 3-46 所示。

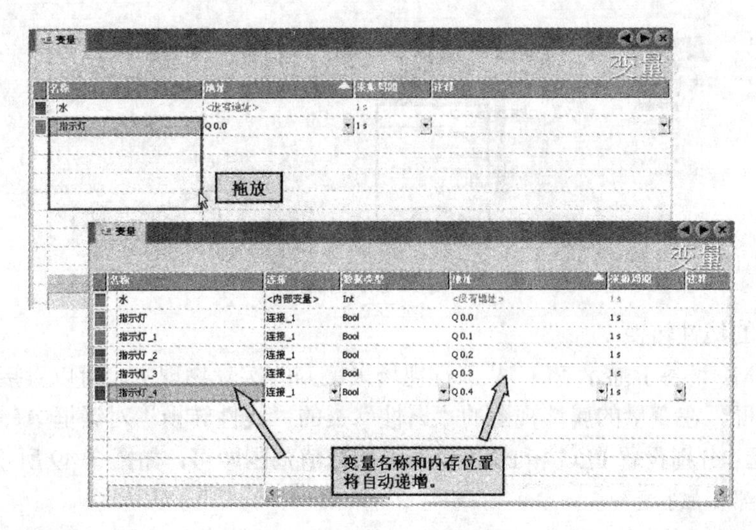

图 3-46　定义多个变量

4. 编辑变量

定义完变量后，在变量的属性视图中还可以对每个变量作进一步的编辑与设置。

（1）变量的采集模式

在变量的属性视图的“常规”类的对话框中，采集模式用于定义隔多久对变量的值进行更新，如图 3-47 所示。

- 根据命令：通过调用系统函数“UpdateTag”或在画面打开时对变量值进行更新。
- 循环连续：连续更新变量值。只有需要实时更新的变量才设置成“循环连续”采集模式，如报警信息等，否则会增加系统负担。
- 循环使用：根据使用进行循环，在打开的窗口中使用变量时，变量值被更新。

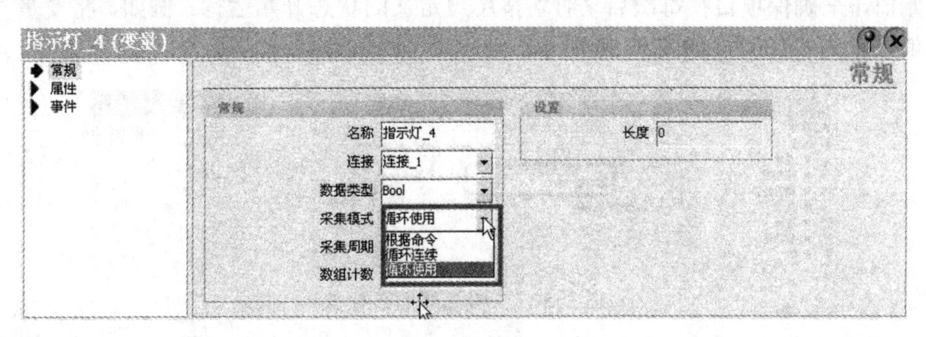

图 3-47　变量采集模式的定义

（2）变量的限制值

在变量的属性视图的“属性”类的“限制值”对话框中，用户可以指定变量包含上限和下限的数值范围。单击“限制值”下方的图标选择限制值的类型，图标表示限制值为常量，图标表示限制值为变量，图标表示未设置限制值，如图 3-48 所示。

在图 3-48 中，以变量“温度”的设置为例，其工作允许的温度范围为 650～750℃，在 750～800℃时温度偏高，在 600～650℃时温度偏低，在这两个温度范围内都应发出模拟量报警信息。如果温度高于 800℃或低于 600℃，都应发出错误信息。

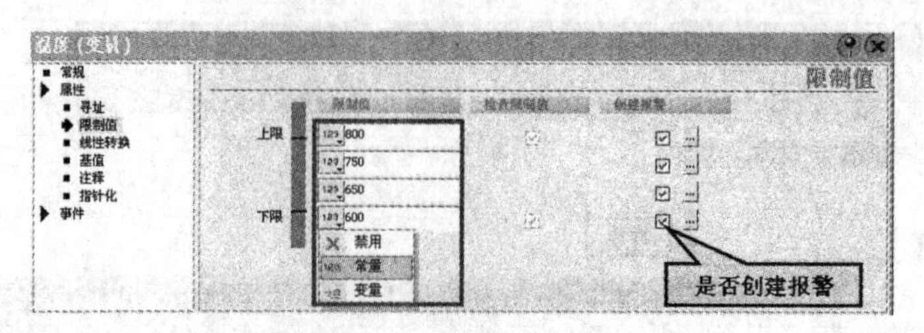

图 3-48　变量限制值的定义

（3）变量的线性转换

为了在 HMI 设备上显示 PLC 从工程现场采集到的实际物理量，可以直接用变量的线性转换功能来实现。在变量的属性视图的“属性”类的“线性转换”对话框中，用户需要激活“启用”复选框，分别设置 PLC 和 HMI 设备上的数值范围即可，如图 3-49 所示。注意：该功能仅适用于外部变量。

在图 3-49 中，以变量“压力”的设置为例，经 PLC 模拟量输入模块采集后得到 0～27648 的压力值可以以实际物理量 0～10MPa 的值显示在 HMI 设备上。

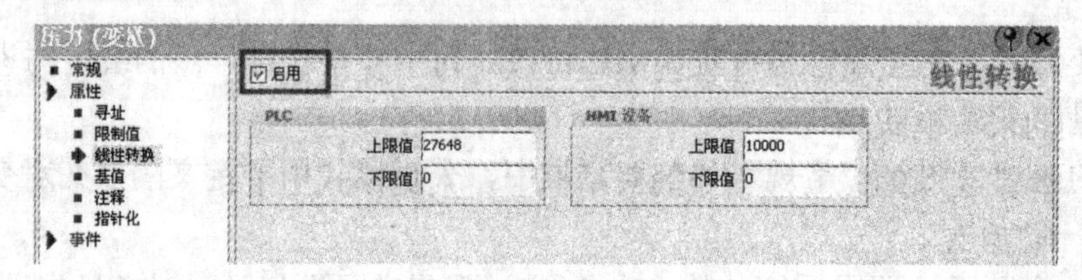

图 3-49　变量线性转换的定义

（4）变量的起始值

在变量的属性视图的“属性”类的“基值”对话框中，用户可以设置运行系统启动时变量的起始值，来确保项目在每次启动时均按用户定义的状态开始运行。例如，将变量“流量”的起始值设置为“100”，如图 3-50 所示。

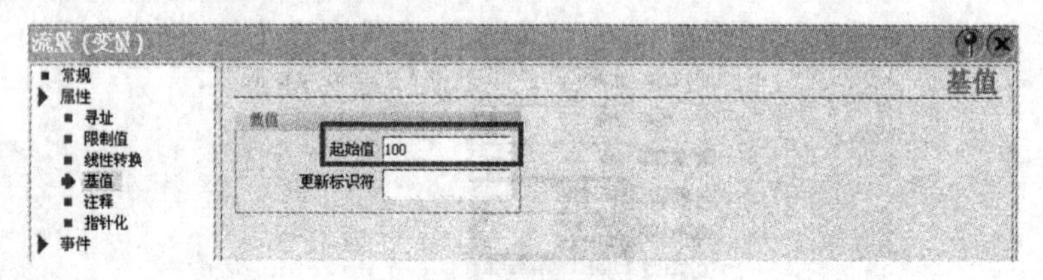

图 3-50　变量起始值的定义

3.6　项目的模拟与运行

3.6.1　项目的离线模拟

WinCC flexible 提供了一个仿真器软件，在没有 HMI 设备的情况下，可以使用 WinCC flexible 的运行系统模拟 HMI 设备，用它来测试项目，调试已组态的 HMI 设备功能。

执行“项目”菜单的“编译器”中的“使用仿真器启动运行系统”命令或单击工具栏中的 按钮，可直接从正在运行的组态软件中启动仿真器，如图 3-51 所示。

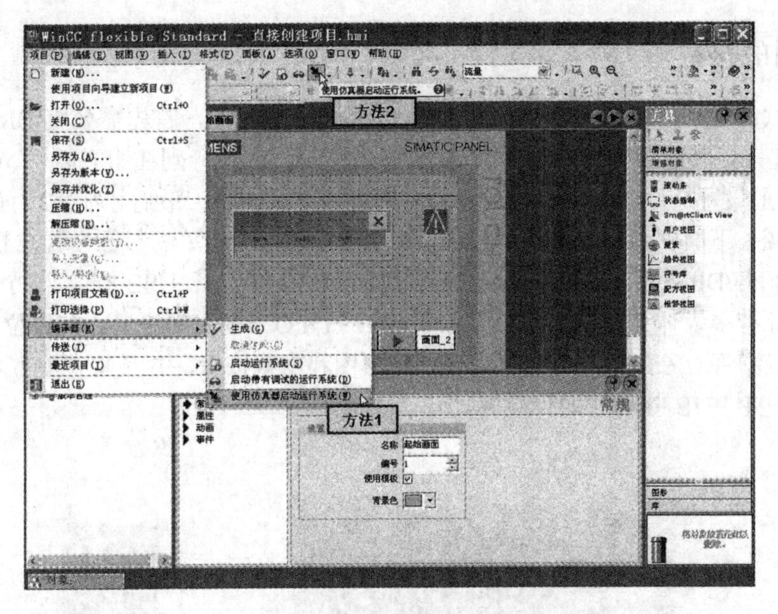

图 3-51　启动离线模拟调试

如果启动仿真器之前没有预先编译项目，则系统自动启动编译，编译成功后才能模拟运行。编译的相关信息将显示在输出视图中，如图 3-52 所示。

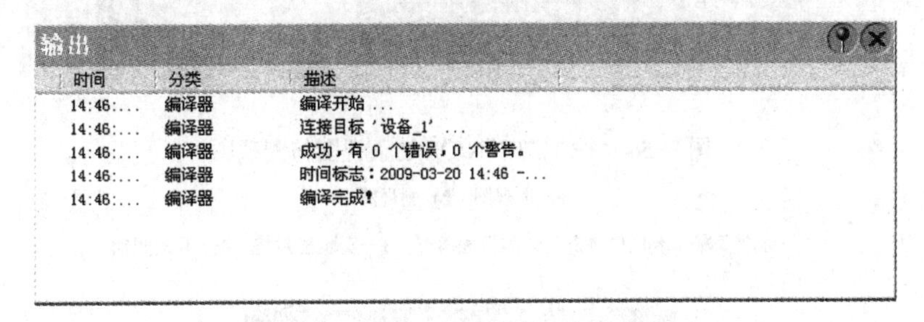

图 3-52　编译后出现的输出视图

当首次模拟项目时，模拟器将启动一张新的空白模拟表与 WinCC flexible Runtime 画面。WinCC flexible Runtime 画面与真实 HMI 设备上的画面相当，在模拟表中可以输入用于项目的变量和区域指针的参数。这样就可以模拟 PLC 上的变量了，如图 3-53 所示。

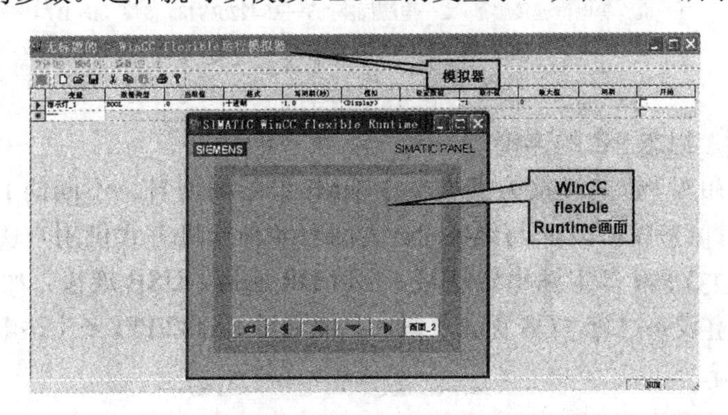

图 3-53　WinCC flexible Runtime 画面与模拟器

3.6.2 项目的传送

项目调试完成后需要将项目传送到 HMI 设备中。传送前，首先需要将 HMI 设备与组态的 PC 连接起来，其连接方式取决于 HMI 设备的型号；其次分别在组态软件 WinCC flexible 与 HMI 设备上设置通信参数，该参数要与实际连接方式一致；最后才能将项目从组态 PC 传送至 HMI 设备。下面以西门子 TP 177B PN/DP 为例，来介绍相关的参数设置及整个传送过程。

TP 177B PN/DP 采用 5.7in、蓝色或 256 色 STN-LCD，有一个 USB 接口、一个 RS422/RS485 接口和一个标准多媒体卡插槽，彩色型带“Profinet I/O”以太网接口。支持位图、图标、背景图画和矢量图形对象，动态对象有图表、柱形图和隐藏按钮，并且具有配方功能。图 3-54 与图 3-55 为 TP 177B PN/DP 的外观图。

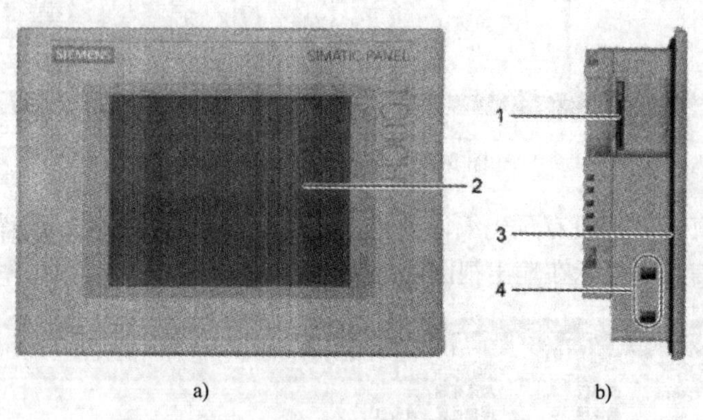

图 3-54 TP 177B PN/DP 的正视图与侧视图

a) 正视图 b) 侧视图

1—标准多媒体卡插槽 2—显示器/触摸屏 3—安装密封垫 4—卡紧凹槽

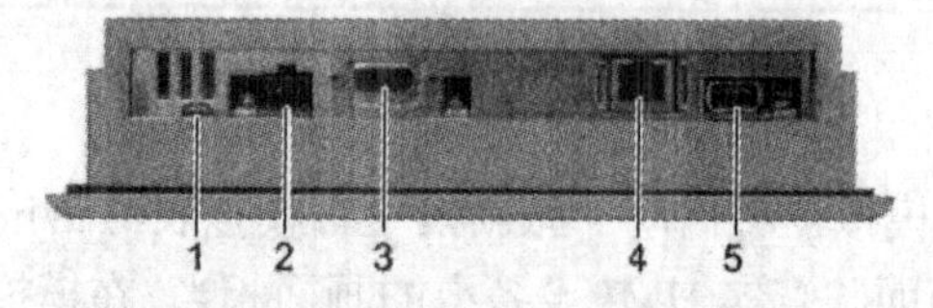

图 3-55 TP 170B PN/DP 的底视图

1—机壳等电位连接端子 2—电源插座 3—RS422/RS485 接口（IF1B）

4—PROFINET 连接（以太网） 5—USB 接口

1. HMI 设备与组态 PC 的连接

HMI 设备与组态 PC 的连接方式取决于 HMI 设备的型号。不同的 HMI 设备连接 PC 的方式也不同。TP177B PN/DP 与组态 PC 之间有 4 种连接方式供用户选择，分别是通过以太网连接、RS232/PPI 多主站电缆连接、MPI/DP 连接、USB 连接，如图 3-56 所示。注意：当需要对 HMI 设备进行“OS 更新”时，只能通过 RS232/PPI 多主站电缆连接、MPI/DP 连接方式进行更新。

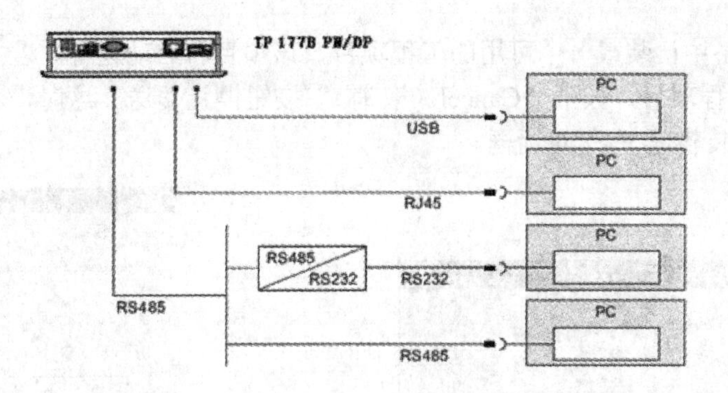

图 3-56　TP177B PN/DP 与组态 PC 的连接

RS232/PPI 多主站电缆连接需要使用 RS485/RS232 适配器，其外观如图 3-57 所示。注意：RS485/RS232 适配器上 DIP 开关的设置必须与组态软件 WinCC flexible 中设置（图 3-70 中的波特率）的波特率相匹配，见表 3-4。

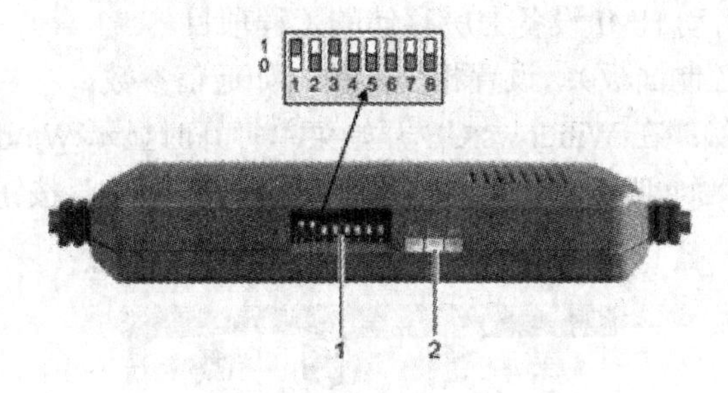

图 3-57　RS485/RS232 适配器

1—DIP 开关　2—LED

表 3-4　波特率与 DIP 开关的设置

波特率/（Kbit/s）	DIP 开关 1	DIP 开关 2	DIP 开关 3
115.2	1	1	0
57.6	1	1	1
38.4	0	0	0
19.2	0	0	1
9.6	0	1	0
4.8	0	1	1
2.4	1	0	0
1.2	1	0	1

2．设置 HMI 设备与组态软件 WinCC flexible 的通信参数

（1）设置 HMI 设备的通信参数

用户需要根据 HMI 设备与组态 PC 的连接方式来设置 HMI 设备的通信参数。

按照安装手册接通 HMI 设备的电源后，经过一段时间初始化后显示器点亮。若 HMI 设备没有装载用户的工程项目，屏幕上将出现传送画面，如图 3-58 所示。

若 HMI 设备中已装载一个可用的工程项目，该项目将启动运行。若 HMI 设备中没有装载任何可用的工程项目，按下“Cancel（取消）”按钮停止传送。这时，将出现如图 3-59 所示的“Loader（装载程序）”对话框。

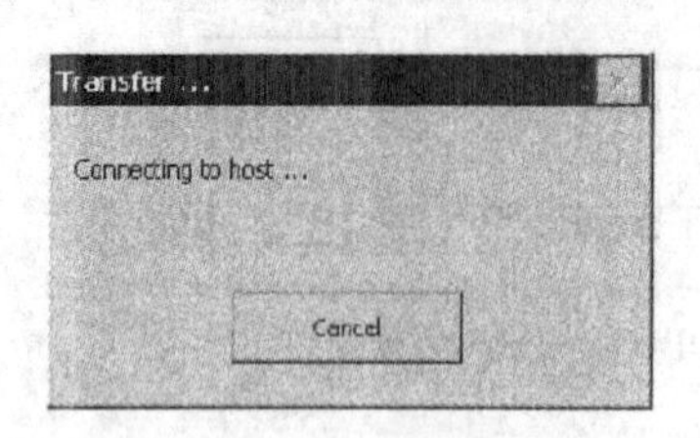

图 3-58　数据传送画面

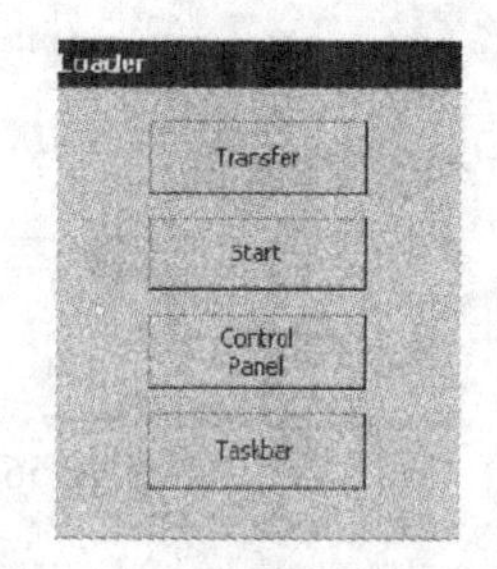

图 3-59　“Loader”对话框

图 3-59 中各按钮的功能如下。

- Transfer（传送）：切换到传送模式，激活数据传送。
- Start（启动）：启动 HMI 设备上所存储的工程项目。
- Control Panel（控制面板）：设置相关参数，如通信参数。
- Taskbar（任务栏）：在 Windows CE 开始菜单打开时显示 Windows 工具栏。

在图 3-59 所示的“Loader”对话框中，按下“Control Panel”按钮，打开“Control Panel”窗口，如图 3-60 所示。

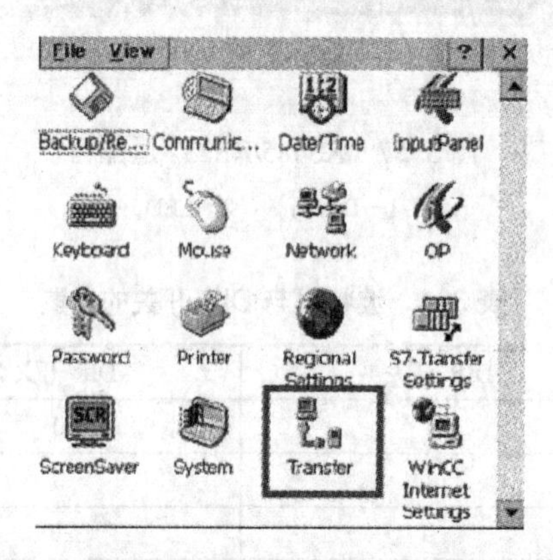

图 3-60　“Control Panel”窗口

双击“Control Panel”中的“Transfer”图标，弹出“Transfer Settings（传送设置）”对话框，如图 3-61 所示。在该对话框中，需要根据用户已选择的 HMI 设备与组态 PC 的连接方式来设置参数。

在图 3-61 的“Channel（通道）”标签中，通过 RS232/PPI 多主站电缆方式进行数据传送需要对“Channel 1（通道 1）”进行设置。若是通过以太网连接、MPI/DP 连接、USB 连接方式进行数据传送，可以通过下拉菜单进行选择，对“Channel 2（通道 2）”进行设置。根据 HMI 设备与组态 PC 的连接情况激活相应的“Enable Channel（传输通道）”复选框和“Remote Control（远程控制）”复选框。“Remote Control”表示无须手动退出运行系统即可下载项目到触摸屏。

选择使用“Channel 2”进行下载时，若是通过以太网连接、MPI/DP 连接方式，还需要通过单击“Advanced（高级）”按钮设置总线参数，如站地址（MPI 或 PROFIBUS 地址）、IP 地址、传输速率和网络最高站地址等。

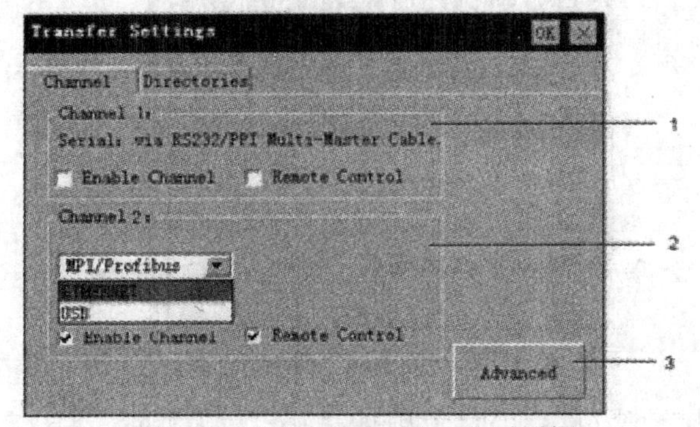

图 3-61 “Transfer Settings”对话框

1—数据通道 1（串口传送） 2—数据通道 2（MPI/PROFIBUS-DP 传送） 3—“Advanced”按钮

若选择的连接方式为“MPI”，将出现图 3-62 所示的对话框，需要设置 HMI 设备的 MPI 地址、超时时间、数据传输速率与网络最高站地址。如果在 MPI 网络中没有定义任何其他的设备作为主站，则激活“HMI 是网络中唯一的主站”复选框。如果另一个设备（如 S7-400PLC）已被定义为主站，则取消对复选框的选择。

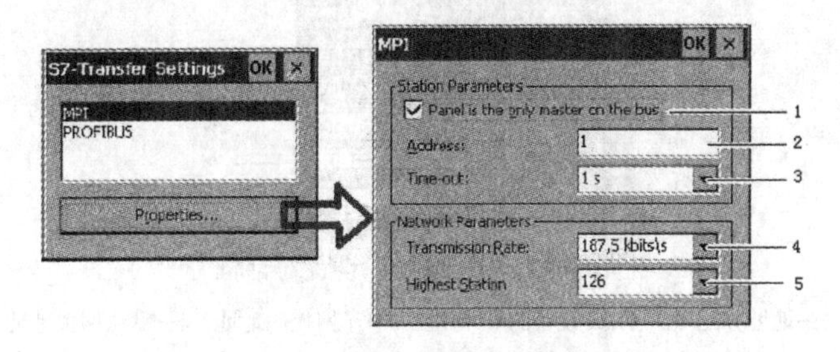

图 3-62 “MPI”属性设置对话框

1—HMI 设备是网络中唯一的主站 2—HMI 设备的 MPI 地址

3—超时时间 4—数据传输速率 5—网络最高站地址

若选择的连接方式为“PROFIBUS”，将出现图 3-63 所示的对话框，需要设置 HMI 设备的 PROFIBUS 地址、超时时间、数据传输速率、网络最高站地址与总线类型。如果在 PROFIBUS-DP 网络中没有定义任何其他的设备作为主站，则激活“HMI 是网络中唯一的主站”复选框。

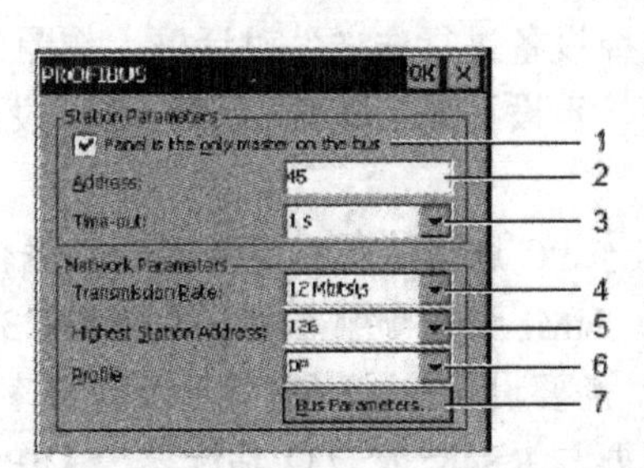

图 3-63 “PROFIBUS”属性设置对话框

1—HMI 是网络中唯一的主站 2—HMI 设备的 PROFIBUS 地址 3—超时时间 4—数据传输速率

5—网络最高站地址 6—总线类型 7—用于打开“配置文件”对话框的按钮

若选择的连接方式为“Ethernet（以太网）”，将出现图 3-64 所示的对话框。

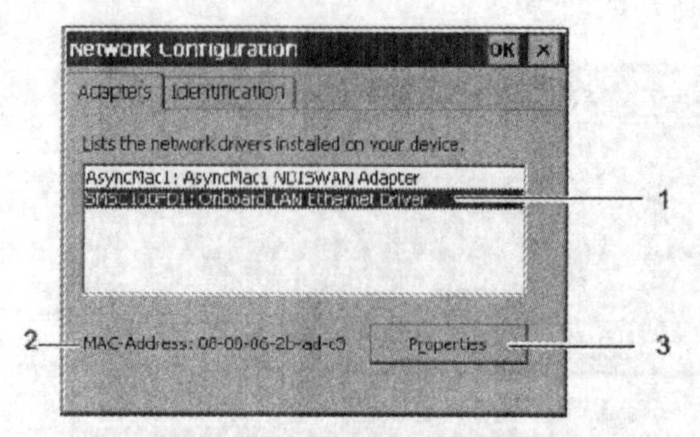

图 3-64 “以太网”设置对话框

1—以太网卡驱动 2—HMI 设备的 MAC 地址 3—“Properties（属性）”按钮

选择以太网卡驱动后，单击“Properties”按钮，将出现图 3-65 所示的对话框，需要设置 HMI 设备的 IP 地址、子网掩码地址与默认网关地址。注意：需将 HMI 设备的 IP 地址与组态 PC 的 IP 地址设置在同一个网段中。

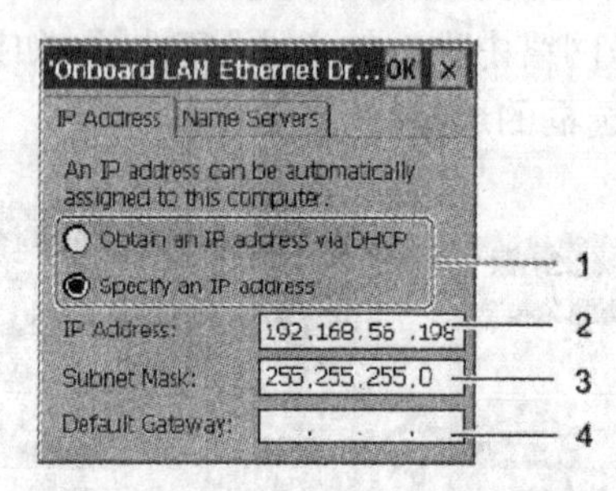

图 3-65 “IP 地址”设置对话框

1—地址分配 2—HMI 设备的 IP 地址 3—子网掩码地址 4—默认网关地址

设置完成后，单击“OK”按钮回到图 3-59 所示的“Loader”对话框中，按下“Transfer”按钮，进入图 3-58 所示的数据传送模式，HMI 设备等待从组态 PC 中传送项目。

（2）设置组态软件 WinCC flexible 的通信参数

用户需要根据 HMI 设备与组态 PC 的连接方式来设置组态软件 WinCC flexible 的通信参数。

打开用户的工程项目后，执行“项目”菜单下的“传送”中的“传送设置”命令或单击工具栏中的 按钮，出现“选择设备进行传送”对话框，如图 3-66 所示。

在图 3-66 中，用户需要进一步设置通信参数。根据 HMI 设备与组态 PC 的连接方式来进行模式的设置。

- 以太网：HMI 设备与组态 PC 通过以太网连接进行数据传输，需要设置 IP 地址。
- RS232/PPI 多主站电缆：HMI 设备与组态 PC 通过 RS232/PPI 多主站电缆连接进行数据传输。选择串行模式，需要设置连接的串口号及波特率，使用 RS485/RS232 适配器。注意：该波特率的设置要与 RS485/RS232 适配器上 DIP 开关的设置一致（见图 3-57 和表 3-4）。

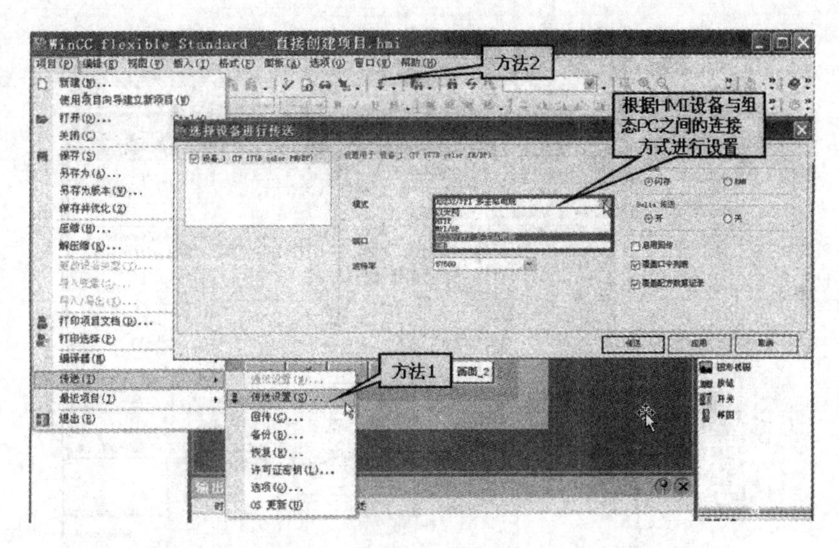

图 3-66　设置组态软件 WinCC flexible 的通信参数

- MPI/DP：HMI 设备与组态 PC 通过 MPI 或 PROFIBUS-DP 连接进行数据传输，需要输入触摸屏的 MPI 站地址或 PROFIBUS 站地址。选择 MPI 接口进行连接时，可用 PC Adapter 适配器。
- USB：使用 USB/PPI 多主站电缆连接方式进行数据传输。

对于基于 Windows CE 的 HMI 设备，若下载时只传送相对于原数据发生变化的项目数据，可以激活“Delta 传送”区域中的“开”单选按钮，以节省传送时间。激活该单选按钮后，可以选择将编译后的项目文件传送至 HMI 设备的闪存还是 RAM。

如果允许项目从 HMI 设备中上传至 PC，需要选中“启用回传”复选框。这样可以将项目的压缩源文件存储在 HMI 设备中，进行项目恢复。此外，还可以根据需求来设置是否覆盖口令列表及配方数据记录。

3．传送项目

通信参数设置完成后，单击图 3-66 中的“传送”按钮，即可将用户的工程项目下载到 HMI 设备中。这时 WinCC flexible 软件开始编译项目，若在编译过程中发现错误，将在输出视图中产生错误信息，并终止编译过程。若编译成功，系统将检查 HMI 设备的版本，并建立连接。

如果在 WinCC flexible 软件中选择的设备版本与实际的 HMI 设备版本不一致，将导致不能把在计算机上所开发的组态项目下载到 HMI 设备中。此时，需要对设备进行“OS 更新”（类似升级 firmware）。执行“项目”菜单下的“传送”中的“OS 更新”命令，在弹出的对话框中单击“更新 OS”按钮，对 HMI 设备进行更新，如图 3-67 所示。

注意：进行“OS 更新”时，只能使用 RS232/PPI 多主站电缆连接、MPI/DP 连接方式进行更新。

如果连接成功，在组态 PC 的屏幕上将会出现“传送状态”窗口显示传送的进度，项目将被传送至 HMI 设备。如果传送失败，将出现错误信息，提示不能建立连接。这时需要检查相关的设置、接口和电缆。

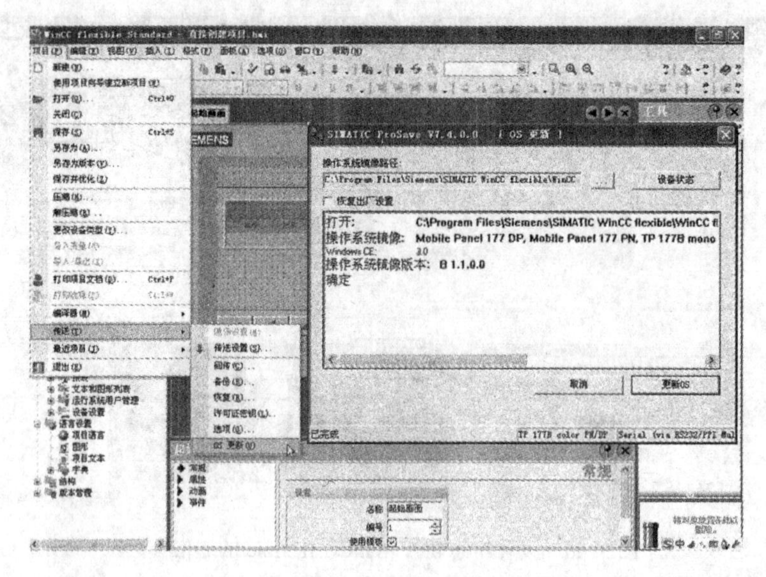

图 3-67 “传送状态”窗口

3.6.3 项目的运行

项目传送完成后，用户需要选用 HMI 设备的接口及连接电缆，将 HMI 设备与 PLC 连接起来。这样，通过 HMI 设备就可以控制和监视整个生产现场的机器设备。下面以西门子 TP 177B PN/DP 为例，来介绍相关的连接及项目运行操作。

1. HMI 设备与 PLC 的连接

HMI 设备与 PLC 的连接方式取决于 HMI 设备的型号。不同的 HMI 设备连接 PLC 的方式也不同。TP 177B PN/DP 与 PLC 的连接如图 3-68 所示。

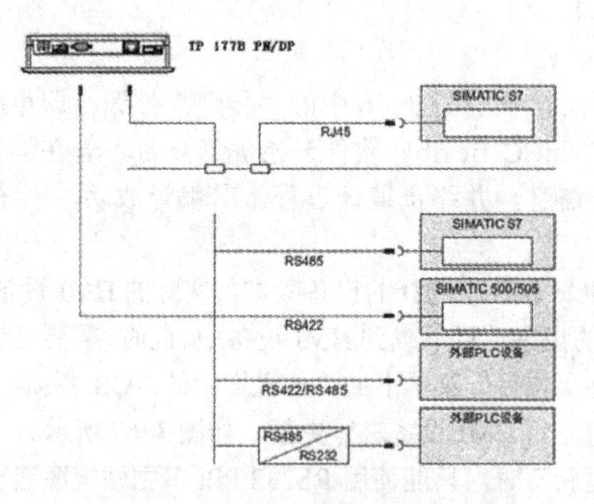

图 3-68 TP 177B PN/DP 与 PLC 的连接

从图 3-68 中可以看出，TP 177B PN/DP 连接 PLC 的接口有两种，分别是 RS422/RS485 接口（IF1B）与 PROFINET 连接（以太网）接口，其外观如图 3-55 所示。当选择 RS422/RS485 接口（IF1B）时，需要设置 HMI 设备上的 DIP 开关，如图 3-69 所示。DIP 开关的设置与 HMI

设备、PLC 之间的连接方式有关，见表 3-5。

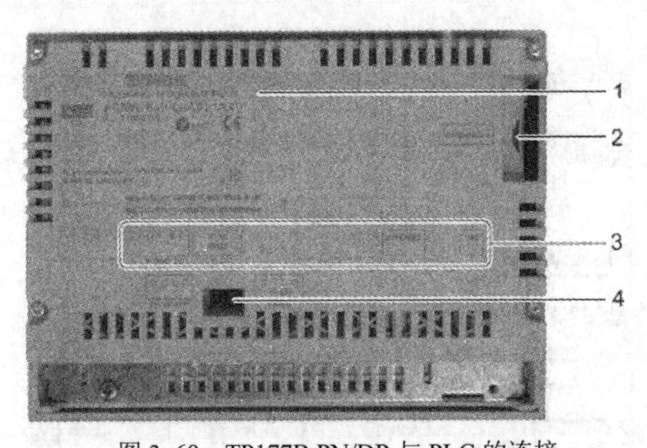

图 3-69　TP177B PN/DP 与 PLC 的连接

1—标牌　2—标准多媒体卡插槽　3—接口名称　4—DIP 开关

表 3-5　TP177B PN/DP 设备上 DIP 开关的设置

连 接 方 式	DIP 开关设置	含　义
MPI/PROFIBUS DP RS485	4 3 2 1 ON	RTS 在针脚 9 上，如同编程设备，可用于调试
	4 3 2 1 ON	RTS 在针脚 4 上，如同编程设备，可用于调试
	4 3 2 1 ON	无 RTS 用于控制器和 HMI 设备之间的数据传输
RS422	4 3 2 1 ON	启用 RS422 接口
按钮 ON	4 3 2 1 ON	出厂状态

2．HMI 设备与 PLC 的连接检查

HMI 设备与 PLC 的连接完成后，除了对连接线进行物理检查外，还需要对相关参数进行检查，保证 HMI 设备与 PLC 的通信连接。

启动组态软件 WinCC flexible，打开用户项目后，双击项目视图中“通讯”文件夹下的“连接”，打开连接编辑器进行检查，如图 3-70 所示。

3．HMI 设备与控制器之间连接方式与连接接口的检查

在图 3-70 中，用户需要检查在连接编辑器中设置的 HMI 设备和控制器的连接接口是否与 HMI 设备上选用的接口一致，HMI 设备和控制器之间的连接方式是否与工程现场中 HMI 设备和控制器的连接方式一致。单击“配置文”下拉列表框，可以选择“MPI”、“DP”、“标准的”、“通用的”、“用户定义”等。本例选择 HMI 设备的“IF1B”接口、“MPI”通信方式，设置的“最高站地址（HSA）”值要与 STEP 7 软件中组态的值保持一致。

4．HMI 设备的参数检查

在图 3-70 中，用户根据所选择的连接方式，需要检查连接编辑器中设置的 HMI 设备的地址与 HMI 设备系统软件中设置的地址是否一致，具体的设置方法见 3.6.2 节。本例中选择

的是“MPI”通信方式，HMI 设备的参数中的波特率要与 STEP 7 软件中组态的网络传输速率保持一致。

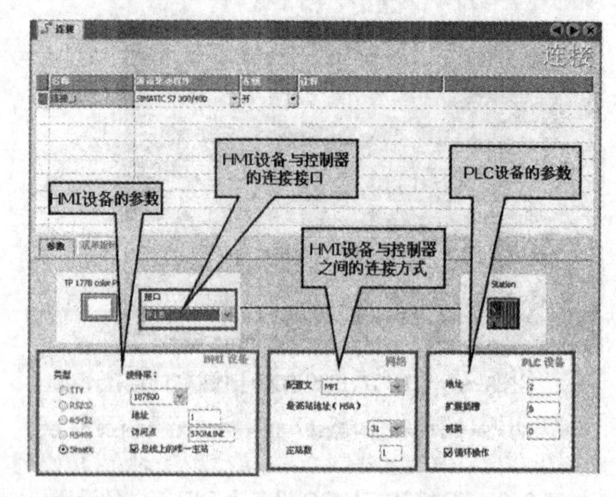

图 3-70　连接编辑器中参数的检查

5．PLC 设备的参数检查

在图 3-70 中，用户需要检查连接编辑器中设置的 PLC 设备的参数中 PLC（主站）在网络中的地址、CPU 的扩展插槽号、机架号和是否循环操作等参数。设置的原则是与 STEP 7 软件中的组态保持一致。

6．运行 HMI 设备中的项目

HMI 设备与 PLC 的连接及参数设置正确后，用户的工程项目就可以在 HMI 设备上运行了。HMI 设备起动后，自动运行用户的工程项目，进入起始画面。在本例中，操作员可以通过 TP 177B PN/DP 设备画面对生产进行监视，通过触摸 TP 177B PN/DP 设备画面的控件来实现对整个生产的控制。

如果连接没有成功，将会出现报警信息“连接中断”。这时需要检查相关的设置、接口和电缆。

3.7　练习题

1．使用项目向导创建一个项目。

2．直接创建一个项目。

3．画面与 HMI 设备的相关性是指什么？

4．WinCC flexible 软件的界面有几个区？分别是什么？各自的功能是什么？

5．在 WinCC flexible 软件中，如何进行组态界面的设置？

6．怎样打开、关闭与隐藏输出视图？

7．如何实现画面浏览？

8．怎样组态画面模板？

9．变量的定义是什么？什么是内部变量？什么是外部变量？如何组态？

10．如何进行项目的模拟与运行？有哪些注意事项？

第4章　WinCC flexible画面对象的组态

WinCC flexible 软件提供了一系列画面对象，用于设计项目过程图形的图形元素，来实现监视生产过程与操作员的操控。用户可以在过程画面中组态丰富的画面对象，包括开关、按钮、域和矢量图形等。另外，可以使用 WinCC flexible 自带的图库或用户自建的图库中的图形，还可以创建和重复使用图形对象组，如面板。

画面对象可以分为 4 大类，分别是简单对象、增强对象、图形与库。一般来说，画面对象的属性可以分为两类，分别是静态属性与动态属性。

4.1　域

WinCC flexible 软件提供了 5 种类型的域，可用于输入或显示输出各种类型的数据，如日期、时间、图形、字符串与过程值等，如图 4-1 所示。

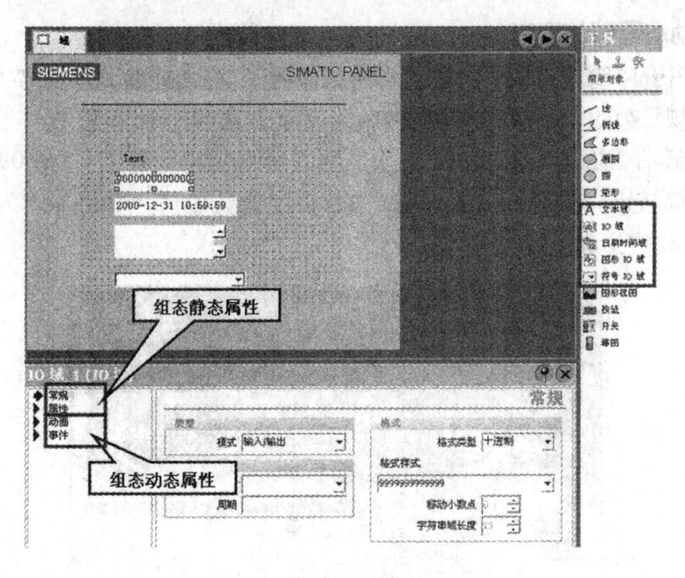

图 4-1　域

4.1.1　文本域

文本域用于设置文本标签，是不与 PLC 链接的文本，运行时它不能在操作单元上修改。文本域可用于标记控件和输入/输出域。画面上不同文本字符串的相对重要性可以通过不同的字体和属性（大小、颜色、闪烁等）加以说明。

下面介绍文本域的组态使用方法。新建一个项目，选择 HMI 设备为 TP 277 6" Touch。在变量表中创建外部变量，名称为“变量_1”，数据类型为“Bool”，地址为“M0.0”。生成和打开名为“文本域”的画面，并将其定义为起始画面。定义起始画面的方法见 3.4.2 节。

1．文本域静态属性的组态

使用工具箱中的“简单对象”，选择“A文本域”，将其拖放到“文本域”画面的基本区域中。在其“常规”类的“文本”对话框中输入文字“静态文本”。在其“属性”类的“外观”对话框中可以对该文本的颜色、背景色及填充样式等进行设置、修改，如图 4-2 所示。

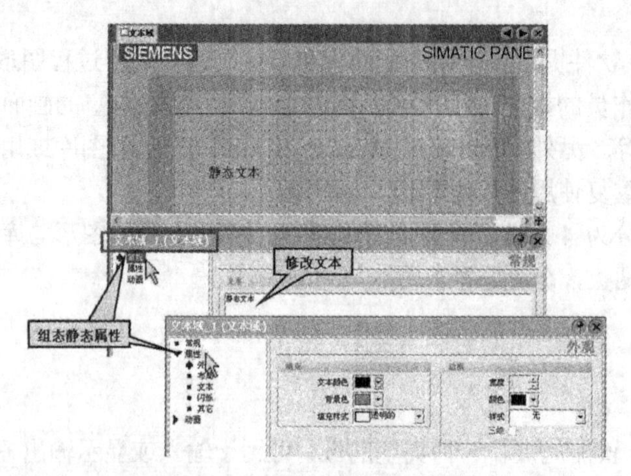

图 4-2　文本域静态属性的组态

2．文本域动态属性的组态

使用工具箱中的“简单对象”，选择“A文本域”，将其拖放到“文本域”画面的基本区域中。在其“常规”类的“文本”对话框中输入文字“文本闪烁”。在其“动画”类的“外观”对话框中，首先激活“启用”复选框，其次选择连接相应的变量_1（M0.0），然后在“类型”中选择“位”单选按钮，编辑该位的状态，当该位的值为 0 时，让其不“闪烁”，当该位的值为 1 时，让其“闪烁”，如图 4-3 所示。

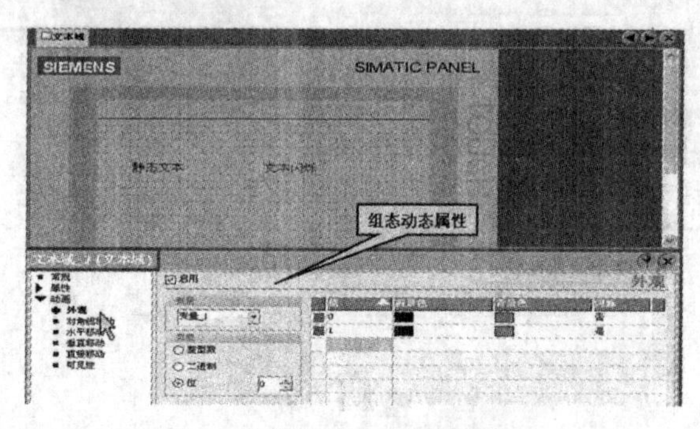

图 4-3　文本域动态属性的组态

单击 WinCC flexible 工具栏中的按钮，启动带模拟器的运行系统，开始离线模拟运行。可以看到，当变量_1（M0.0）的值为 0 时，运行画面中的“文本闪烁”以静态文本方式显示；当变量_1（M0.0）的值为 1 时，画面中的“文本闪烁”不断闪烁。

4.1.2　I/O 域

I/O 域是用来输入或输出显示过程值的。I/O 域有 3 种类型，分别是输入域、输出域、输入/输出域。输入域用于输入要传送到 PLC 的数字、字母或符号，将输入的数值保存到指定的变量中。输出域可以在 HMI 设备上显示来自 PLC 的当前值，可以选择以数字、字母或符号的形式输出数值。输入/输出域同时具有输入和输出的功能，操作员可以用它来修改变量中的数值，并将修改后的数值显示出来。

I/O 域的数据格式类型可分为“二进制”、“十进制”、“十六进制”、“字符串”、“日期”与“时间”等。若选择“格式类型”为“日期/时间”、“日期或时间”，其格式样式为系统默认，不可改变。十六进制格式只能显示整数。如果数值超出了组态的位数，I/O 域将以“###”显示。注意：I/O 域的数据格式类型要与所连接的变量的数据类型匹配。

下面介绍 I/O 域的组态使用方法。在变量表中创建两个外部变量。第一个变量的名称为“变量_2”，数据类型为“日期和时间”，地址为“DB1.DBB0”；第二个变量的名称为“变量_3”，数据类型为“StringChar”，地址为“DB1.DBB2”。生成和打开名为“I/O 域”的画面，并将其定义为起始画面。

1．使用 I/O 域组态日期/时间

使用工具箱中的“简单对象”，选择“ab| I/O 域”，将其拖放到“I/O 域”画面的基本区域中，通过鼠标的拖动调整其大小。在 I/O 域的属性视图的“常规”类对话框中，可以选择 I/O 域的类型、显示格式和样式，选择所要连接的变量，如图 4-4 所示。

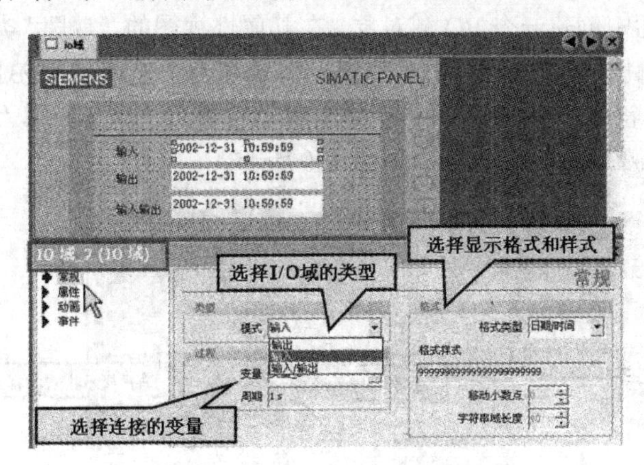

图 4-4　使用 I/O 域组态日期/时间

在“I/O 域”画面中创建 3 个 I/O 域对象，分别将其“模式”设置为“输入”、“输出”、“输入/输出”。将这 3 个 I/O 域对象所连接的变量都设置为“变量_2（DB1.DBB0）”，设置其“格式类型”为“日期/时间”。

单击 WinCC flexible 工具栏中的 按钮，启动带模拟器的运行系统，开始离线模拟运行。可以看到，单击“输出”文本框时，系统没有反应。单击“输入”或“输入输出”文本框时，将出现一个键盘，用户可以按照默认格式进行输入。例如，输入“2009-1-1 12：00：30”，该值将直接写入变量_2（DB1.DBB0），HMI 设备上与变量_2 所连接的“输入”、“输出”、“输入/输出”文本框中将显示“2009-1-1 12：00：30”。若变量_2（DB1.DBB0）的数值变为“2009-4-16 12：20：00”，这时在 HMI 设备上只有与变量_2 所连接的“输出”、“输入输出”文本框中显示“2009-4-16 12：20：00”，而与其连接的“输入”文本框中显示之前的数值，如图 4-5 所示。

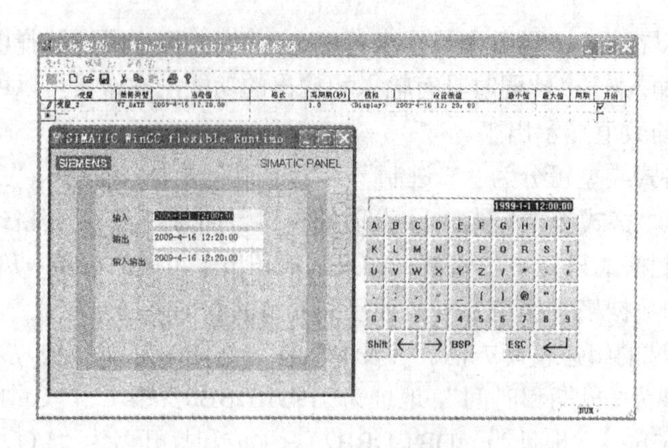

图 4-5　I/O 域组态日期/时间的模拟运行

2. I/O 域的隐藏输入

在 HMI 设备的运行过程中，用户输入要传送到 PLC 的数字、字母或符号时，可以选择正常显示输入值，也可以选择加密输入内容。例如，口令密码的隐藏输入。在隐藏输入过程中，系统使用“*”显示每个字符。

在“I/O 域”画面中创建一个 I/O 域对象，在其属性视图的“常规”类对话框中，将其“模式”设置为“输入/输出”，将其连接的“变量”都设置为“变量_3（DB1.DBB2）”，将其“格式类型”设置为“字符串”，将其“字符串域长度”设置为“6”。在其“属性”类的“安全”对话框中，激活“隐藏输入”复选框，如图 4-6 所示。

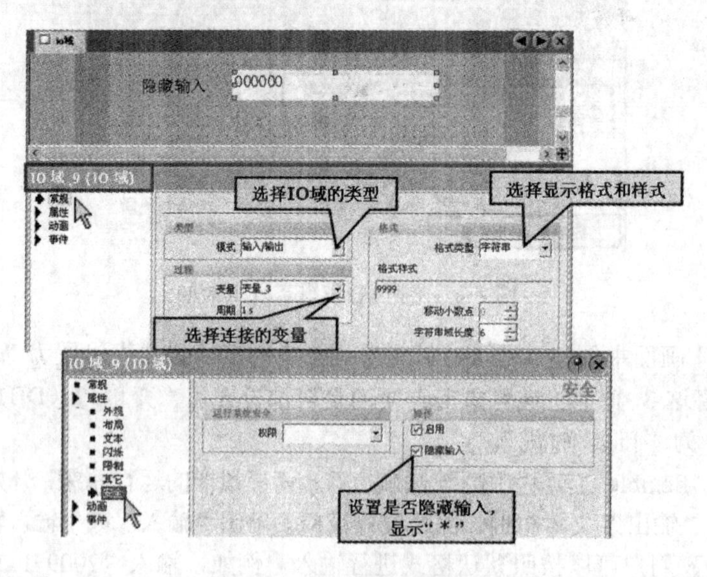

图 4-6　I/O 域的隐藏输入

单击 WinCC flexible 工具栏中的按钮，启动带模拟器的运行系统，开始离线模拟运行。可以看到，单击“隐藏输入”文本框时，出现一个键盘。由于激活了“隐藏输入”复选框，输入值的数据格式不能识别，无法按照默认格式进行输入。例如，输入“ABC123”，该值将直接写入变量_3（DB1.DBB2），而在键盘和与变量_3 所连接的“隐藏输入”文本框中将显示“******”，如图 4-7 所示。

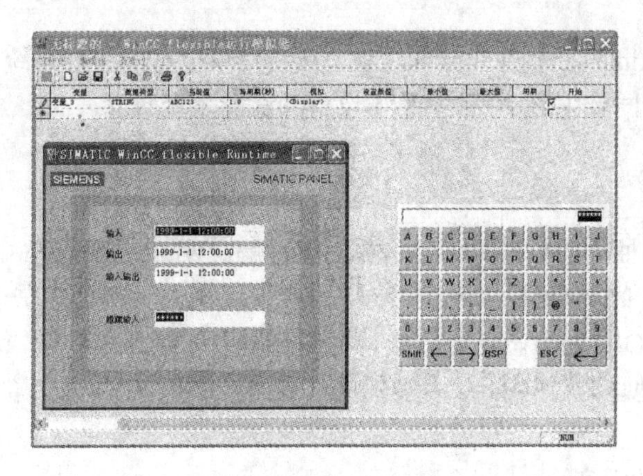

图 4-7　I/O 域隐藏输入的模拟运行

4.1.3　日期时间域

除了可以使用 I/O 域组态日期时间外，WinCC flexible 软件单独提供了一个画面对象——日期时间域，用于方便快捷组态日期时间。

下面介绍日期时间域的组态使用方法。生成和打开名为“日期时间域”的画面，并将其定义为起始画面。

使用工具箱中的“简单对象”，选择“日期时间域”，将其拖放到“日期时间域”画面的基本区域，通过鼠标的拖动调整其大小。在日期时间域的属性视图的“常规”类对话框中，可以选择日期时间域的类型，共有两种模式，分别是“输出”、“输入/输出”。如果设置为“输出”，只用于显示；如果设置为“输入/输出”，可以作为输入域来修改当前的日期时间。本例中，设置为“输出”。

设置日期时间域的显示格式，单独显示日期，还是单独显示时间，或者同时显示日期时间。此外，还可以组态为长格式（如 2000-12-31　10：59：59）来显示日期/时间。本例中，激活“显示日期”复选框与“显示时间”复选框。

设置日期时间域的显示值，显示的值可以是 HMI 设备的系统时间，也可以使用变量来输入输出日期时间（该方法与使用 I/O 域组态日期/时间是相同的）。本例中，激活“显示系统时间”单选按钮，如图 4-8 所示。

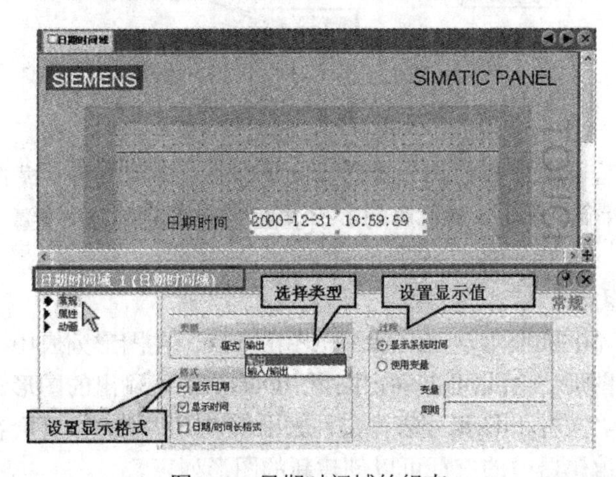

图 4-8　日期时间域的组态

单击 WinCC flexible 工具栏中的按钮，启动带模拟器的运行系统，开始离线模拟运行。可以看到，在日期时间域中显示的是 HMI 设备当前的系统时间。

4.1.4 图形 I/O 域

图形显示通常比抽象的数值更生动、更易于理解。WinCC flexible 中使用图形 I/O 域组态图形文件。通过图形 I/O 域可以显示生产过程的图形，也可以输入生产过程中所需的图形。

下面介绍图形 I/O 域的组态使用方法。在变量表中创建外部变量，名称为“变量_4”，数据类型为“Byte”，地址为“MB1”。生成和打开名为“图形 I/O 域”的画面，并将其定义为起始画面。

1. 图形 I/O 域的组态

使用工具箱中的“简单对象”，选择“图形 I/O 域”，将其拖放到“图形 I/O 域”画面的基本区域，通过鼠标的拖动调整其大小。在图形 I/O 域的属性视图的“常规”类对话框中，可以选择图形 I/O 域的类型，共有 4 种模式，分别是“输出”、“输入”、“输入/输出”和“双状态”。通过选择，既能从 PLC 中控制图形的输出，也可以直接从 HMI 设备面板中进行图形输入，还可以同时进行图形的输入与输出，另外，还支持两个状态的显示模式。在这 4 种模式中，只有“输出”模式不支持滚动条操作。

此外，还需要设置索引过程变量，选择图形列表，使图形列表与索引过程变量相连接。如果图形列表未定义，可通过单击“新建”按钮建立一个图形列表，如图 4-9 所示。

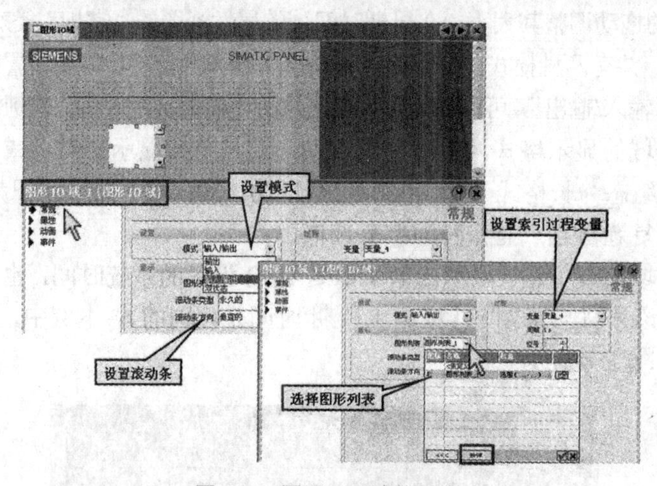

图 4-9 图形 I/O 域的组态

在“图形 I/O 域”画面中创建两个图形 I/O 域对象，分别将其“模式”设置为“输入/输出”、“输出”。将这两个图形 I/O 域对象的索引过程变量都设置为“变量_4（MB1）”，新建并选择图形列表_1。

2. 图形列表的组态

为了显示或输入不同的图形，还需要组态图形列表。在图形列表中，将索引过程变量的值分配给各种画面或图形。由此可以确定图形 I/O 域所输入/输出的图形。

双击项目视图中“文本和图形列表”文件夹下的“图形列表”，将会在工作区打开图形列表编辑器。通过双击编辑器中的空行可以创建新的图形列表。

在图形列表编辑器中，用户需要设置图形列表的选择，共有 3 种方式，分别是“范围(...-...)”、“位(0，1)”和“位号(0-31)”。选择设置成“范围（...-...)”，可将索引过程变量的值或数值范围分配给列表条目中的各个图形。列表条目的最大数量取决于HMI设备的型号。此外，还可以设置一个默认值。一旦索引过程变量的值超出定义范围，则显示该图形。选择设置成“位(0，1)”，可将索引过程变量（二进制变量）的两种状态分配给列表条目中的两个不同的图形。选择设置成“位号（0-31)”，可将索引变量的每个位分配给不同的图形。列表条目最多为 32。

在本例中，设置图形列表的选择为“位号（0-31)”。将索引过程变量的第零位分配一个图形，设置为中国国旗图形。将索引过程变量的第六位分配一个图形，设置为日本国旗图形，如图 4-10 所示。

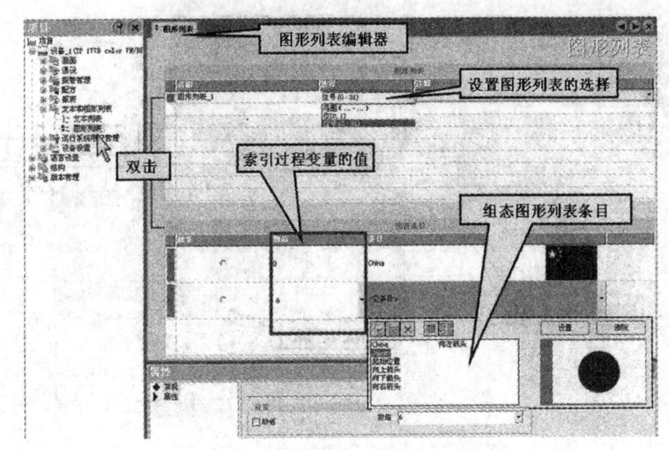

图 4-10　图形列表的组态

3．图形 I/O 域的模拟运行

单击 WinCC flexible 工具栏中的按钮，启动带模拟器的运行系统，开始离线模拟运行。设置变量_4 的显示格式为“二进制”，可以看到，当变量_4 中所有的位都是 0 时，没有图形显示。将变量_4 的第零位置 1，两个图形 I/O 域输出图形为中国国旗图形。将变量_4 的第六位置 1，两个图形 I/O 域输出图形为日本国旗图形。将变量_4 的第零位与第六位同时置 1，这时两个图形 I/O 域没有图形显示。设置为“输出”的图形 I/O 域没有滚动条，只能显示“输出”图形。设置为“输入/输出”的图形 I/O 域，用户可以操作滚动条输入显示图形。当输入不同的图形时，变量_4 中相应的位将被置 1 或置 0。

4.1.5　符号 I/O 域

符号 I/O 域用于组态一个下拉列表框来显示和输入运行时的文本。

下面介绍符号 I/O 域的组态使用方法。在变量表中创建外部变量，名称为“变量_5”，数据类型为“Int”，地址为“MW2”。生成和打开名为“符号 I/O 域”的画面，并将其定义为起始画面。

1．符号 I/O 域的组态

使用工具箱中的“简单对象”，选择“符号 I/O 域”，将其拖放到“符号 I/O 域”画面的基本区域中，通过鼠标的拖动调整其大小。在符号 I/O 域的属性视图的“常规”类对话框中，可以选择符号 I/O 域的类型，共有 4 种模式，分别是“输出”、“输入”、“输入/输出”和“双状态”。通过选择，既能从 PLC 中控制文本的输出，也可以直接从 HMI 设备面板中进行文本输入，还可以同时进行文本的输入与输出。另外，还支持两个状态的显示模式。在这 4 种模式中，“输出”模式和“双状态”模式不支持下拉列表操作。对于下拉列表，还可设置其可见项数目。

此外，如果将符号 I/O 域的模式设置为“输入”、“输出”或“输入/输出”，还需要设置索引过程变量，选择文本列表，使文本列表与索引过程变量相连接。如果文本列表未定义，可通过单击“新建”按钮建立一个文本列表，如图 4-11 所示。

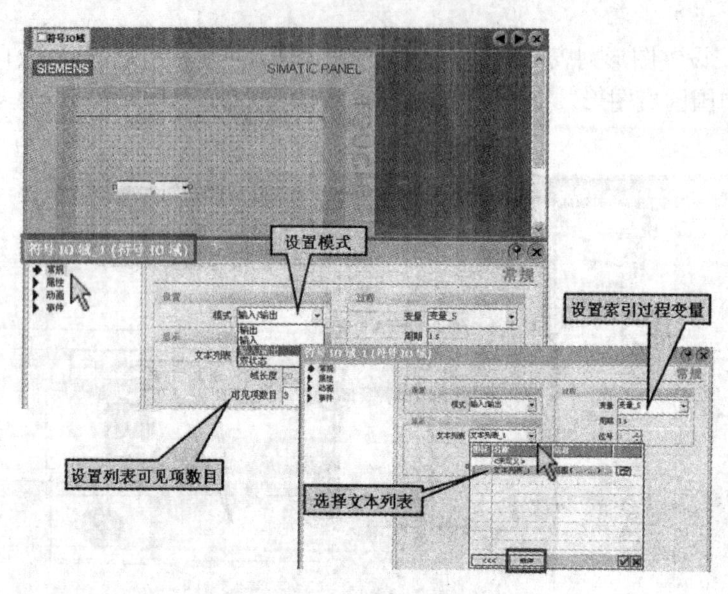

图 4-11　符号 I/O 域的组态（一）

如果将符号 I/O 域的模式设置为“双状态”，除了需要设置索引过程变量外，还需要设置“'ON'状态数值”、“'ON'状态文本”和“'OFF'状态文本”，如图 4-12 所示。这种模式的符号 I/O 域仅仅用于显示，并且最多可具有两种状态。

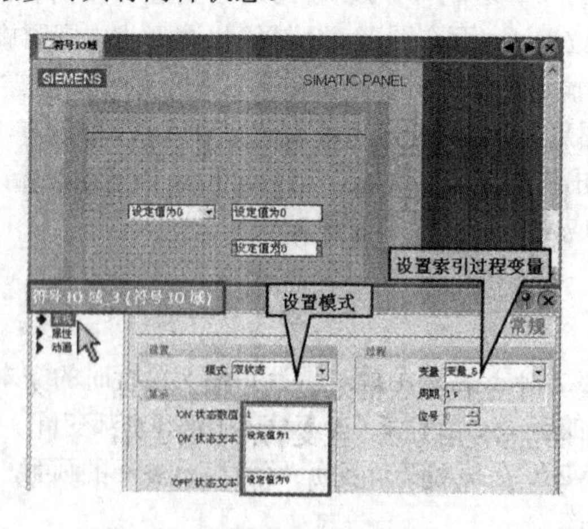

图 4-12　符号 I/O 域的组态（二）

在“符号 I/O 域”画面中创建 3 个符号 I/O 域对象，分别将其“模式”设置为“输入/输出”、“输出”、“双状态”。将“输入/输出”模式和“输出”模式的符号 I/O 域对象的索引过程变量都设置为“变量_5（MW2）”，新建并选择文本列表_1。将“双状态”模式的符号 I/O 域对象的索引过程变量设置为“变量_5（MW2）”，设置“'ON'状态数值”为“1”、“'ON'状态文本”为“设定值为 1”、“'OFF'状态文本”为“设定值为 0”。

2. 文本列表的组态

为了显示或输入不同的文本，还需要组态文本列表。在文本列表中，将索引过程变量的值分配给各个文本。由此可以确定文本 I/O 域所输入/输出的文本。

双击项目视图中“文本和图形列表”文件夹下的“文本列表”，将会在工作区打开文本列表编辑器。通过双击编辑器中的空行可以创建新的文本列表。

在文本列表编辑器中，用户需要设置文本列表的选择，共有 3 种方式，分别是“范围（...-...）”、“位（0，1）”和“位号（0-31）”。选择设置成“范围（...-...）”，可将索引过程变量的值或数值范围分配给列表条目中的各个文本。列表条目的最大数量取决于 HMI 设备的型号。此外，还可以设置一个默认值。一旦索引过程变量的值超出定义范围，则显示该文本。选择设置成“位（0，1）”，可将索引过程变量（二进制变量）的两种状态分配给列表条目中的两个不同的文本。选择设置成“位号（0-31）”，可将索引变量的每个位分配给不同的文本。列表条目最多为 32。

在本例中，设置文本列表的选择为“范围（...-...）”。索引过程变量的值为 0 时，分配一个文本，设置为“设定值为 0”。索引过程变量的值为 1 时，分配一个文本，设置为“设定值为 1”。索引过程变量的值在 2～10 之间时，分配一个文本，设置为“设定值无效！”，如图 4-13 所示。

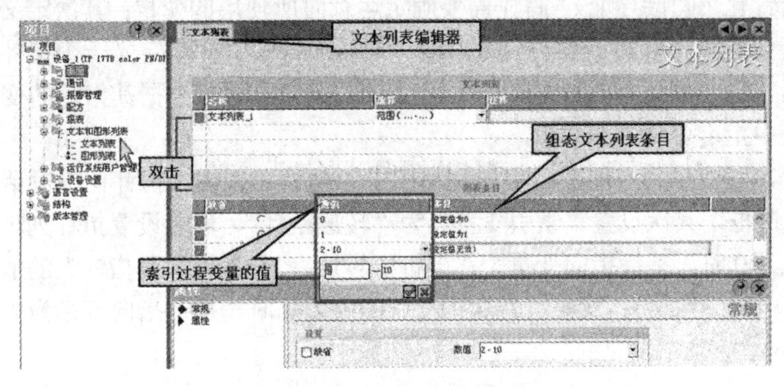

图 4-13　文本列表的组态

3. 符号 I/O 域的模拟运行

单击 WinCC flexible 工具栏中的 按钮，启动带模拟器的运行系统，开始离线模拟运行。在模拟器中，改变变量_5 的值。当变量_5 的值为 0 时，可以看到，3 个符号 I/O 域都显示“设定值为 0”。当变量_5 的值为 1 时，3 个符号 I/O 域都显示“设定值为 1”。当变量_5 的值为 7 时，“输出”模式和“输入/输出”模式的符号 I/O 域都显示“设定值无效！”，而“双状态”模式的符号 I/O 域却显示“设定值为 0”。当变量_5 的值为 17 时，由于该值超出了文本列表中所定义的文本，所以“输出”模式和“输入/输出”模式的符号 I/O 域都没有显示，而“双状态”模式的符号 I/O 域却显示“设定值为 0”。在“输入/输出”模式的符号 I/O 域，通过其下拉列表框进行选择输入，可以看到，在“输出”模式的符号 I/O 域和“双状态”模式的符号 I/O 域中将显示相同的文本，与此同时，变量_5 中的值也发生变化，只是“双状态”模式的符号 I/O 域仅能显示两种状态。

4.1.6 域的其他应用

在生产现场中，操作员有时需要监控多台设备的相同数据，如电机的转速。这时，操作员可以从选择列表中选择多台设备中的一台。根据操作员的选择，来自被选设备的数据将会显示出来。如果 HMI 设备的画面较小，用户可以使用符号 I/O 域来进行切换选择、显示相关数据，或使用变量指针化的方法来实现。这类方法的优点是占用画面面积少，缺点是同时只能显示一个数据。

下面以 3 台电机的转速为例，来介绍组态的方法。生成和打开名为“域的应用”的画面，并将其定义为起始画面。在变量表中创建以下变量，见表 4-1。

表 4-1 变量表

变量名称	连接	数据类型	地址
电机 1 转速	连接_1	Int	DB1.DBW8
电机 2 转速	连接_1	Int	DB1.DBW10
电机 3 转速	连接_1	Int	DB1.DBW12
转速值	内部变量	Int	没有地址
转速指针	内部变量	Int	没有地址

1. 变量的指针化

变量的指针化（间接寻址），首先需要确定运行时所使用的变量；其次定义该变量的索引变量，即该变量的选择取决于索引变量的值；最后为该索引变量定义一个指针列表专门用于指针化。在运行时，系统首先读取的是索引变量的数值，随后根据其指针的变化再读取变量列表相应位置中指定变量中的数值。

在本例中，在变量“转速值”的属性视图中“属性”类的“指针化”对话框中，首先激活“启用”复选框，其次设置“索引变量”为“转速指针”，然后设置指针列表，当变量“转速指针”的值为 0 时，指针指向变量为“电机 1 转速”；变量“转速指针”的值为 1 时，指针指向变量为“电机 2 转速”；变量“转速指针”的值为 2 时，指针指向变量为“电机 3 转速”，如图 4-14 所示。

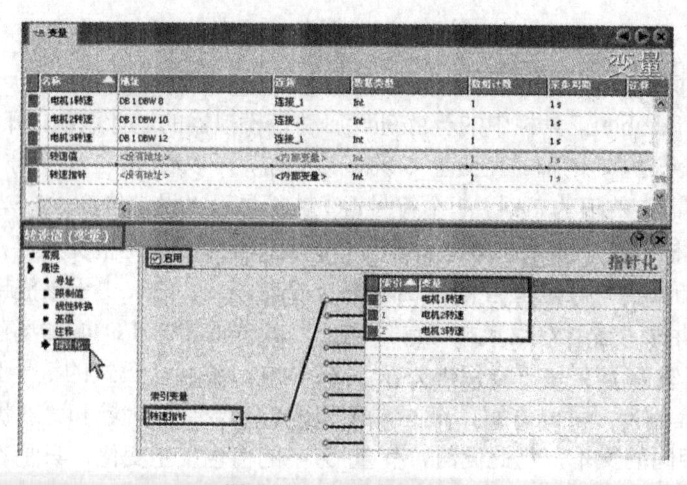

图 4-14 变量的指针化

2. 组态画面对象

在“转速选择”文本域的右侧组态一个符号 I/O 域，设置其“模式”为“输入/输出”，设置过程变量为“转速指针”，在“文本列表”下拉列表框中选择“转速值”，使文本列表与过程变量相连接，如图 4-15 所示。

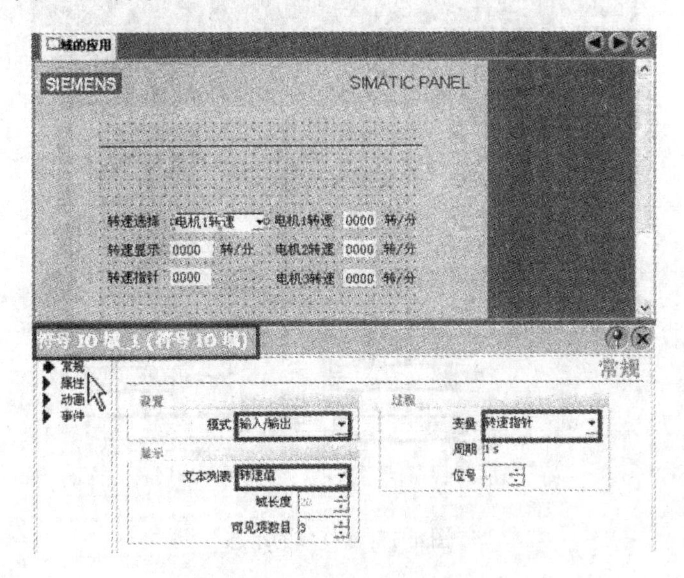

图 4-15　符号 I/O 域的组态

在文本列表“转速值”中，设置文本列表的选择为“范围（...-...）”。索引过程变量的值为 0 时，分配一个文本，设置为“电机 1 转速”。索引过程变量的值为 1 时，分配一个文本，设置为“电机 2 转速”。索引变量的值为 2 时，分配一个文本，设置为“电机 3 转速”，如图 4-16 所示。

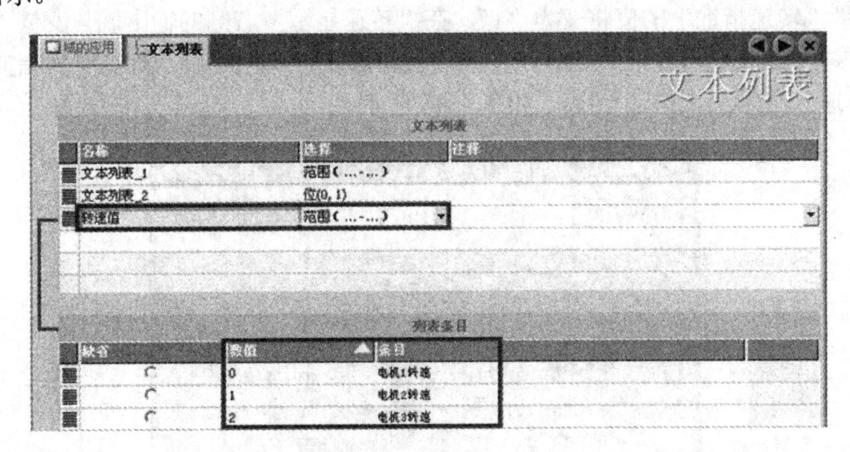

图 4-16　文本列表的组态

在“转速显示”文本域的右侧组态一个 I/O 域，设置“模式”为“输出”，所连接的“变量”都设置为“转速值”，设置“格式类型”为“十进制”，“格式样式”为“9999”，如图 4-17 所示。

为了说明该例，使用同样的方法在“转速指针”文本域的右侧组态一个 I/O 域，设置其

“模式”为“输出”，所连接的“变量”都设置为“转速指针”，设置其“格式类型”为“十进制”，“格式样式”为“9999”。此外，还分别组态了 3 台电机转速的输入/输出类型的 I/O 域，如图 4-17 所示。

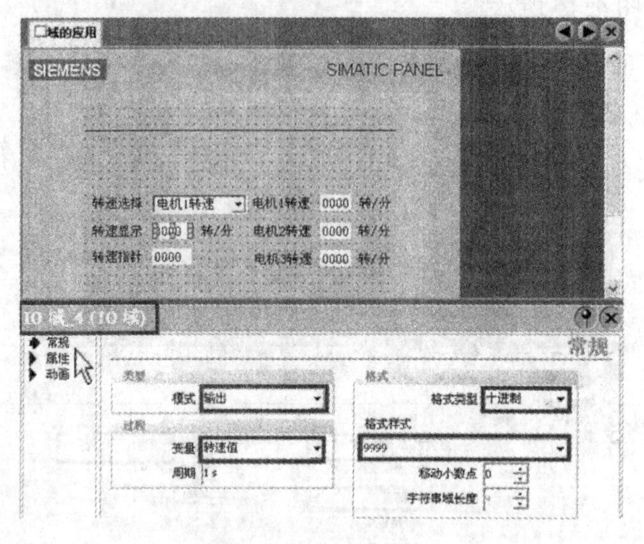

图 4-17　I/O 域的组态

3．离线模拟运行

单击 WinCC flexible 工具栏中的 按钮，启动带模拟器的运行系统，开始离线模拟运行。首先分别给这 3 台电机输入不同的转速值，当操作员通过符号 I/O 域选择另一台电机转速时，该符号 I/O 域所连接的变量“转速指针”的值也发生变化，并且在“转速显示”中显示该台电机的转速值。例如，操作员通过符号 I/O 域选择 3 台电机中的电机 2 转速。这时，与其相连接的变量“转速指针”的值将变为“1”。在“转速显示”右侧的输出域与变量“转速值”相连接，该变量进行过指针化，其索引变量“转速指针”的值为“1”时指针所指向的变量为“电机 2 转速”，即显示电机 2 转速，如图 4-18 所示。

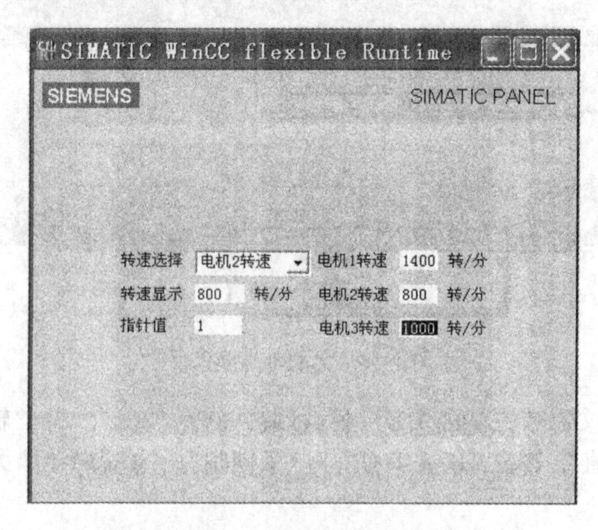

图 4-18　域的应用模拟运行

4.2 按钮

按钮是 HMI 设备上的虚拟键，可以用来控制生产过程。按钮的模式共有以下 3 种：

- 文本按钮：根据按钮上显示的文本可以确定按钮的状态。
- 图形按钮：根据按钮上显示的图形可以确定按钮的状态。
- 不可见按钮：该按钮在运行时不可见。

下面介绍按钮的组态和使用方法。生成和打开名为“按钮”的画面，并将其定义为起始画面。在变量表中创建以下外部变量（见表 4-2）。

表 4-2 变量表

变量名称	数据类型	地 址
变量_6	Bool	M4.0
变量_7	Bool	M4.1
变量_8	Int	DB1.DBW4
变量_9	Bool	M4.2
变量_10	Int	DB1.DBW6

4.2.1 文本按钮

文本按钮可以组态在运行中用于执行指定命令的对象，还可用文本静态或动态地标记。若将文本按钮设置为静态显示，该按钮上的文本不可更改。若将文本按钮设置为动态显示，则该按钮上所显示的文本由其所连接的变量的值来决定。

1. 文本按钮的静态显示

组态一个按钮，使其具有点动按钮的功能。将该按钮与变量_6 连接，按下该按钮时变量_6 被置位，释放该按钮时变量_6 被复位。

使用工具箱中的“简单对象”，选择“按钮”，将其拖放到“按钮”画面的基本区域，通过鼠标的拖动调整其大小。在该按钮的属性视图的“常规”类对话框中，设置“按钮模式”为“文本”。在“文本”区域，选中“文本”单选按钮。设置“'OFF'状态文本”，在其中输入“点动”，如图 4-19 所示。由于未激活复选框“'ON'状态文本”，则该按钮按下时和弹起时显示相同的文本。

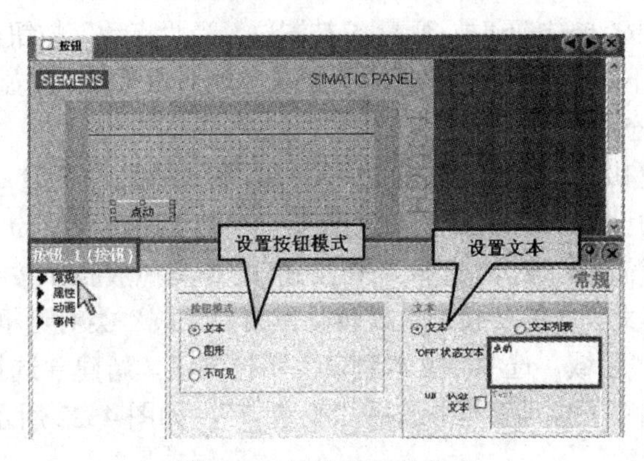

图 4-19 文本按钮的组态

在该按钮的属性视图的“事件”类对话框中，组态按下该按钮时所执行的系统函数。单击视图右侧最上面一行，再单击它的右侧出现的▾按钮（单击前被隐藏），在出现的“系统函数”列表中选择“编辑位”文件夹中的函数“SetBit（置位）”，如图 4-20 所示。

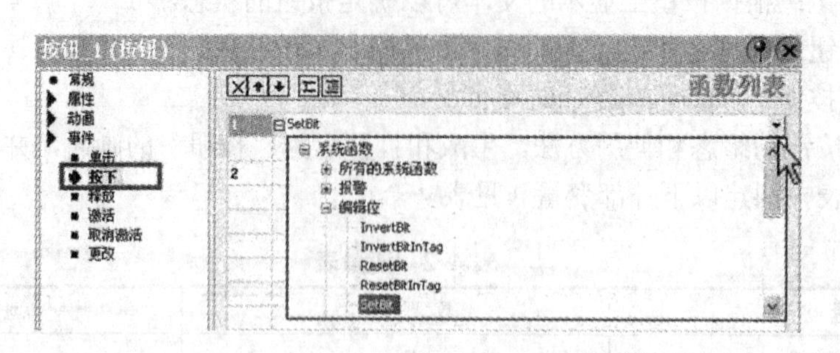

图 4-20　组态按下文本按钮时执行的系统函数

连接变量，单击函数列表中的第二行右侧隐藏的▾按钮，在出现的变量列表中选择变量_6，如图 4-21 所示。这样，在 HMI 设备运行时，按下该按钮后，变量_6 将被置为 1。

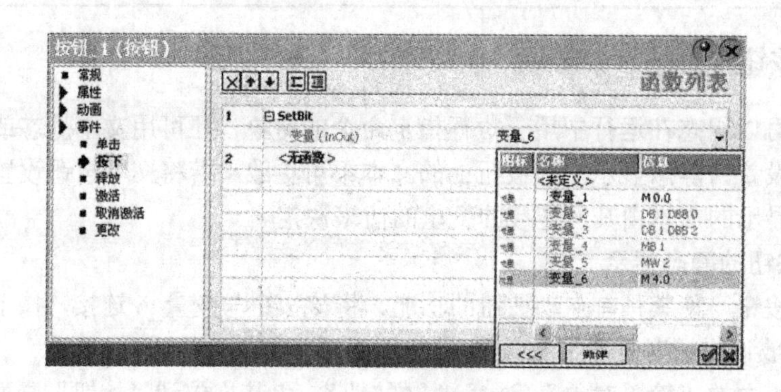

图 4-21　组态文本按钮按下时操作的变量

使用同样的方法，组态在释放该按钮时所执行的系统函数。选择的系统函数为“编辑位”文件夹中的函数“ResetBit（复位）”，所连接的变量为变量_6。

单击 WinCC flexible 工具栏中的按钮，启动带模拟器的运行系统，开始离线模拟运行。可以看到，当“点动”按钮被按下时，变量_6 被置位。当“点动”按钮被释放时，变量_6 被复位。无论该按钮是被按下还是被释放，该按钮上的文本都不可更改，所显示的文字都是“点动”。

2．文本按钮的动态显示

组态一个按钮，使其具有控制设备的起停功能。将该按钮与变量_7 连接，按下该按钮时变量_7 的值为 1，起动设备。再次按下该按钮时，变量_7 的值取反为 0，停止设备。

使用工具箱中的“简单对象”，选择“OK 按钮”，将其拖放到“按钮”画面的基本区域，通过鼠标的拖动调整其大小。在该按钮的属性视图的“常规”类对话框中，设置“按钮模式”为“文本”。在“文本”区域，选中“文本列表”单选按钮，新建并选择文本列表_2。设置索引过程变量，在“变量”下拉列表框中选择“变量_7”，如图 4-22 所示。

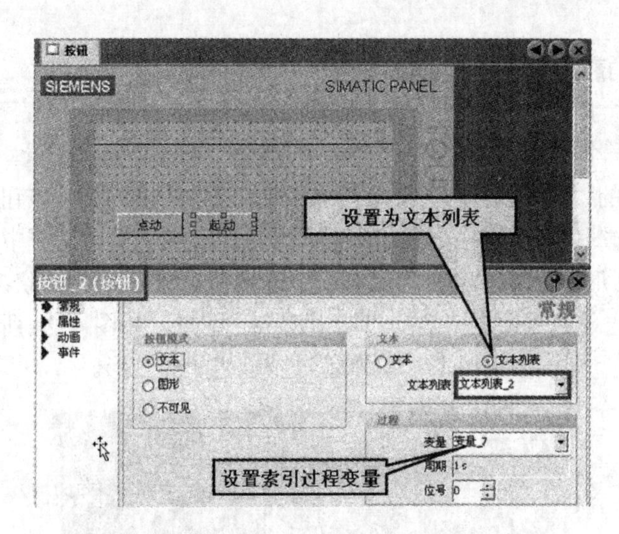

图 4-22　文本按钮的组态

打开文本列表编辑器，组态文本列表_2。设置文本列表的选择为“位（0，1)”。索引过程变量的值为 0 时，分配一个文本，设置为“启动”。索引过程变量的值为 1 时，分配一个文本，设置为“停止”，如图 4-23 所示。

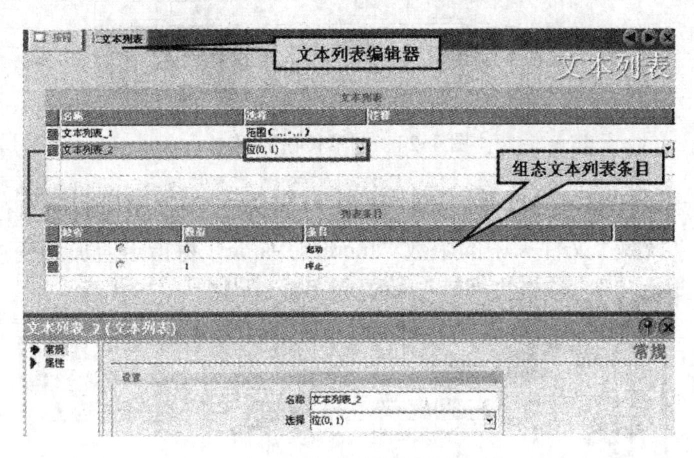

图 4-23　文本列表的组态

组态按下该按钮时所执行的系统函数。选择的系统函数为“编辑位”文件夹中的函数“InvertBit（位取反）”，所连接的变量为变量_7。

单击 WinCC flexible 工具栏中的按钮，启动带模拟器的运行系统，开始离线模拟运行。可以看到，该按钮上的文本显示的是“起动”，变量_7 的值为 0。当该按钮被按下后，文本显示的是“停止”，变量_7 的值被取反，变为 1。

4.2.2　图形按钮

图形按钮可以组态在运行中用于执行指定命令的对象，还可用图形静态或动态地标记。若将图形按钮设置为静态显示，该按钮上的图形不可更改。若将图形按钮设置为动态显示，则该按钮上所显示的图形由其所连接的变量的值来决定。

1．图形按钮的静态显示

组态一个按钮，用其增加变量的值。将该按钮与变量_8 连接，按下该按钮，变量_8 的值将被加 1。再组态一个 I/O 域，设置为“输出”模式，所连接的“变量”都设置为“变量_8”。

使用工具箱中的“简单对象”，选择“ 按钮”，将其拖放到“按钮”画面的基本区域，通过鼠标的拖动调整其大小。在按钮的属性视图的“常规”类对话框中，设置“按钮模式”为“图形”。在“图形”区域，选中“图形”单选按钮。设置“'OFF'状态图形”，单击选择框右侧的按钮，在出现的对话框中选择“向上箭头”图形，如图 4-24 所示。由于未选中复选框“'ON'状态图形”，则该按钮按下时和弹起时显示相同的图形。

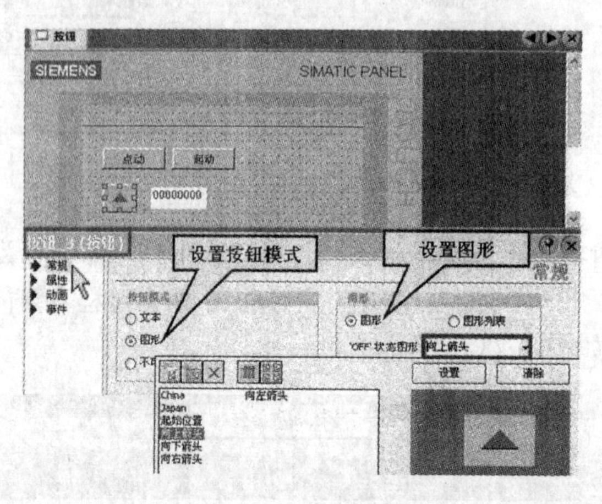

图 4-24　图形按钮的组态

在该按钮的属性视图的“事件”类对话框中，组态按下该按钮时所执行的系统函数。选择的系统函数为“计算”文件夹中的函数“IncreaseValue（将指定值加到变量值上）”，所连接的“变量”为“变量_8”，增加的“值”设置为“1”，如图 4-25 所示。

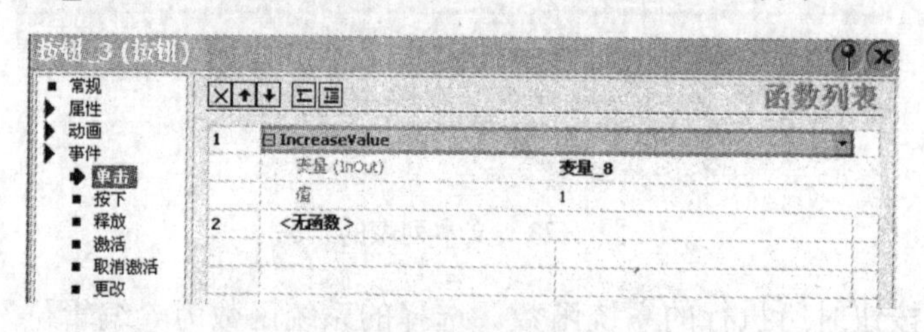

图 4-25　组态图形按钮单击时执行的系统函数

单击 WinCC flexible 工具栏中的按钮，启动带模拟器的运行系统，开始离线模拟运行。可以看到，单击该按钮后，变量_8 的值被加 1。

2．图形按钮的动态显示

组态一个按钮，使其具有控制设备的起停功能。将该按钮与变量_9 连接，按下该按钮时，变量_9 的值为 1，起动设备。再次按下该按钮时，变量_9 的值被取反，变为 0，停止设备。

使用工具箱中的“简单对象”，选择“ 按钮”，将其拖放到“按钮”画面的基本区域，通过鼠标的拖动调整其大小。在该按钮的属性视图的“常规”类对话框中，设置“按钮模式”为“图形”。在“图形”区域中，选中“图形列表”单选按钮，新建并选择图形列表_2。设置索引过程变量，将其与变量_9 连接，如图 4-26 所示。

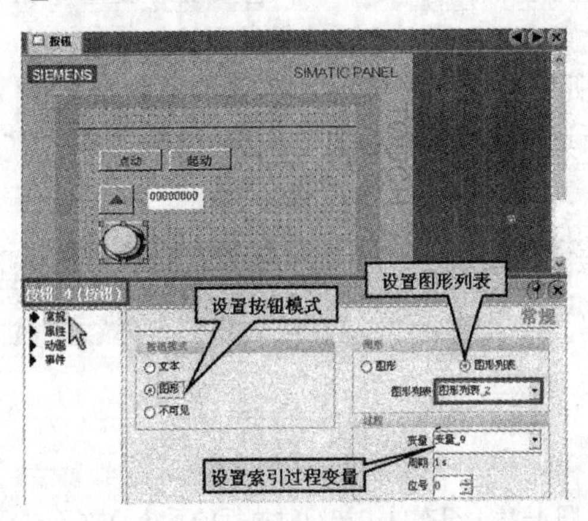

图 4-26　组态图形按钮

打开图形列表编辑器，组态图形列表_2。设置图形列表的选择为“位（0，1）”。索引过程变量的值为 0 时，分配一个图形，设置为“”。索引过程变量的值为 1 时，分配一个图形，设置为“”，如图 4-27 所示。

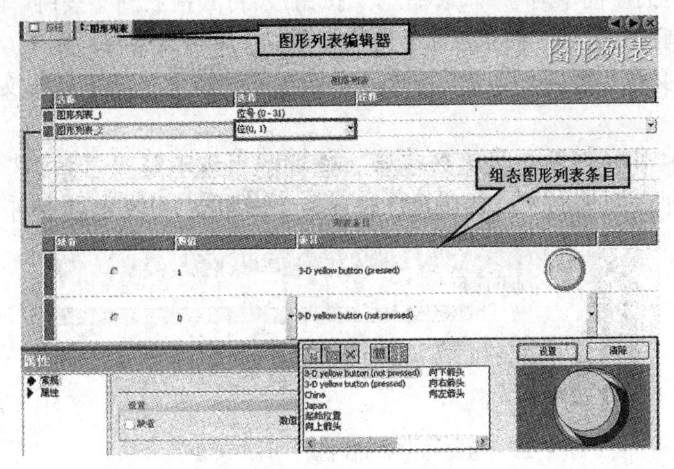

图 4-27　图形列表的组态

组态单击该按钮时所执行的系统函数。选择的系统函数为“编辑位”文件夹中的函数“InvertBit（位取反）”，所连接的“变量”为“变量_9”。

单击 WinCC flexible 工具栏中的按钮，启动带模拟器的运行系统，开始离线模拟运行。可以看到，该按钮没有被按下时，显示的是“”，变量_9 的值为 0。当该按钮被按下后，显示的是“”，变量_9 的值被取反，变为 1。

4.2.3　按钮的其他应用

按钮除了可以控制设备点动、起停、加减变量的值外，还可以完成各种任务。

1．设置变量的值

使用工具箱中的“简单对象”，选择“按钮”，将其拖放到“按钮”画面的基本区域，通过鼠标的拖动调整其大小。在该按钮的属性视图的“常规”类对话框中，设置“按钮模式”

为“文本”。在“文本”区域，选中“文本”单选按钮。设置“'OFF'状态文本”，在其中输入“初始值”。

组态单击该按钮时所执行的系统函数。选择的系统函数为“计算”文件夹中的函数“SetValue（设置值）”，所连接的“变量”为“变量_10”，设定的“值”为“66”，如图 4-28 所示。

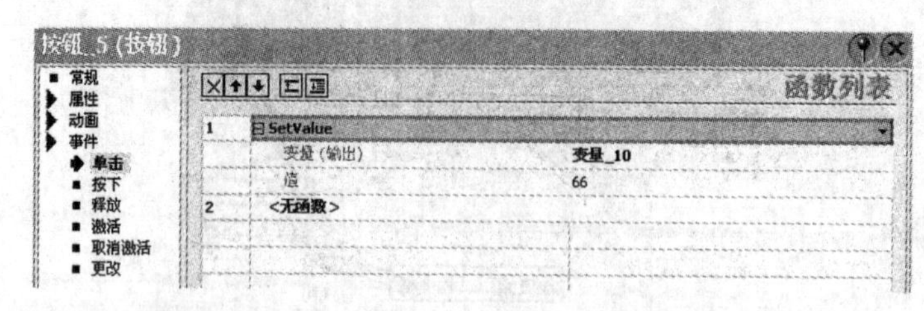

图 4-28　组态单击按钮时执行的系统函数（一）

单击 WinCC flexible 工具栏中的 按钮，启动带模拟器的运行系统，开始离线模拟运行。在模拟器中，先将变量_10 的值设置为“100”。单击该按钮，变量_10 将被赋值为 66。

2. 增加对比度

使用工具箱中的“简单对象”，选择“ 按钮”，将其拖放到“按钮”画面的基本区域，通过鼠标的拖动调整其大小。在该按钮的属性视图的“常规”类对话框中，设置“按钮模式”为“文本”。在“文本”区域，选中“文本”单选按钮。设置“'OFF'状态文本”，在其中输入“增加对比度”。

组态单击该按钮时所执行的系统函数。选择的系统函数为“系统”文件夹中的函数“AdjustContrast（调节对比度）”，在调整行设置为“增加”，如图 4-29 所示。

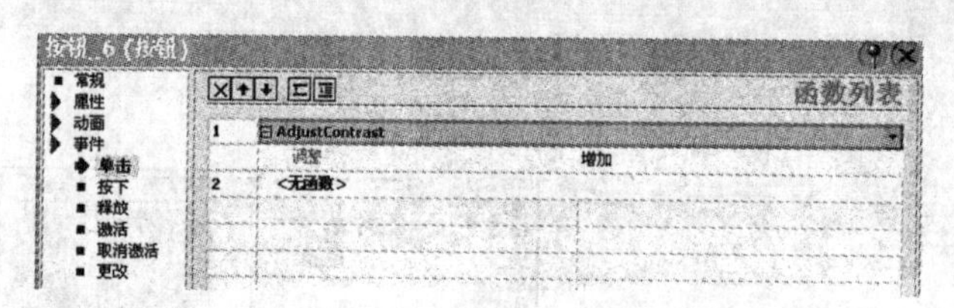

图 4-29　组态单击按钮时执行的系统函数（二）

该功能无法使用模拟器测试。只有将项目下载到 HMI 设备后，按下该按钮，HMI 设备屏幕的对比度才会增加。

3. 画面切换

组态一个按钮，使其具有控制设备的起停功能。生成两幅画面，画面_1 与画面_2，并将画面_1 定义为起始画面。为了区分这两幅画面，在画面_1 中放入一个文本域，设置为“画面 1”；在画面_2 中放入一个文本域，设置为“画面 2”。

打开画面_1，使用工具箱中的“简单对象”，选择“ 按钮”，将其拖放到“按钮”画面的基本区域，通过鼠标的拖动调整其大小。在该按钮的属性视图的“常规”类对话框中，设置“按钮模式”为“文本”。在“文本”区域，选中“文本”单选按钮。设置“'OFF'状态文本”，在其中输入“画面 2”。

组态单击该按钮时所执行的系统函数。选择的系统函数为“画面”文件夹中的函数“ActivateScreen（切换到指定画面）”，在画面名中设置为“画面_2”，如图 4-30 所示。

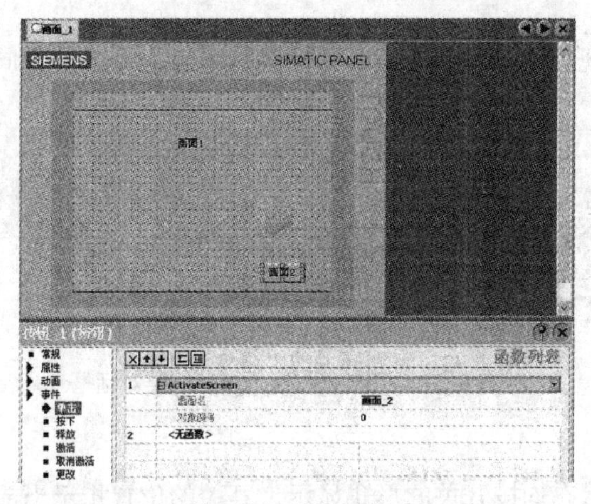

图 4-30　组态单击按钮时执行的系统函数（三）

使用同样的方法，在画面_2 中放入一个按钮“画面 1”，组态单击该按钮时所执行的系统函数。选择的系统函数为“画面”文件夹中的函数“ActivateScreen（切换到指定画面）”，在画面名中设置为“画面_1”。

单击 WinCC flexible 工具栏中的按钮，启动带模拟器的运行系统，开始离线模拟运行。可以看到，在画面 1 中单击“画面 2”按钮，将会被切换到画面 2。在画面 2 中单击“画面 1”按钮，将会被切换到画面 1。

4.3　开关

开关可以在两种预定义的状态之间进行切换，具有输入和显示两种状态，并且可以通过文本或图形来标识开关的状态。

下面介绍开关的组态和使用方法。生成和打开名为“开关”的画面，并将其定义为起始画面。

使用工具箱中的“简单对象”，选择“开关”，将其拖放到“开关”画面的基本区域，通过鼠标的拖动调整其大小。在其属性视图的“常规“类对话框中，可以设置开关切换方式，有“切换”、“通过文本切换”和“通过图形切换”3 种；可以设置开关切换的不同显示；可以设置开关切换时的过程变量，如图 4-31 所示。

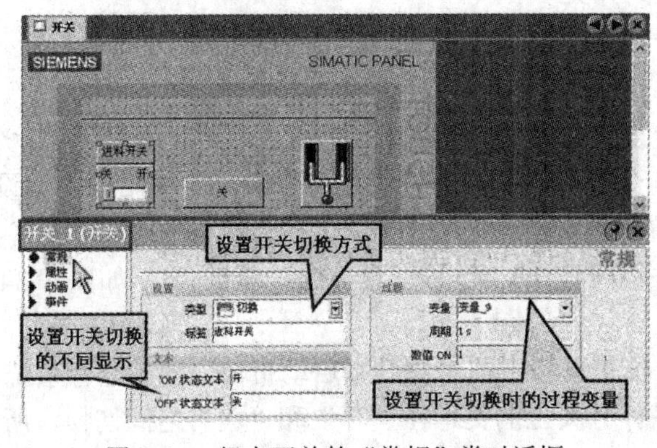

图 4-31　组态开关的“常规”类对话框

在该开关的属性视图的“事件”类对话框中，可以对开关的不同事件分别进行组态，如图 4-32 所示。

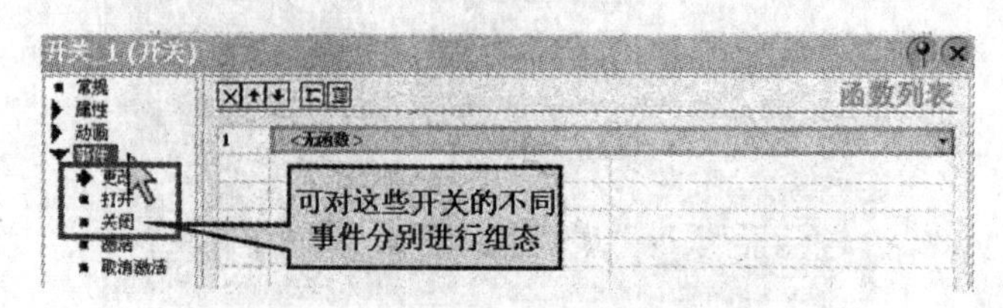

图 4-32　组态开关的“事件”类对话框

1. 切换开关

切换开关的两种状态均按开关的形式显示，开关的位置指示当前状态。在运行期间，通过滑动开关来改变状态。对于这种类型的开关，在其属性视图的“属性”类的“布局”对话框中，可以设置开关的方向，如图 4-33 所示。

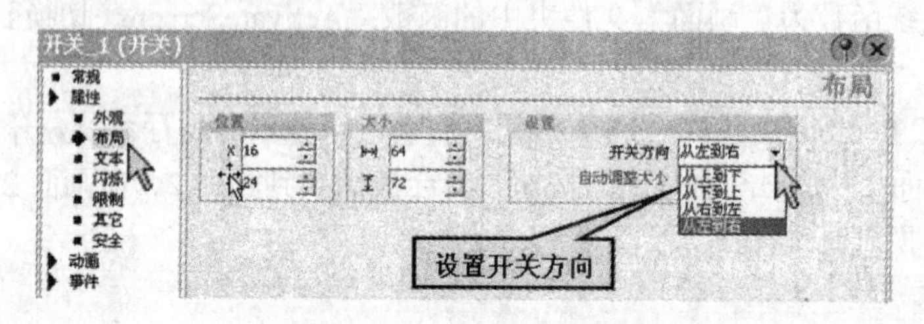

图 4-33　组态开关的方向

使用工具箱中的“简单对象”，选择“ 开关”，将其拖放到“开关”画面的基本区域，通过鼠标的拖动调整其大小。在该开关的属性视图的“常规”类对话框中，设置开关的“类型”为“切换”，在其“标签”中输入“进料开关”；设置开关切换时，在“'ON'状态文本”中输入“开”，在“'OFF '状态文本”中输入“关”，设置开关切换时的“过程变量”为“变量_9”，如图 4-31 所示。它的外观是上部是文字标签，中间是打开和关闭时所对应的文本，下部是带滑块的推拉式开关。

单击 WinCC flexible 工具栏中的 按钮，启动带模拟器的运行系统，开始离线模拟运行。可以看到，双击该开关的滑块，滑块将向另一侧运动，与之相连接的变量_9 的值也发生变化。

2. 通过文本切换的开关

通过文本切换的开关显示为一个按钮。其当前状态通过文本来显示。在运行期间单击即可起动开关。

使用工具箱中的“简单对象”，选择“ 开关”，将其拖放到“开关”画面的基本区域，通过鼠标的拖动调整其大小。在其属性视图的“常规”类对话框中，设置开关的“类型”为“通过文本切换”；设置开关切换时，在“'ON'状态文本”中输入“开”，在“'OFF'状态文本”中输入“关”，设置开关切换时的“过程变量”为“变量_7”，如图 4-34 所示。它的外观与按钮相同。

单击 WinCC flexible 工具栏中的 按钮，启动带模拟器的运行系统，开始离线模拟运行。可以看到，单击该开关，开关上的文本在“开”和“关”之间切换，所连接的变量_7 的值也在“1”和“0”之间切换。

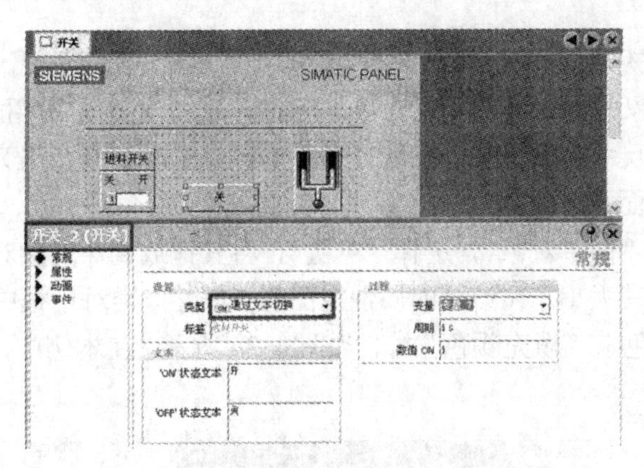

图 4-34　组态开关的“常规”类对话框

3．通过图形切换的开关

通过图形切换的开关也显示为一个按钮。其当前状态通过图形来显示。在运行期间单击即可起动开关。

使用工具箱中的“简单对象”，选择“开关”，将其拖放到“开关”画面的基本区域，通过鼠标的拖动调整其大小。在该开关的属性视图的“常规”类对话框中，设置开关的“类型”为“通过图形切换”；设置开关切换时，将“'ON'状态图形”设置为“”，将“'OFF'状态图形”设置为“”，设置开关切换时的“过程变量”为“变量_6”，如图 4-35 所示。

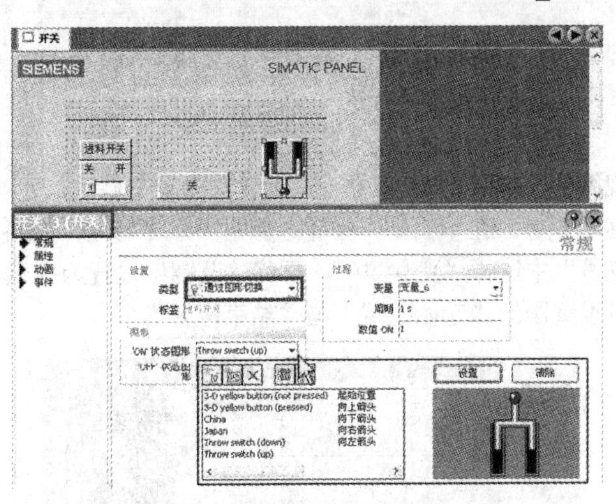

图 4-35　组态开关的“常规”类对话框

单击 WinCC flexible 工具栏中的按钮，启动带模拟器的运行系统，开始离线模拟运行。可以看到，单击该开关，开关上的图形在“”和“”之间切换，所连接的变量_6 的值也在“1”和“0”之间切换。

4.4　图形对象的生成与组态

4.4.1　矢量对象

在 WinCC flexible 中，用户可以简单直接地选择组态各种类型的矢量对象，如线、折线、多边形、椭圆、圆和矩形，并且可以任意调整其尺寸、大小等各种属性。

下面以“圆”对象为例来介绍矢量对象的组态。“圆”对象是可用一种填充颜色或图案的封闭对象，可以对其尺寸、颜色及动态属性进行修改。生成和打开名为“矢量对象”的画面，并将其定义为起始画面。

使用工具箱中的“简单对象”，选择“●圆”，将其拖放到“矢量对象”画面的基本区域，通过鼠标的拖动调整其大小。在该圆的属性视图的“属性”类对话框中，设置圆的静态属性，可以设置其“边框颜色”、“填充颜色”等，如图 4-36 所示。在本例中，将该圆的“填充颜色”设置为“红色”。

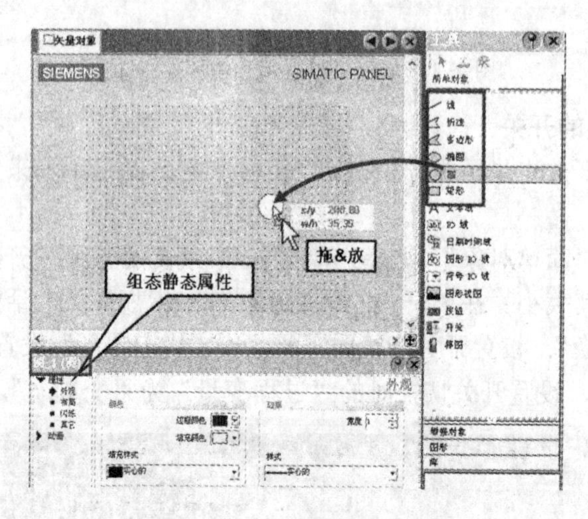

图 4-36　组态圆的静态属性

在该圆的属性视图的“动画”类对话框中，设置圆的动态属性，可以设置其“外观”、“对角线移动”、“水平移动”等。在本例中，设置该圆的“水平移动”属性，首先激活“启用”复选框，其次在“变量”中选择“变量_10”，再将“范围”设置为“从 0 至 10”，如图 4-37 所示。此外，还可以设置圆的“起始位置”与“结束位置”。

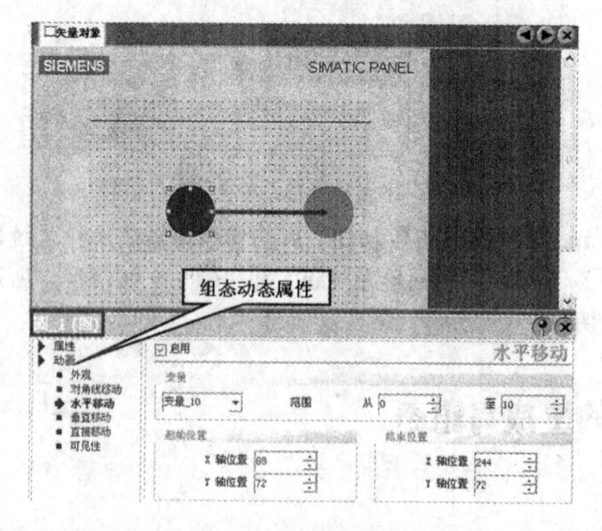

图 4-37　组态圆的动态属性

单击 WinCC flexible 工具栏中的按钮，启动带模拟器的运行系统，开始离线模拟运行。可以看到，当变量_10 中的值从 0 变为 10 时，这个红色的圆从起始位置运动到结束位置。

4.4.2 图形视图

图形视图用于显示图形，在一个画面中可以显示通过外部图形编程工具创建的所有图形对象，如后缀为“emf”、“wmf”、“dib”、“bmp”、“jpg”、“jpeg”、“gif”和“tif”的图形对象。

在图形视图中，用户还可以将其他图形编辑工具的图形对象作为 OLE（对象链接和嵌入）对象来集成。OLE 对象可直接从其图形视图的属性视图中或在创建它的图形程序中打开和编辑。

生成和打开名为“图形视图”的画面，并将其定义为起始画面。

使用工具箱中的“简单对象”，选择“图形视图”，将其拖放到“图形视图”画面的基本区域，通过鼠标的拖动调整其大小。在该图形视图的属性视图的“常规”类对话框中，选择用户所需显示的图形后单击“设置”按钮。在本例中，设置为“起始位置”图形，如图 4-38 所示。

此外，工具箱还提供了大量丰富的图形。例如，电动机、管道、风机、阀门、交通工具和旗帜等，如图 4-39 所示。

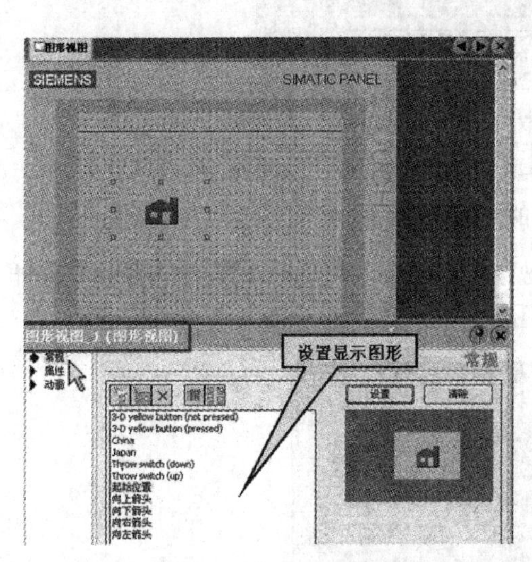

图 4-38　组态图形视图

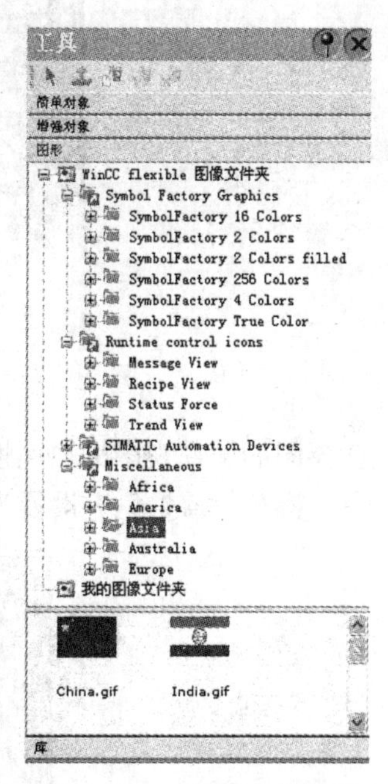

图 4-39　工具箱中的图形

4.4.3 棒图

棒图是一种动态显示对象，以带刻度的图形形式来显示现场过程值。HMI 设备处的操作员可以立即看到过程值的变化，当前值超出限制值或未达到限制值时，可以通过棒图颜色的变化发出相应的信号。棒图只能用于显示数据，不能进行相关操作。

下面介绍棒图的组态使用方法。在变量表中创建一个外部变量。变量的名称为“变量_11”，数据类型为“Int”，地址为“DB1.DBW14”。在该变量属性视图的“属性”类的“限制值”对话框中，设置其“上限”值为“400”，“下限”值为“0”，如图 4-40 所示。生成和打开名为“棒图”的画面，并将其定义为起始画面。

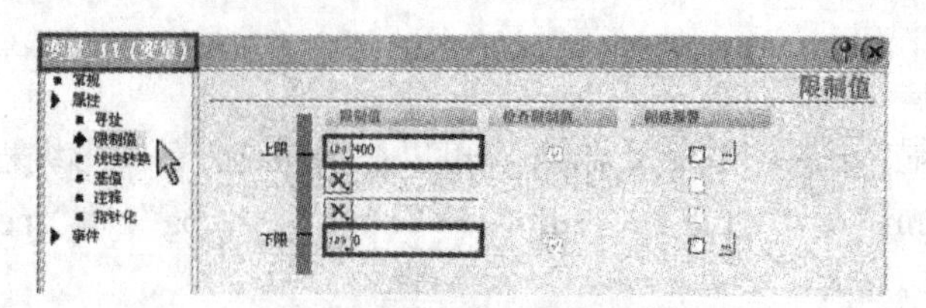

图 4-40 变量的限制值

使用工具箱中的“简单对象”，选择“▮棒图”，将其拖放到“棒图”画面的基本区域，通过鼠标的拖动可以调整按钮的大小。在棒图的属性视图的“常规”类对话框中，设置棒图的刻度，其“最大值”为“500”，“最小值”为“-50”，设置棒图所连接的变量为“变量_11”，如图 4-41 所示。

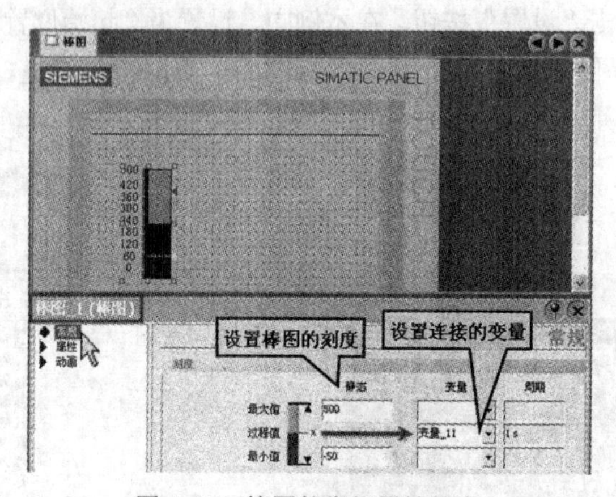

图 4-41 棒图的常规属性组态

在棒图的属性视图的“属性”类的“外观”对话框中，可以设置棒图的颜色与边框。在本例中，将其“前景色”设置为“蓝色”，如图 4-42 所示。

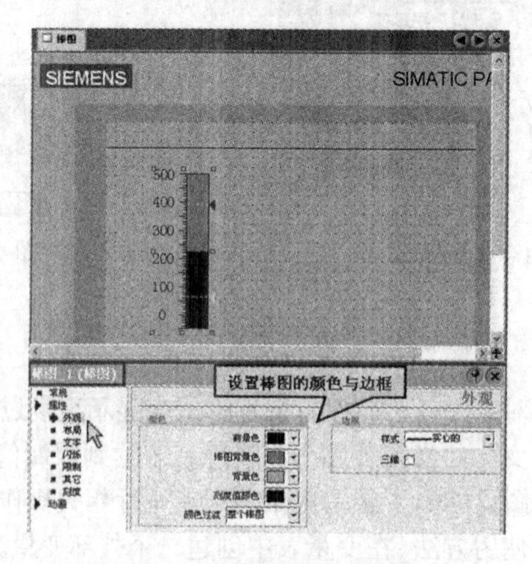

图 4-42 棒图的属性类外观组态

在棒图的属性视图的“属性”类的“布局”对话框中，除了可以设置棒图的位置与大小外，还可以设置棒图的刻度位置和棒图的方向。本例中，将其刻度位置设置为“左/上”，棒图方向设置为“向上”，如图 4-43 所示。

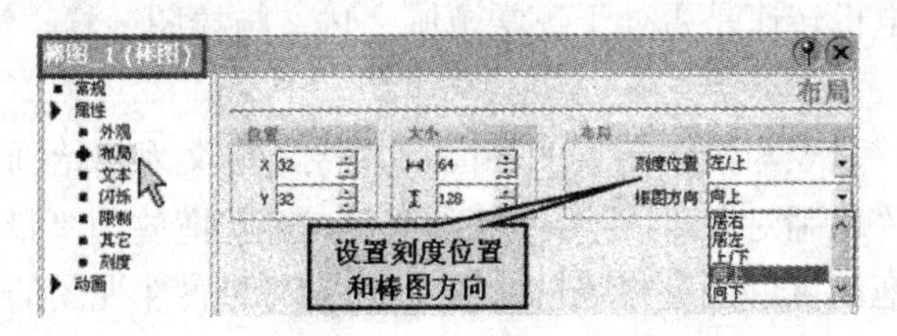

图 4-43　棒图的属性类布局组态

在棒图的属性视图的“属性”类的“限制”对话框中，可以设置棒图的上/下限颜色、是否限制线和限制标记。本例中，将“上限颜色”设置为“红色”，将“下限颜色”设置为“黄色”，并选中“显示限制线”和“显示限制标记”复选框，如图 4-44 所示。

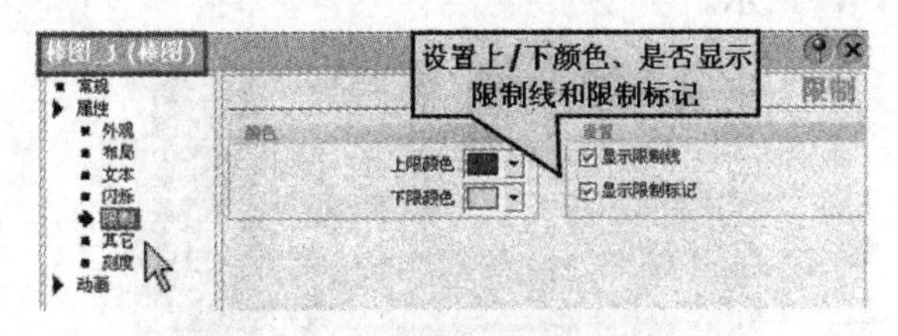

图 4-44　棒图的属性类限制组态

在棒图的属性视图的“属性”类的“刻度”对话框中，可以设置刻度的相关元素，是否显示刻度和标记标签。其中大刻度间距是指两个主刻度线之间的分度数；标记增量标签的数值是指标签中所含主刻度的数目；份数是指细分刻度的数目，如图 4-45 所示。

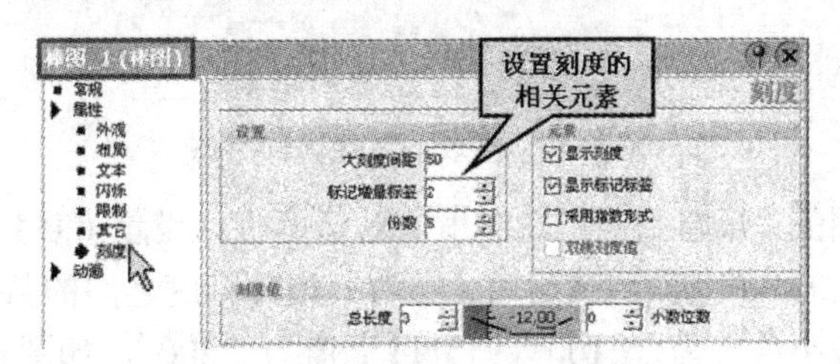

图 4-45　棒图的属性类刻度组态

单击 WinCC flexible 工具栏中的按钮，启动带模拟器的运行系统，开始离线模拟运行。在模拟器中，将变量_11 的模拟模式设置为“随机”，其“最小值”为“-50”，“最大值”为“500”，选中“开始”进行模拟，如图 4-46 所示。这时可以看到，变量_11 的数值在随机变化，HMI 设备画面中的棒图的图形也随之变化。当变量_11 的值超出 400 时，棒图显示为红色；当变量_11 的值低于 0 时，棒图显示为黄色；当变量_11 的值在 0～400 之间时，棒图的颜色显示为蓝色。

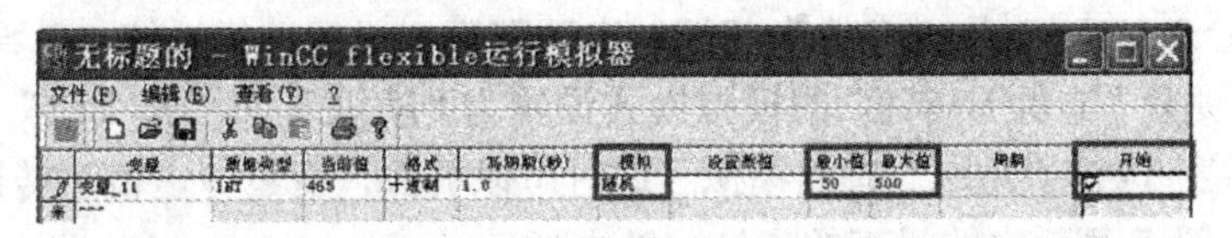

图 4-46　模拟器的设置

4.4.4 量表

量表是一种动态显示对象，通过指针格式来显示现场过程值。例如，HMI 设备处的操作员很方便地就能看出电机转速是否处于正常范围之内。与棒图一样，量表只能用于显示数据，不能进行相关操作。

生成和打开名为“量表与滚动条”的画面，并将其定义为起始画面。

使用工具箱中的“增强对象”，选择“量表”，将其拖放到“量表与滚动条”画面的基本区域，通过鼠标的拖动可以调整量表的大小。在量表的属性视图的“常规”类对话框中，设置量表的标签（即所显示物理量的名称），设置量表的单位（即所显示物理量的单位），设置所连接的变量；选择是否显示小数位，是否显示峰值。峰值是记录指针所达到的最大值和最小值，以及是否使用不返回型的指针来指示实际测量范围。本例中，将“标签”设置为“转速”，将“单位”设置为“转/分”，将连接的“变量”设置为“电机 1 转速”，并选中“显示峰值”复选框，如图 4-47 所示。

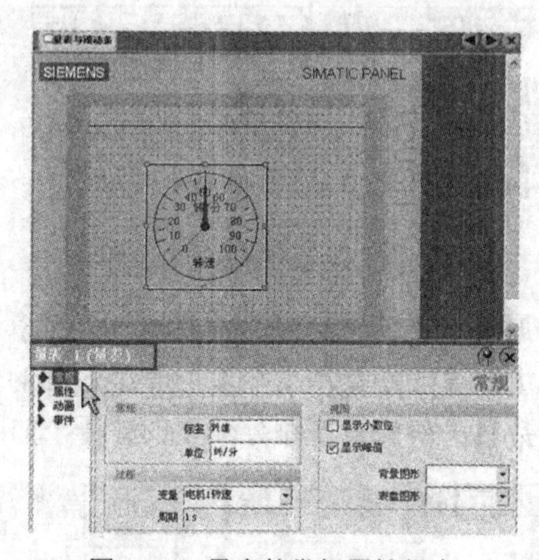

图 4-47　量表的常规属性组态

在量表的属性视图的“属性”类的“刻度”对话框中，设置量表刻度的最大值和最小值，以及圆弧的起点和终点的角度值，设置分度（即两个相邻刻度之间的数值）。本例中，设置“最大值”为“1500”、“最小值”为“-100”、“分度”值为“200”，如图 4-48 所示。

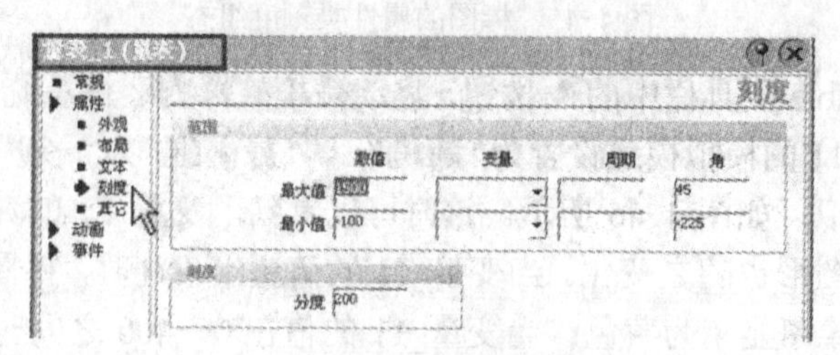

图 4-48　量表的刻度属性组态

单击 WinCC flexible 工具栏中的按钮，启动带模拟器的运行系统，开始离线模拟运行。在模拟器中，将变量“电机 1 转速”的模拟模式设置为“随机”，其“最大值”为“1500”，“最小值”为“-100”，选中“开始”进行模拟。这时可以看到，变量“电机 1 转速”的数值在随机地变化，HMI 设备画面中的量表的指针也随之摆动。

4.4.5 滚动条

滚动条是一种动态输入显示对象，通过滚动条的位置来监控现场过程值。操作员可以通过改变滚动条的位置来进行输入，并且通过滚动条的位置及其下方显示的数据都可以进行当前现场过程值的显示。

使用工具箱中的“增强对象”，选择“滚动条”，将其拖放到“量表与滚动条”画面的基本区域，通过鼠标的拖动可以调整其大小。在滚动条的属性视图的“常规”类对话框中，设置滚动条的最大值和最小值，设置所连接的变量。本例中，“最大值”设置为“1500”，“最小值”设置为“-100”，所连接的“变量”设置为“电机 1 转速”，如图 4-49 所示。

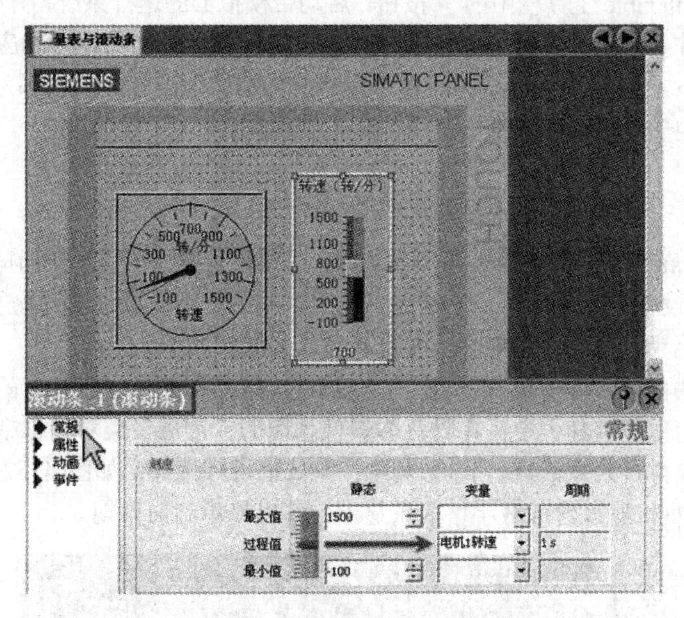

图 4-49 滚动条的常规属性组态

在滚动条的属性视图的“属性”类的“图样”对话框中，设置滚动条的标签。本例中，将标签设置为“转速（转/分）”，如图 4-50 所示。

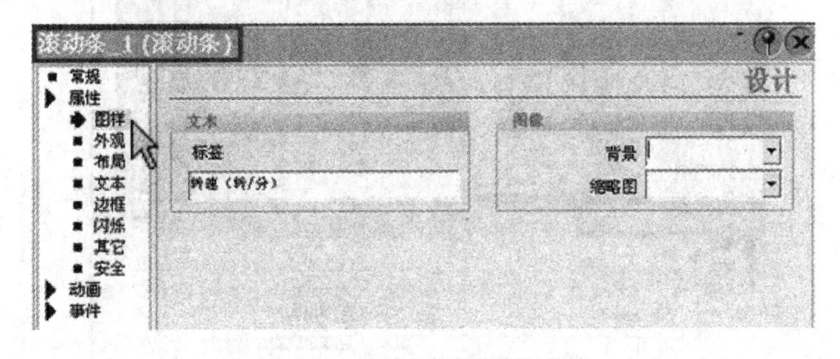

图 4-50 滚动条的图样属性组态

在滚动条的属性视图的“属性”类的“布局”对话框中，可以对“显示当前值”、“显示滑块”、“显示控制范围”、“显示刻度值”和“显示刻度”等复选框进行选择，如图 4-51 所示。

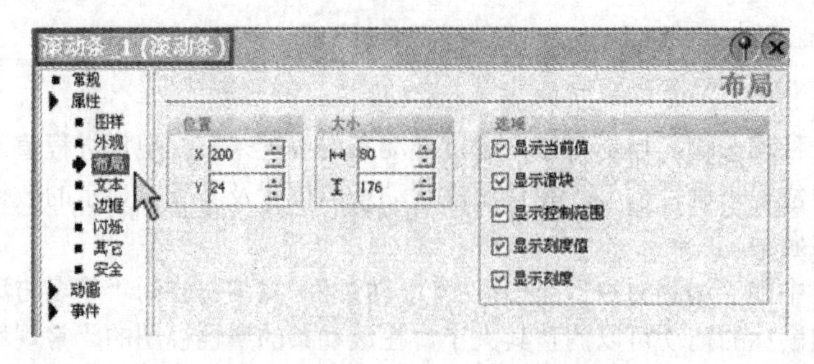

图 4-51 滚动条的布局属性组态

单击 WinCC flexible 工具栏中的按钮，启动带模拟器的运行系统，开始离线模拟运行。可以看到，当操作员使用滑块滑动时，变量“电机 1 转速”中的数值在相应地变化，并且该值也在滚动条的下方显示出来。此外，由于量表与滚动条所连接的变量都是“电机 1 转速”，所以量表中的值也随着滚动条中滑块的滑动相应地变化。

4.4.6 时钟

在 WinCC flexible 中，除了可以使用 I/O 域、日期时间域显示日期和时间外，还可以使用时钟来显示 HMI 设备的系统时间。该时钟只能用于显示，不能进行设置输入。

生成和打开名为“时钟”的画面，并将其定义为起始画面。

使用工具箱中的“增强对象”，选择“时钟”，将其拖放到“时钟”画面的基本区域，通过鼠标的拖动可以调整其大小。在时钟的属性视图的“常规”类对话框中，可以对“模拟显示（即模拟钟表方式来显示）”，“显示刻度”复选框进行选择，如图 4-52 所示。如不激活“模拟显示”复选框，则时钟以数字格式来显示，并可显示当前日期。

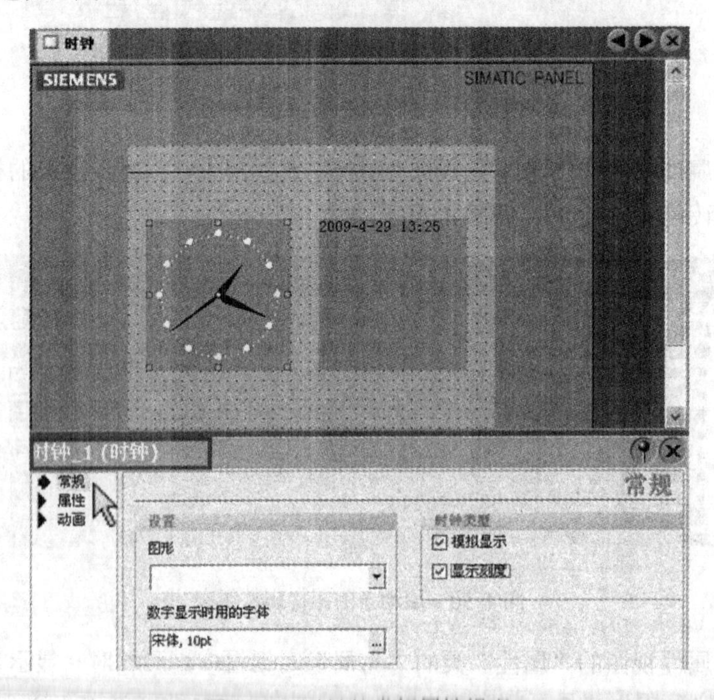

图 4-52 时钟的常规属性组态

在时钟的属性视图的“属性类”的“外观”对话框中，可以设置时钟的“钟面颜色”、“指针颜色”等，如图 4-53 所示。

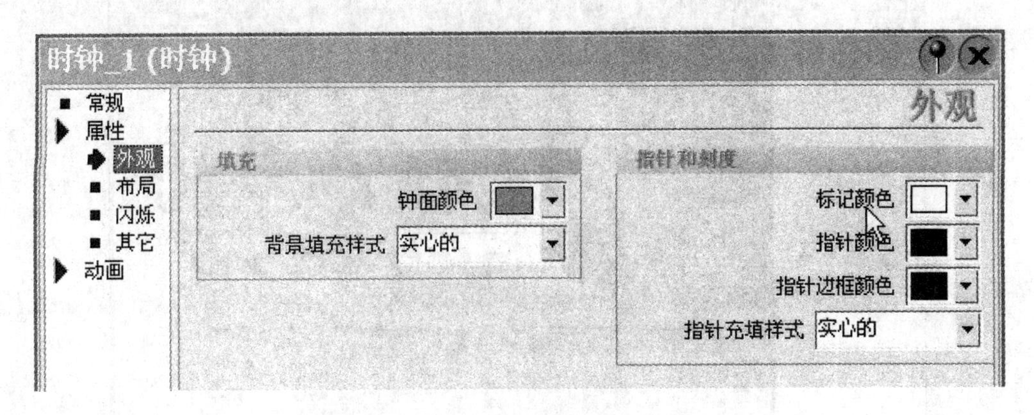

图 4-53　时钟的外观属性组态

4.5　面板

面板是由多个画面对象组成的，可以进行集中编辑。面板扩展了可用画面对象的数目，减少了设计组态工作量，确保项目的一致性布局。面板是在面板编辑器中创建和编辑的。用户所创建的面板将被自动添加到项目库中，可以采用与其他画面对象相同的方式插入画面中使用。注意：低档的 HMI 设备不支持面板功能。

1．创建面板

新建一个项目，选择 HMI 设备为 MP 277 10"Touch。在画面_1 中，添加几个画面对象组成一个电机控制画面。放置一个图形视图，添加一个电机位图。放置一个文本域，输入文本为“电机的状态”。放置一个符号 I/O 域用于显示电机的状态，设置其“模式”为“输入/输出”，新建并选择文本列表_1。放置两个文本按钮来控制电机的起停，设置其“'OFF'状态文本”分别为“起动”和“停止”，如图 4-54 所示。

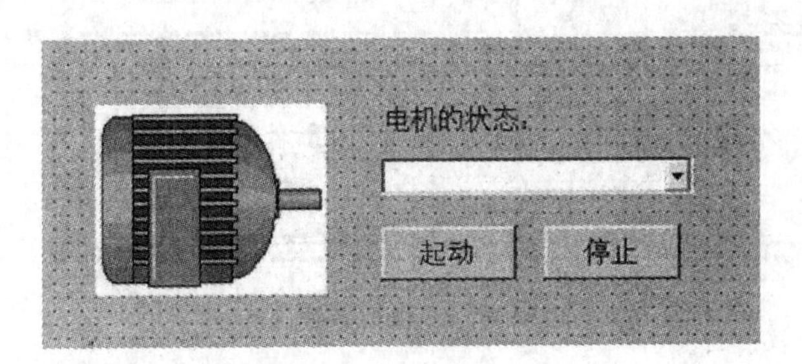

图 4-54　电机控制画面

同时选择这几个画面对象，在菜单栏的“面板”菜单中选择“创建面板”命令，或者单击鼠标右键，在弹出的快捷菜单中选择“创建面板”命令，创建一个面板，如图 4-55 所示。

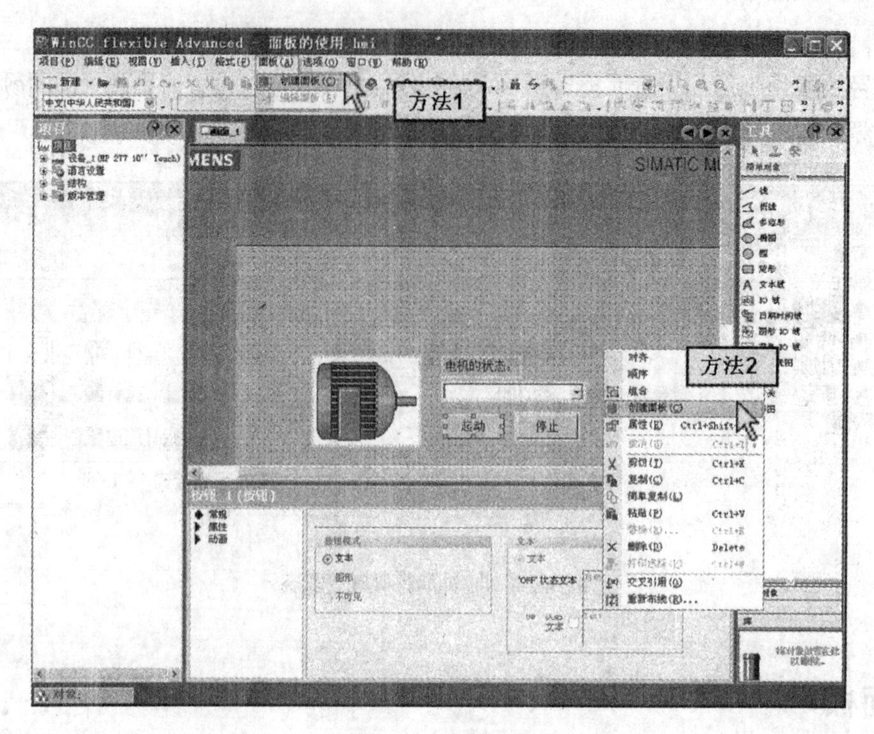

图 4-55 创建面板

这时，将弹出面板编辑器。在面板编辑器中，包含了上述创建的预组态的画面对象，并且该面板被自动添加到项目库中，如图 4-56 所示。在画面_1 中，这些画面对象以一个面板的形式存在。

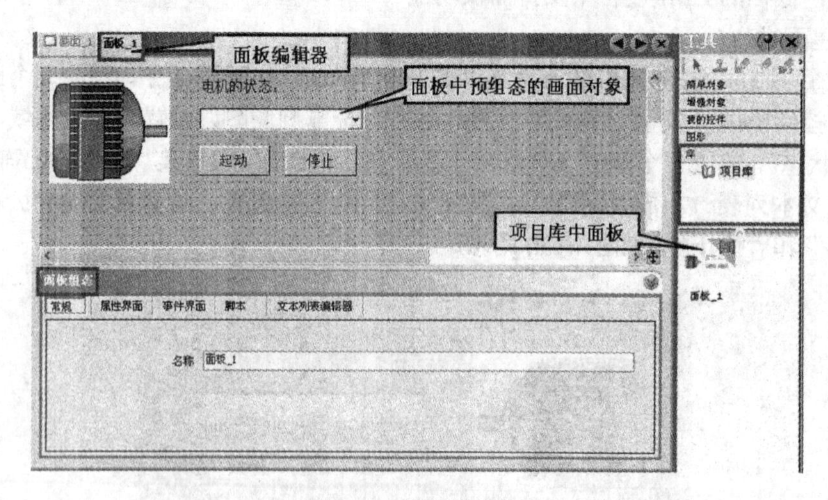

图 4-56 面板编辑器

2. 面板组态

面板编辑器用于组态定义面板的属性，其属性可以在用户使用面板时进行组态。这些属性可以是面板中所包含的画面对象的属性。面板组态所出现的标签与其所包含的画面对象有关。在本例中，面板组态的对话框中出现“常规”、“属性界面”、“事件界面”、“脚本”和“文本列表编辑器”5 个标签。

(1)“常规”标签

在该标签中可以设置面板的名称。面板将以此名称显示在项目库中。本例中，将面板的“名称”设置为“电机控制面板”，如图 4-57 所示。

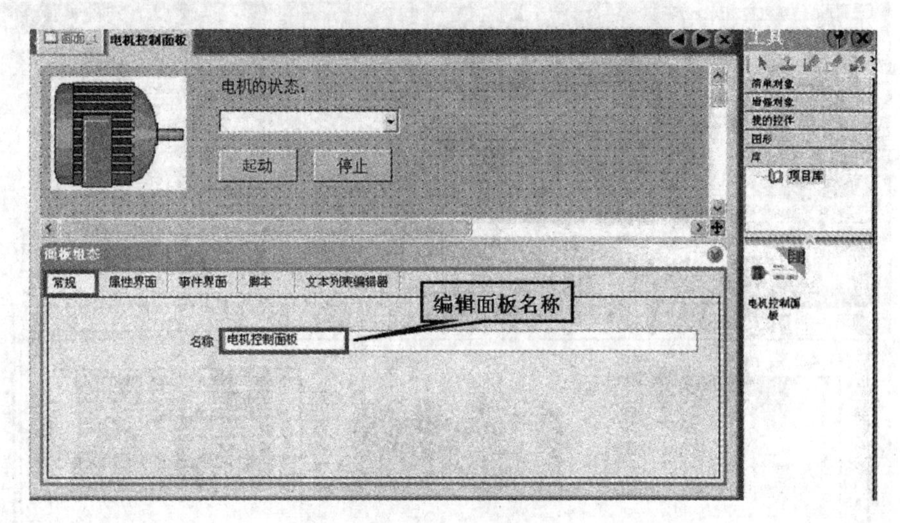

图 4-57　编辑面板名称

(2)“属性界面”标签

该标签由工具栏、接口列表和内部对象列表 3 部分组成，如图 4-58 所示。用户可以通过拖放创建接口列表和内部对象列表之间的互连。一个接口属性与一个内部对象的属性相连接，则该内部对象属性依据面板的设置而变化。此外，可在接口中定义新属性，并将这些属性连接到内部对象的属性。

标签右侧的内部对象列表是该面板中所有画面对象的属性，可以对其属性进行修改。例如，将其中两个按钮的“名称”分别设置为“起动”和“停止”，如图 4-58 所示。

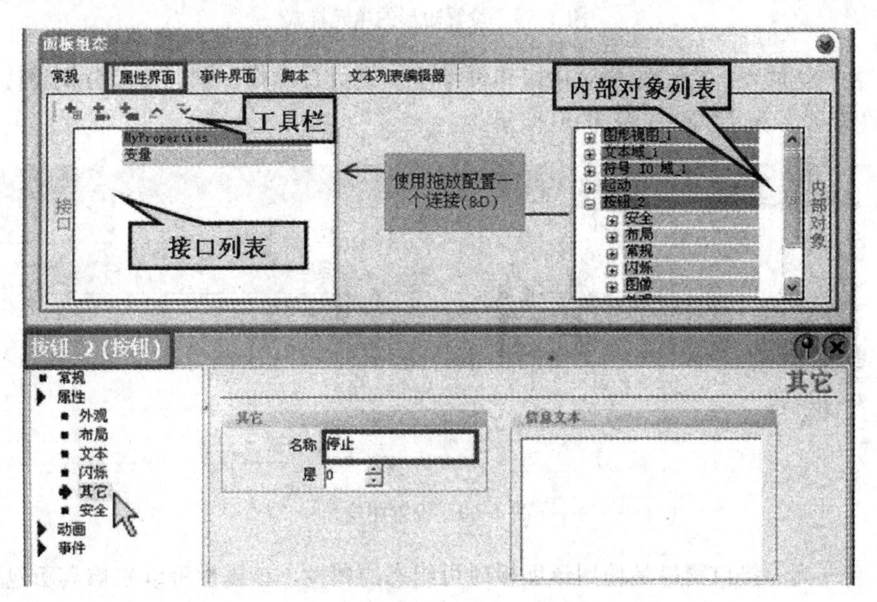

图 4-58　设置按钮的名称

此外，还可以在该面板中添加其他的画面对象，修改其属性。例如，添加一个矩形，将其“填充样式”设置为“透明的”，如图 4-59 所示。

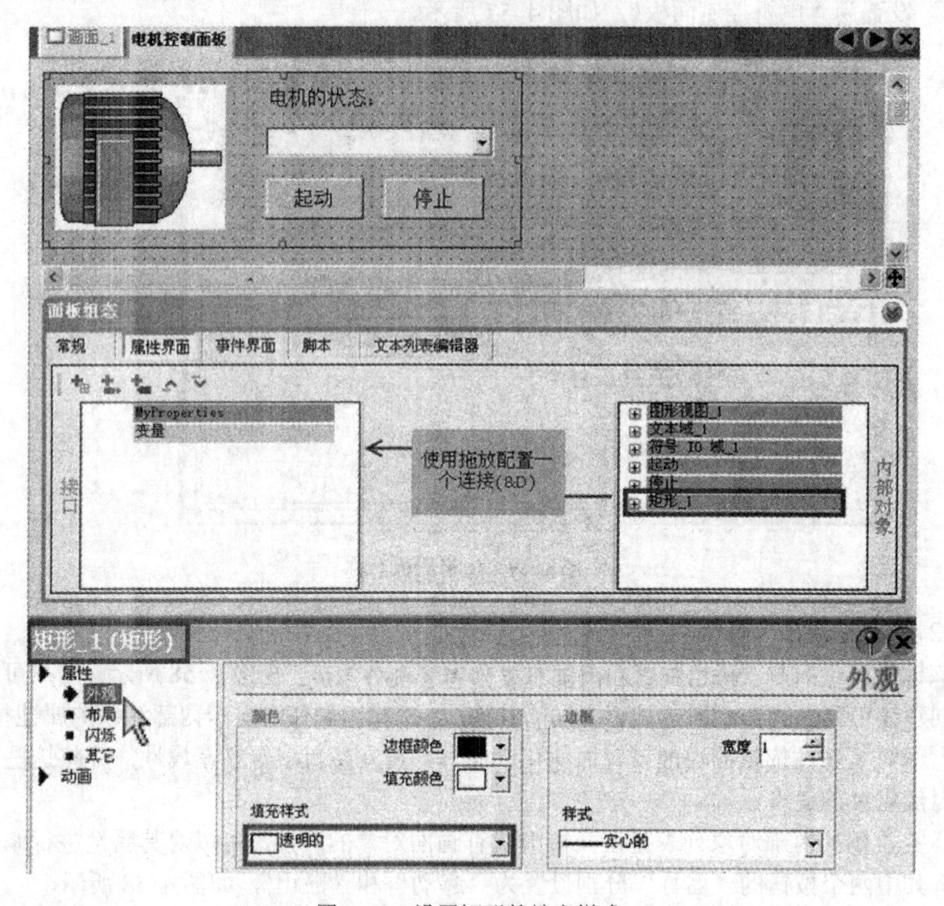

图 4-59　设置矩形的填充样式

由于在该面板中，用户需要对按钮和符号 I/O 域进行操作，因此需要分别将按钮和符号 I/O 域的图层设置为“1”，如图 4-60 所示。

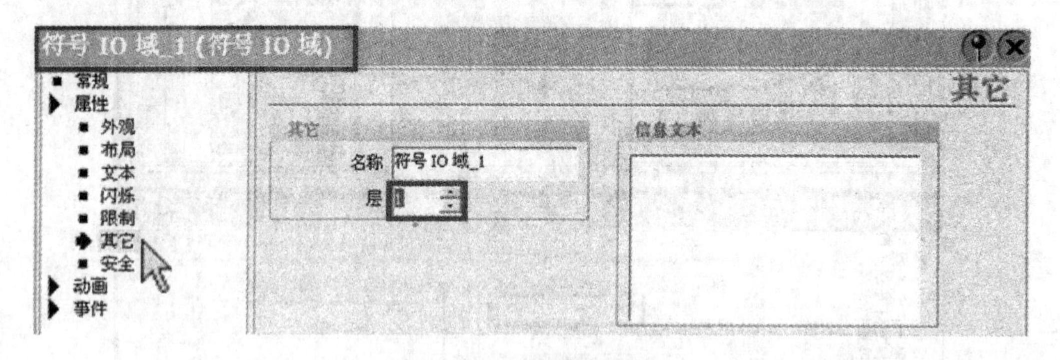

图 4-60　设置图层

该标签左侧的接口窗口是使用该面板时可组态的属性，该属性可以来自其所包含的画面对象的属性，也可以为其定义新的属性，单击该标签中的“添加类别”按钮，为该面板添加一个类别。单击鼠标右键，在弹出的快捷菜单中选择“编辑属性”命令，将其修改为“常规”。使用同样的方法，在该条目下，将属性_1 修改为“背景”。单击该标签中的“添加属性”按钮，添加一个属性，将其修改为“字体”，如图 4-61 所示。

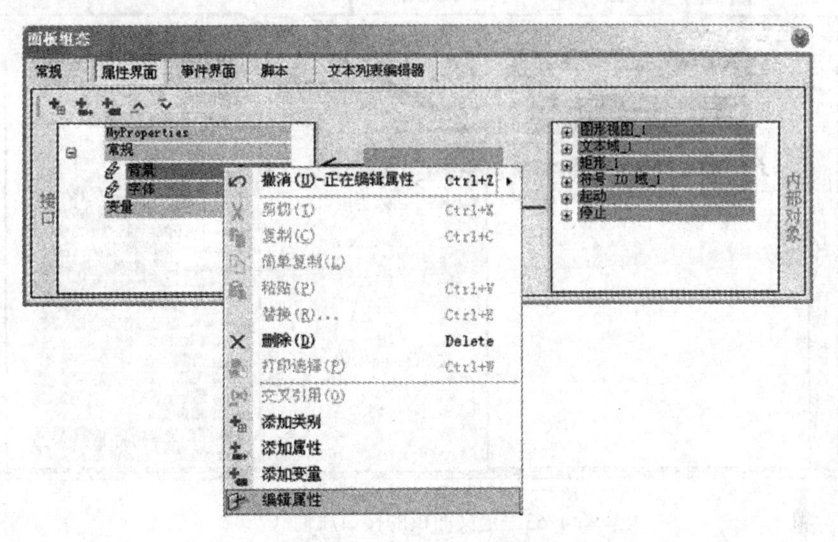

图 4-61　定义面板的属性

这时，可以将单个或多个画面对象的属性连接到该面板的属性上。例如，将文本域的背景色属性通过拖放连接到面板的背景属性；将文本域的字体属性连接到面板的字体属性；将符号 I/O 域的字体属性也连接到面板的字体属性，如图 4-62 所示。

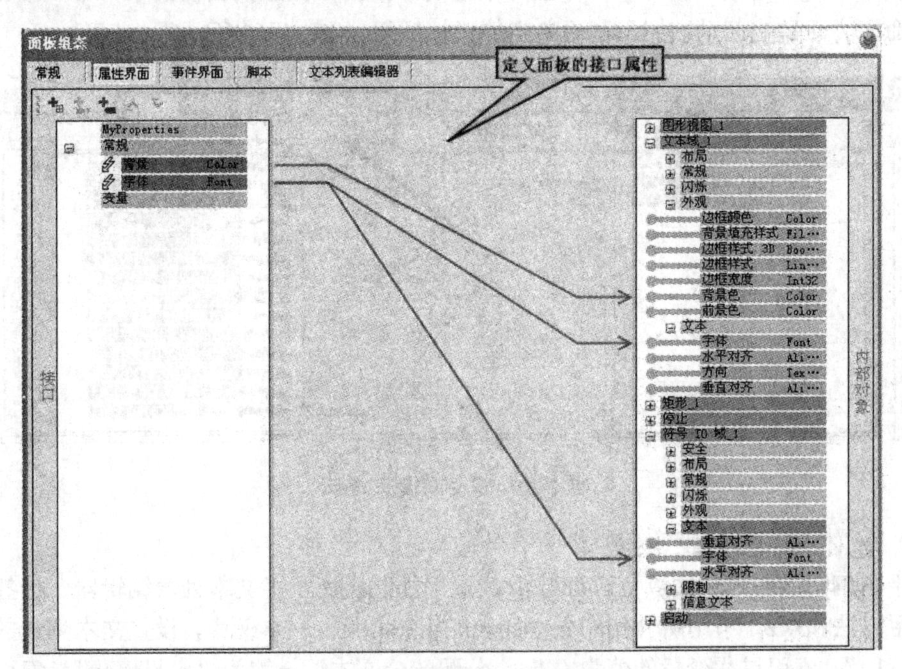

图 4-62　定义面板的接口属性（一）

单击该标签中的“添加类别”按钮，为该面板再添加一个类别。单击鼠标右键，在弹出的快捷菜单中选择“编辑属性”命令，将其修改为“连接”。在该条目下，将属性_3 修改为“连接变量”，数据类型为“Bool”。将符号 I/O 域的过程值与其连接，如图 4-63 所示。

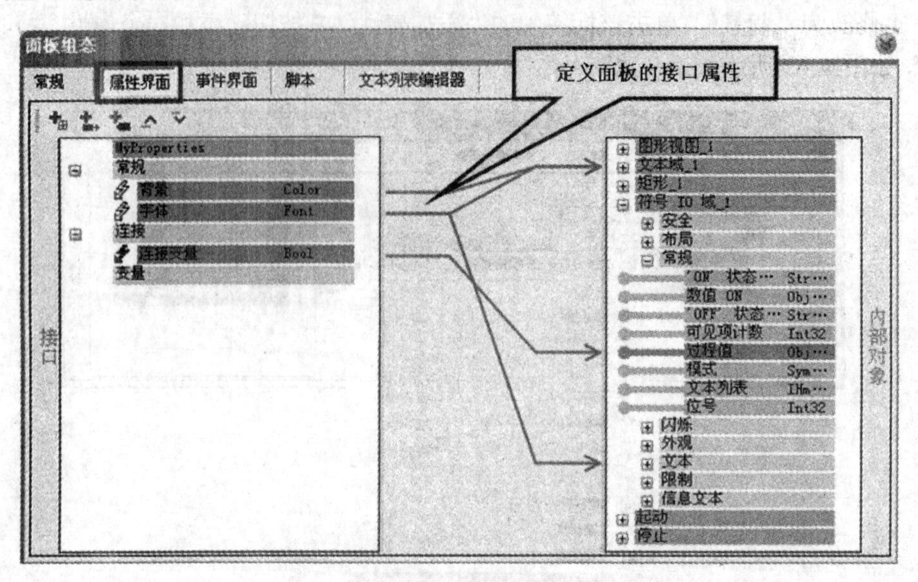

图 4-63　定义面板的接口属性（二）

（3）“事件界面”标签

在该标签中可以设置面板的事件。与其他的画面对象一样，可以在使用面板时组态此处设置的事件。

本例中，将“起动”按钮和“停止”按钮的“单击”拖放到面板的事件中，双击其属性并分别命名为“单击起动按钮”和“单击停止按钮”，如图 4-64 所示。

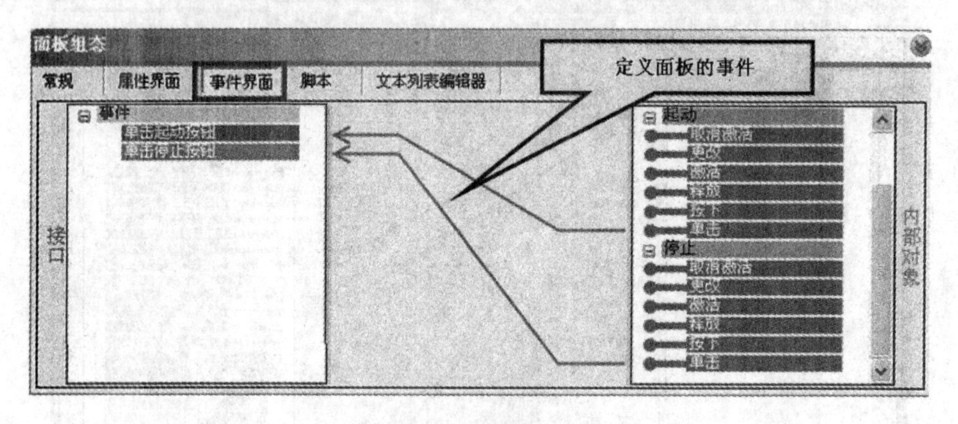

图 4-64　定义面板的事件

（4）“文本列表编辑器”标签

由于本例中所创建的面板包含符号 I/O 域，因此出现了“文本列表编辑器”标签。该标签的使用方法和 4.2.1 节中所介绍的文本列表的组态相同。在本例中，设置文本列表的选择为“位（0，1）”。索引过程变量的值为 0 时，分配一个文本，设置为“电机停止”；索引过程变量的值为 1 时，分配一个文本，设置为“电机起动”，如图 4-65 所示。

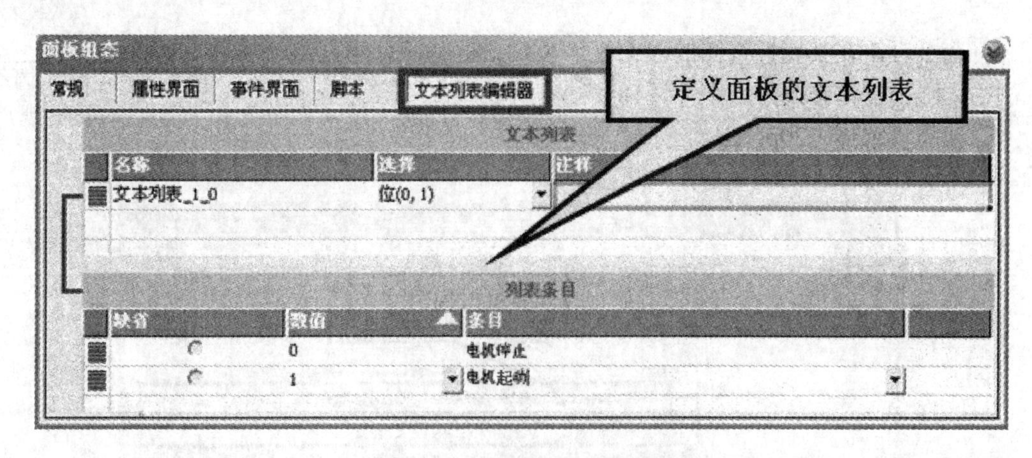

图 4-65　定义面板的文本列表

3．面板的使用

使用工具箱中的“项目库”，单击“电机控制面板”，将其拖放到“画面_1”的基本区域，通过鼠标的拖动可以调整其大小，如图 4-66 所示。在图 4-66 中，第一个电机控制面板用于控制 1 号电机，第二个电机控制面板用于控制 2 号电机。

选择面板_1，在其属性视图的“属性”类的“动态界面”对话框中，在“连接变量”文本框中选择“变量_1”，如图 4-66 所示。使用同样的方法，选择面板_2，组态其动态界面，在“连接变量”文本框中选择“变量_2”。

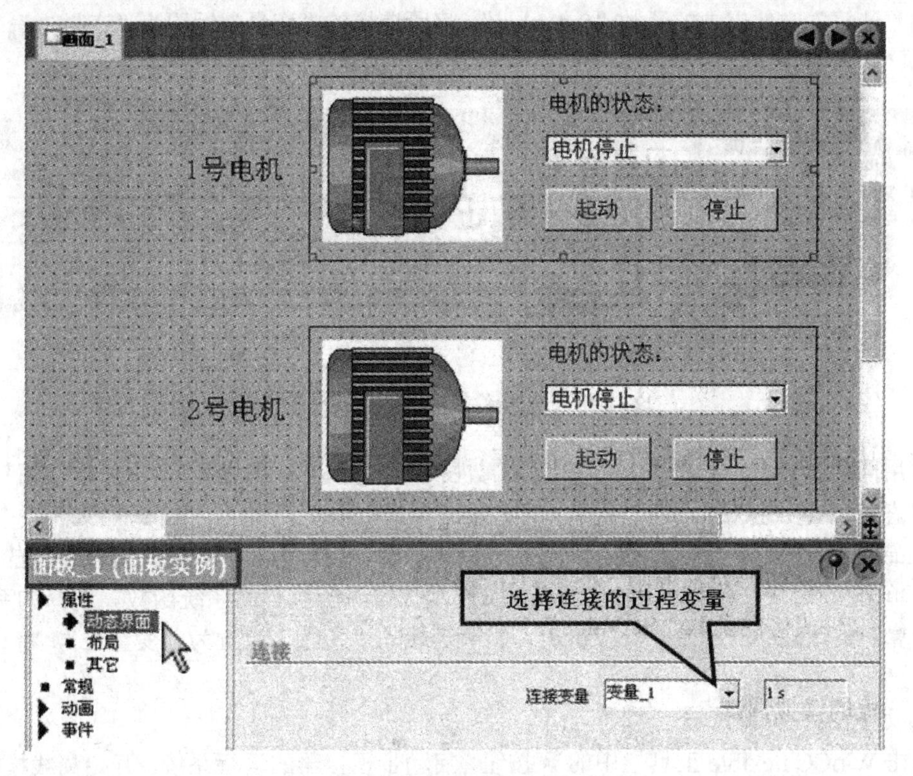

图 4-66　组态面板的动态界面

选择面板_1，在其属性视图的“常规”类对话框中，编辑其常规属性，如图 4-67 所示。在本例中，将其字体修改为“宋体，18pt”。使用同样的方法，选择面板_2，组态其常规，将其字体修改为“宋体，20pt”。

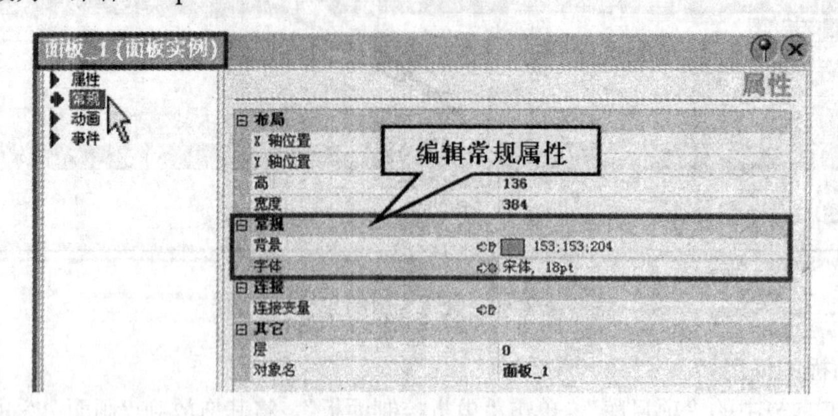

图 4-67　组态面板的常规属性

选择面板_1，在其属性视图的“事件”类的“单击停止按钮”对话框中，组态单击停止按钮时所执行的系统函数。选择的系统函数为“计算”文件夹中的函数“SetValue”，将所连接的“变量”设置为“变量_1”，将“值”设置为“0”，如图 4-68 所示。在其属性视图的“事件”类的“单击起动按钮”对话框中，组态单击起动按钮时所执行的系统函数。选择的系统函数为“计算”文件夹中的函数“SetValue”，将所连接的“变量”设置为“变量_1”，将“值”设置为“1”。

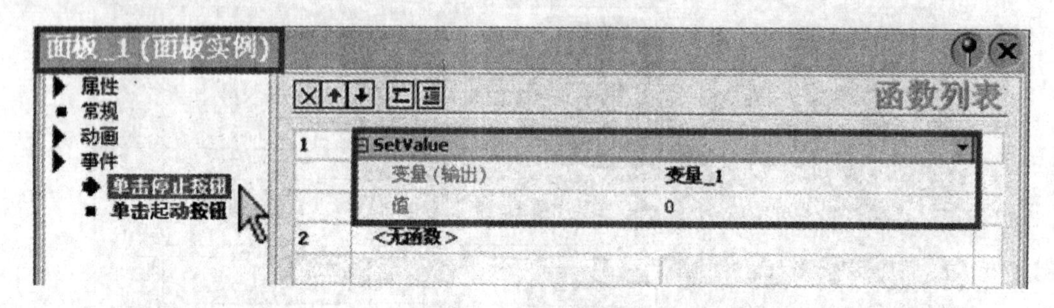

图 4-68　组态单击停止按钮时所执行的系统函数

使用同样的方法，选择面板_2，在其属性视图的“事件”类的“单击停止按钮”对话框中，组态单击停止按钮时所执行的系统函数。选择的系统函数为“计算”文件夹中的函数“SetValue”，所连接的“变量”为“变量_2”，将“值”设置为“0”。在其属性视图的“事件”类的“单击起动按钮”对话框中，组态单击起动按钮时所执行的系统函数。选择的系统函数为“计算”文件夹中的函数“SetValue”，将所连接的“变量”设置为“变量_2”，将“值”设置为“1”。

4．面板的模拟调试

单击 WinCC flexible 工具栏中的按钮，启动带模拟器的运行系统，开始离线模拟运行。可以看到，单击 1 号电机的“起动”按钮后，变量_1 中的值变为“1”，电机的状态为“电机起动”。单击 2 号电机的“停止”按钮后，变量_2 中的值变为“0”，电机的状态为“电机停止”，如图 4-69 所示。

由此得出，面板的使用可以减少组态工作量。

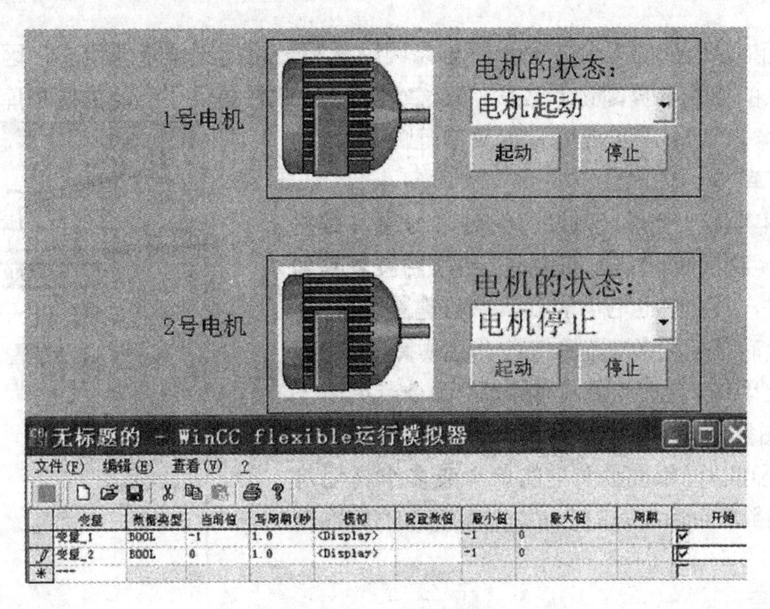

图 4-69　面板的模拟运行

5. 编辑面板

用户还可以对已存在的面板进行编辑。选择画面中的面板对象后，在菜单栏的“面板”菜单中选择“编辑面板”命令，或者选择项目库中的“面板”后单击鼠标右键，在弹出的快捷菜单中选择“编辑面板类型”命令，如图 4-70 所示。这时，面板编辑器自动打开，用户可以对该面板进行编辑，修改面板的属性。关闭面板编辑器时，系统会自动保存修改后的面板属性。

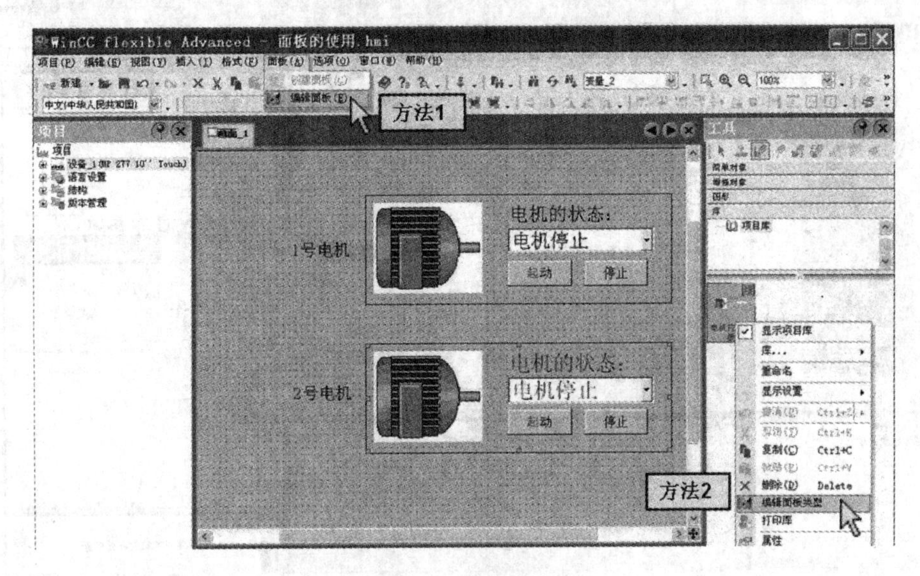

图 4-70　编辑面板

4.6 库

库是画面对象模板的集合。由于库对象可以重复使用而无须重新组态，因此库可以增强可用画面对象的采集并提高设计效率。WinCC flexible 软件提供了广泛的图形库，包含“电机”或“阀”等对象。此外，用户还可以定义自己的库对象。

1. 项目库

每个项目都有一个库。项目库的对象与项目数据一起存储，只可用于创建该库的项目。当项目被复制到其他计算机时，项目中也包含了在其中创建的项目库。若项目库中没有任何对象，就始终处于隐藏状态。在库视图的快捷菜单中，选择“显示项目库”命令或单击工具箱中的图标，即可显示项目库，如图 4-71 所示。

此外，还可以直接将画面中的单个或多个画面对象成组后拖放到项目库中，这些对象先前组态的数据也将得以保留。

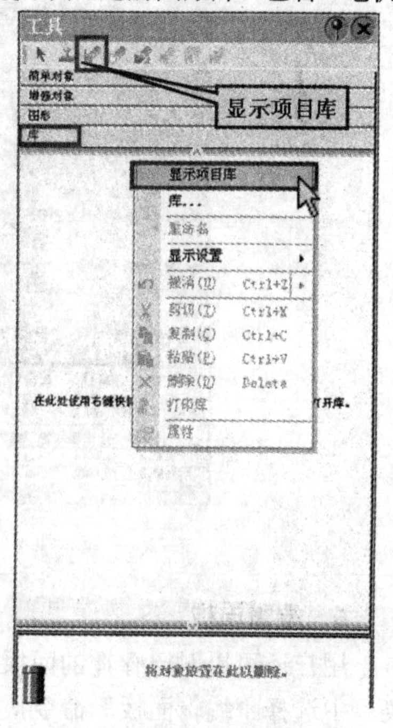

图 4-71 显示项目库

2. 全局库

用户除了可以使用来自项目库的对象之外，也可以将全局库的对象使用到项目中。在库视图的快捷菜单中，选择“库”子菜单中的“打开”命令或单击工具箱中的图标，将弹出“打开全局库”对话框，如图 4-72 所示。全局库独立于项目数据，以扩展名“*.wlf ”存储在独立的文件中，可以在任何一个项目中使用。

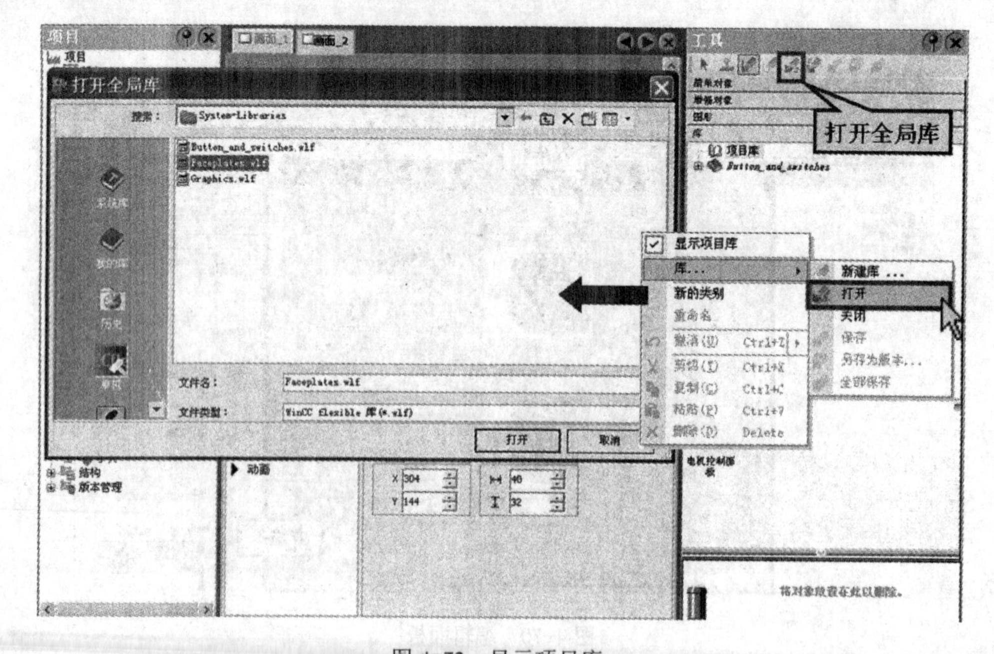

图 4-72 显示项目库

在项目中使用全局库时，只需在相关项目中对该库引用一次。当项目被复制到其他计算机时，不会包含全局库，项目和全局库之间的互连可能会丢失。如果在其他项目或非 WinCC flexible 应用程序中重命名全局库，那么该互连也将丢失。

在库视图的快捷菜单中，选择“库”子菜单中的“新建库...”命令或单击工具箱中的图标，将弹出“创建一个全局文件库”对话框，如图 4-73 所示。在本例中，选择“我的库”，将创建的全局库的名称定义为“新库”，文件扩展名为“*.wlf”。

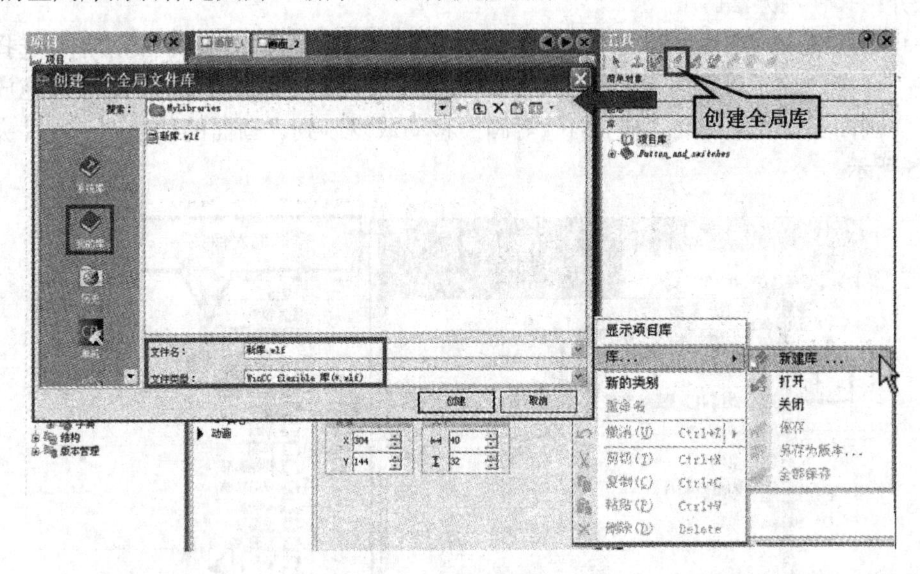

图 4-73　创建一个全局库

创建完一个全局库后，用户可以通过拖放将项目库中的对象加到全局库中，也可以将画面中组态好的画面对象加到全局库中，如图 4-74 所示。

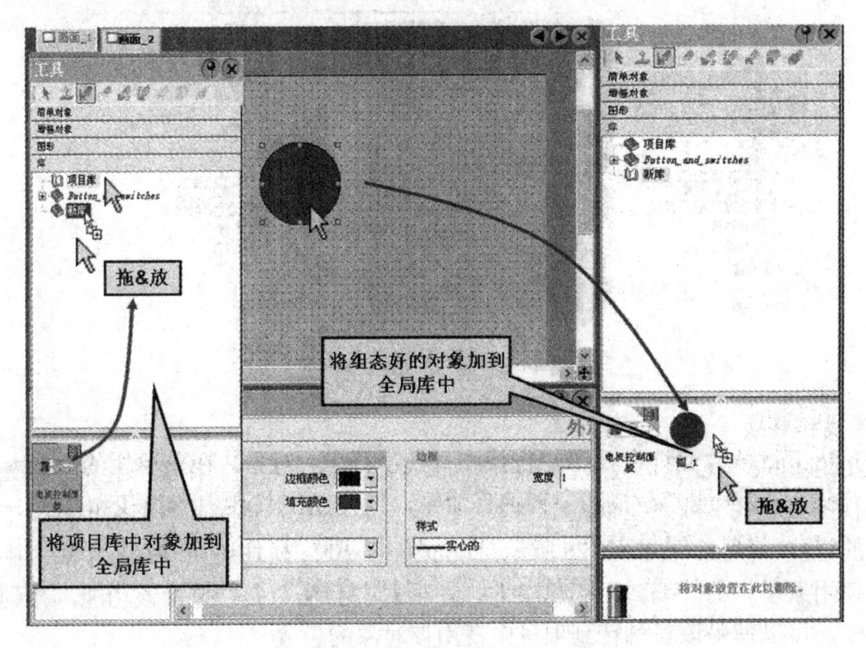

图 4-74　向全局库中添加对象

4.7 其他组态技巧

1. 创建子文件夹

创建子文件夹可用于管理画面、变量、消息、归档和配方。下面以创建画面的子文件夹为例来介绍其使用方法。

在项目视图中，选择“画面”文件夹，单击鼠标右键，在弹出的快捷菜单中选择“添加文件夹”命令，这时将创建一个子文件夹，将其重命名为“画面的切换”。通过拖放操作，可以从“画面”文件夹中将“画面 1”等画面移动或复制到“画面的切换”子文件夹中，如图 4-75 所示。

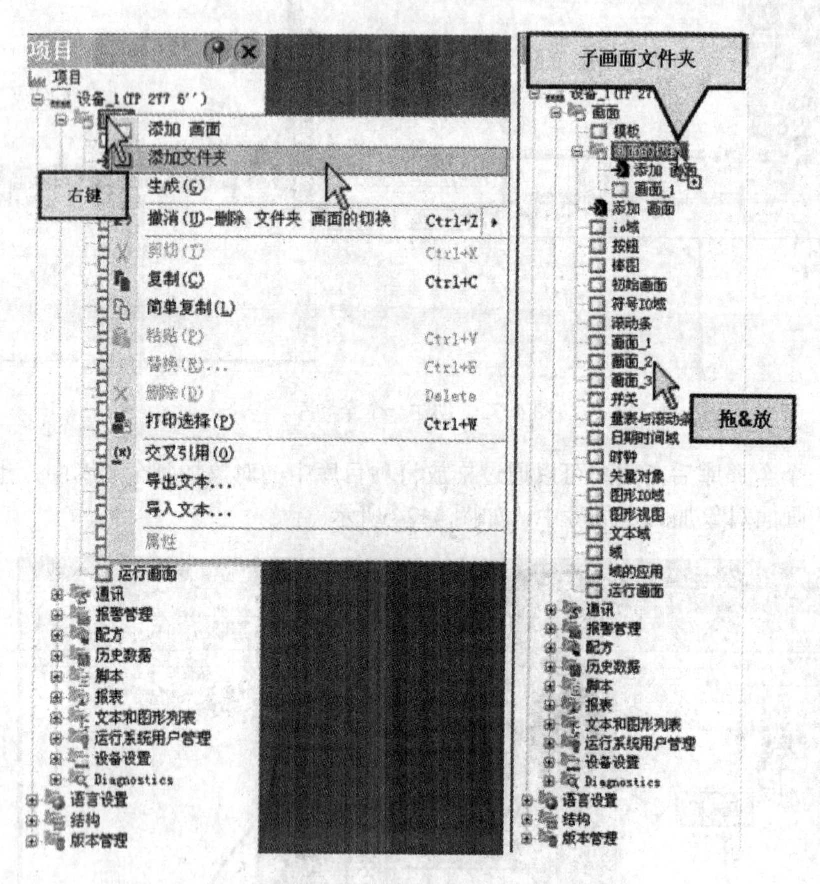

图 4-75 创建画面子文件夹

2. 查找和替换

WinCC flexible 软件允许在视图中查找和替换字符串、对象。在菜单栏的“编辑”菜单中选择“在视图中查找”或“在视图中替换”命令，或使用工具栏上的查找和替换工具都可以进行相关的查找、替换，如图 4-76 所示。WinCC flexible 软件还允许在整个项目中查找和替换对象。使用菜单栏的“编辑”菜单中的“在项目中查找”命令执行该功能，找到的对象被显示在表中，可以使用该表跳转到项目中使用该对象的位置。

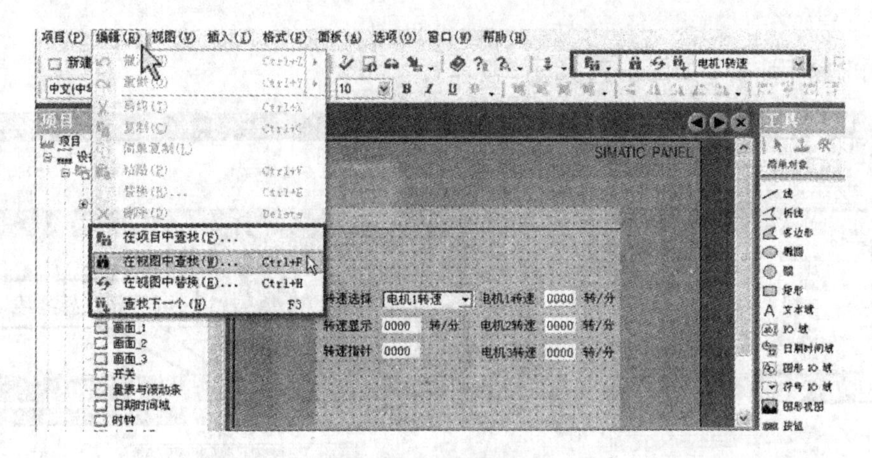

图 4-76　查找和替换

3. 交叉引用和重新布线

交叉引用编辑器可以显示特定对象（画面对象和变量）的所有引用点，并直接跳转至该引用点。下面以查找变量“电机 1 转速”的引用点为例来介绍其使用方法。

打开变量编辑器，在其中选择变量“电机 1 转速”。在菜单栏的“选项”菜单中选择“交叉引用”命令。这时，将打开交叉引用编辑器及其相关的工具栏，在其中将出现变量“电机 1 转速”的交叉引用。使用工具栏中的 按钮，将展开该变量的所有引用点列表；使用工具栏中的 按钮，将隐藏该变量的所有引用点列表。双击某一引用点所在的行或选中该引用点后使用工具栏中的 按钮，可以直接跳转至项目中的引用点，如图 4-77 所示。

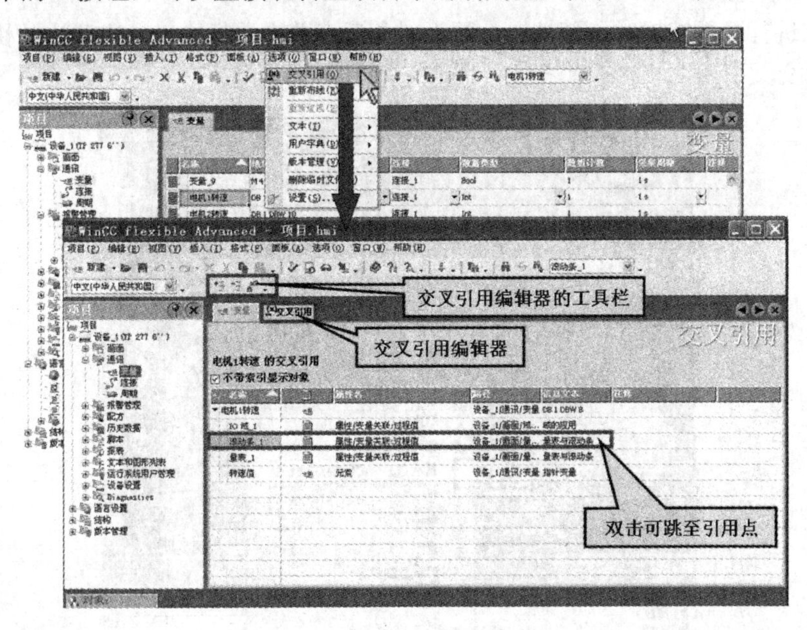

图 4-77　交叉引用

使用“重新布线”命令可以重新分配另一个变量到变量引用点。在画面中选中一个画面对象滚动条，该画面对象所连接的变量是“电机 1 转速”。在菜单栏的“选项”菜单中选择“重新布线”命令。这时，将打开“重新布线”向导，在其中可重新选择布线，选择另一个变量与该画面对象相连接，如图 4-78 所示。

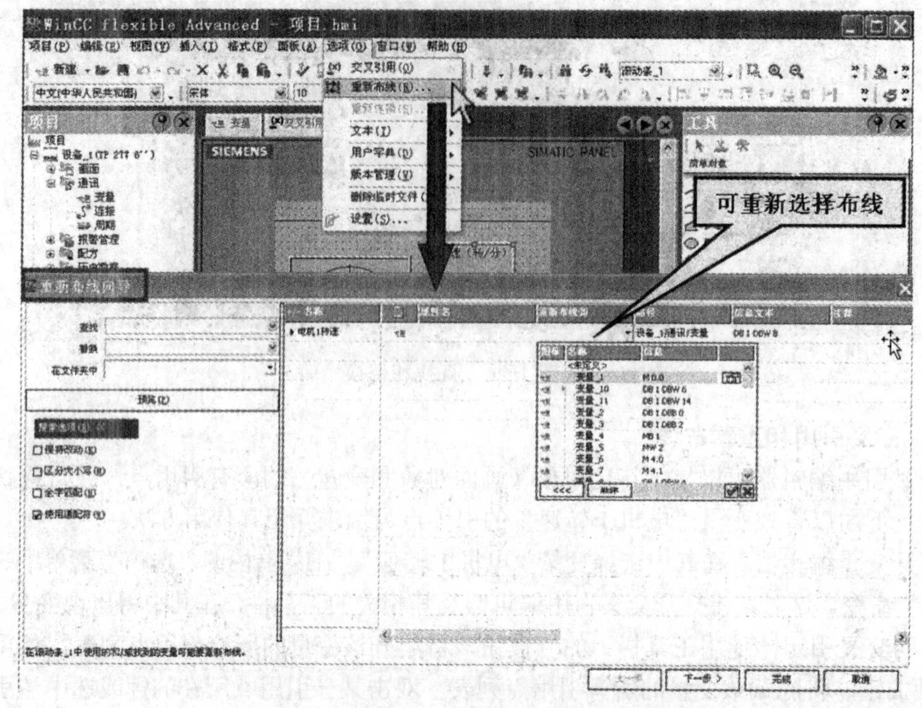

图 4-78　重新布线

用户在进行画面编辑时，任选一个画面对象后，单击鼠标右键，在弹出的快捷菜单中，可以使用“交叉引用”和“重新布线”命令，如图 4-79 所示。

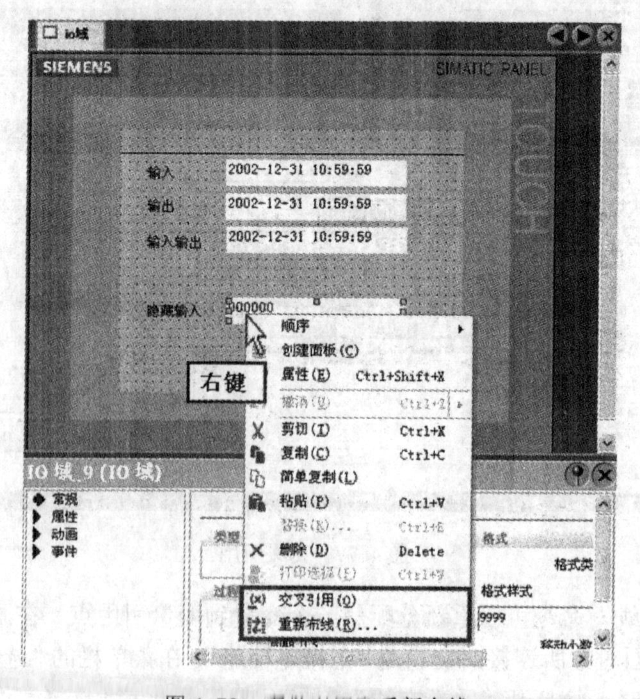

图 4-79　交叉引用和重新布线

4．批量编辑组态同类对象

在 WinCC flexible 中，用户对同类的对象还可以进行批量编辑组态，提高组态的工作效率，节约时间和成本。例如，打开变量编辑器，选中同一类的变量后，在其属性视图中即可对其共同的属性进行修改；打开画面编辑器，选中同一幅画面中同一类的画面对象，在其属性视图中即可对其共同的属性进行修改，如图 4-80 所示。

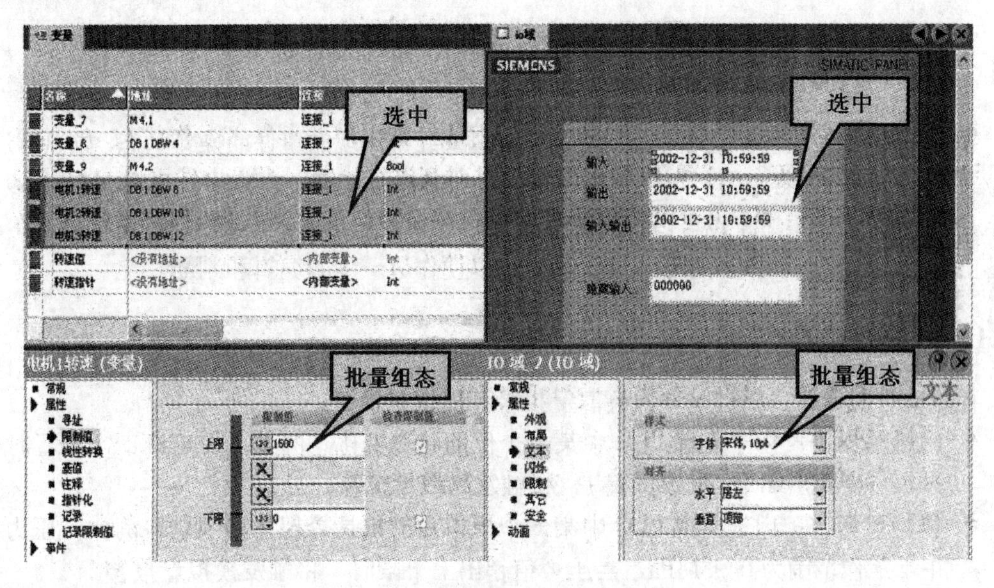

图 4-80　批量编辑组态同类对象

4.8　练习题

1．WinCC flexible 软件提供了几种类型的域？分别是什么？
2．按钮有哪些主要功能？分为几种类型？各自的特点是什么？
3．开关有哪些基本功能？分为几种类型？各自的特点是什么？
4．棒图有什么作用？
5．如何组态一个面板？
6．如何创建一个新库？
7．怎样批量编辑组态对象的属性？

第5章 报警与用户管理

5.1 报警概述

报警用来指示生产过程及其控制系统中出现或经常出现的事件或操作状态，如温度过低、液位过高、系统故障等。用户可以利用报警信息对其进行诊断。报警事件可以在HMI设备上显示，或者输出到打印机，也可以将报警事件保存在报警记录中。记录的报警事件可以在HMI设备上显示，还可以以报表的形式打印输出，以便作进一步的编辑和判断。

5.1.1 报警的分类

根据信号的类型，报警可分为离散量报警和模拟量报警。

- 离散量报警：用于监视PLC中某一个位的状态变化。例如，发电机正常运行时I0.0为0；出现故障时，将该位置1，将触发离散量报警。
- 模拟量报警：用于监视PLC中某一个模拟量的值是否超出限制值。例如，压力值的正常工作范围为0～5MPa，当压力值超出上下限时，将触发模拟量报警。

根据定义的方式，报警可分为自定义报警和系统报警。

- 自定义报警：由用户组态的报警，用来在HMI设备上显示生产过程状态，或者测量和报告从PLC接收到的过程数据。自定义报警可以由HMI设备或PLC来触发，在HMI设备上显示。离散量报警和模拟量报警都是自定义报警。
- 系统报警：是在HMI设备中预先定义好的，用来显示当前HMI设备或PLC的状态，其内容涵盖了从注意事项到严重错误非常广泛的范围。系统报警由编号和报警文本组成。报警文本中可能包含更准确说明报警原因的内部系统变量。对于系统报警，只能编辑其报警文本。系统报警也可以由HMI设备或PLC来触发，在HMI设备上显示。

在WinCC flexible的默认设置下，“系统报警”图标不显示。为了显示系统报警，在菜单栏的“选项”菜单中选择“设置”命令。在“设置”对话框中，打开“工作台”文件夹中的“项目视图设置”，在“更改项目树显示的模式”下拉列表框中选择“显示所有项”，如图5-1所示。

图5-1 项目视图设置

单击“确定”按钮后，在项目视图的“报警管理”文件夹中将出现“系统事件”。双击“系统事件“，在出现的系统事件编辑器中，列出了各个系统事件的文本和编号，如图 5-2 所示。

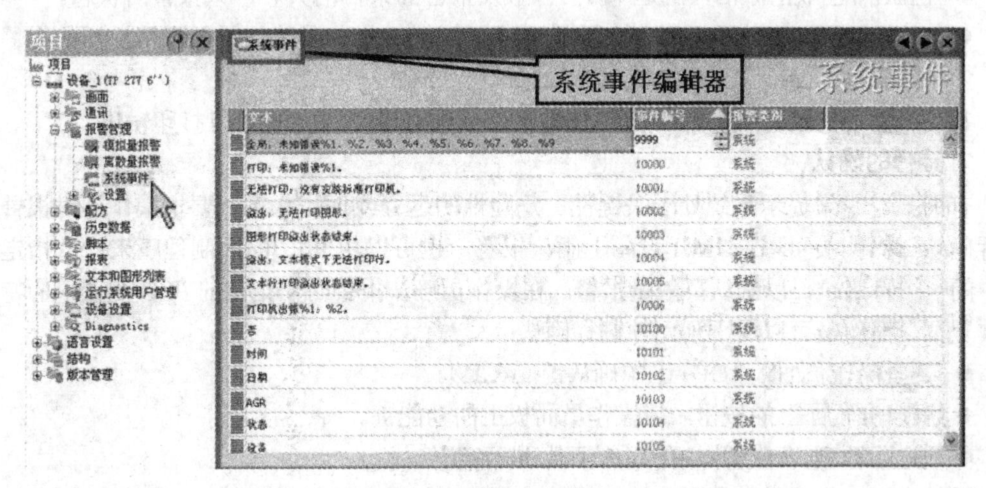

图 5-2　系统事件编辑器

5.1.2　报警的显示

WinCC flexible 提供的下列画面对象在 HMI 设备上显示报警。

1．报警视图

报警视图是为某个特定画面而组态的。根据所组态画面的大小，可以同时显示多个报警事件，可以在不同的画面中为不同类型的报警组态多个报警视图。报警视图可以用这种只包括一个报警行的方式组态。

2．报警窗口

在画面模板中组态的报警窗口将成为项目中所有画面上的一个对象。根据组态报警窗口的尺寸，可以同时显示多个报警事件。报警窗口的打开和关闭均可通过事件来触发。报警窗口保存在它自己的层上，在组态时可以将它隐藏。注意：报警窗口只能在画面模板中组态。

3．报警指示器

报警指示器是组态好的图形符号，在画面模板上组态的报警指示器将成为项目中所有画面上的一个对象。报警出现时，报警指示器显示在画面上；报警消失时，它也随之消失。注意：报警指示器只能在画面模板中组态。

报警指示器的状态可分为以下两种。

- 闪烁：至少存在一条未确认的、待解决的报警事件。
- 静态：报警事件已确认，但其中至少有一条尚未取消激活。

5.1.3　报警的状态与确认

1．报警的状态

离散量报警和模拟量报警有下列报警状态。

- 已激活（到达）：满足了触发报警的条件时，该报警的状态。
- 已激活/已确认（到达/确认）：操作员确认了报警后，该报警的状态。
- 已激活/已取消激活（到达/离开）：触发报警的条件消失时，该报警的状态。
- 已激活/已取消激活/已确认（到达/离开/确认）：操作员确认了已取消激活的报警后，该报警的状态。

每一个出现的报警状态都可以在HMI设备上显示和记录，也可以打印输出。

2．报警的确认

有的报警用来提示系统处于关键性、危险性的运行或过程状态，要求操作员对报警事件进行确认。操作员可以在HMI设备上确认报警，也可以由PLC的控制程序来置位指定的变量中的一个特定位，以确认离散量报警。在操作员确认报警时，指定的PLC变量中的特定位将被置位。操作员可以用下列元件进行确认：

- 某些操作员面板（OP）上的确认键（ACK）。
- 触摸屏画面上的按钮，或操作员面板上的功能键。
- 通过函数列表或脚本中的系统函数进行确认。

报警类别决定了是否需要确认该报警。在组态报警时，既可以指定由操作员逐个进行确认，也可以对同一报警组内的报警集中进行确认。

5.1.4 报警属性的设置

1．报警设置

单击项目视图中的“报警管理/设置”文件夹中的“报警设置”，在打开的报警设置编辑器内可以进行与报警有关的设置，如图5-3所示。一般可以使用默认的设置。

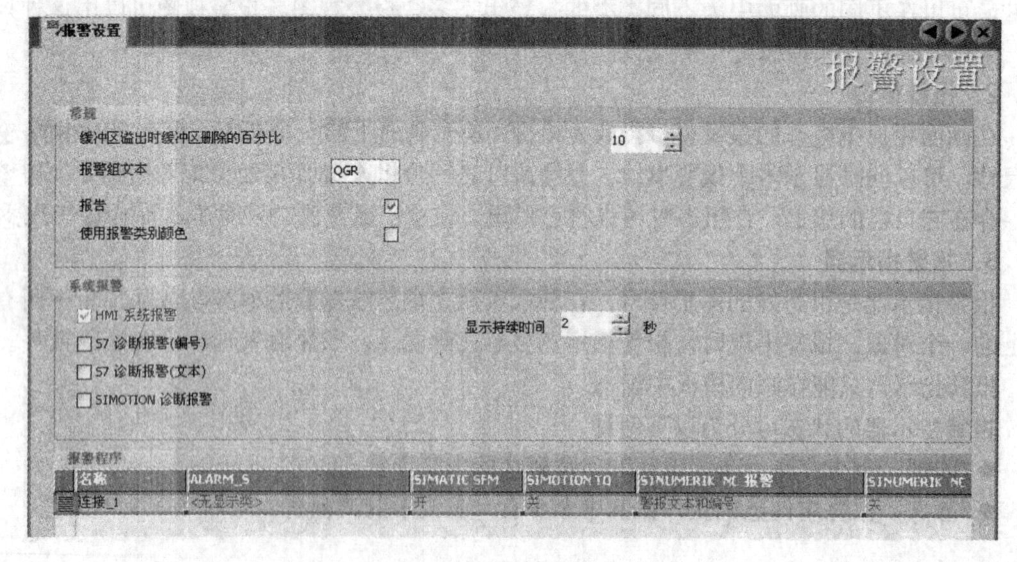

图5-3 报警设置

2．报警类别

在WinCC flexible软件中，系统所提供的报警类别可分为以下4种。

● 错误：用于离散量报警和模拟量报警，指示紧急、危险操作或过程状态。这类报警必须确认。

● 警告：用于离散量报警和模拟量报警，指示常规操作状态、过程状态和过程顺序。这类报警不需要确认。

● 系统：用于系统报警，提示操作员关于 HMI 设备和 PLC 的操作状态。该报警组不能用于自定义的报警。

● 诊断事件：用于 S7 诊断消息，指示 SIMATIC S7 或 SIMOTION PLC 的状态和事件。这类报警不需要确认。

除了以上 4 种报警类别外，用户还可以自定义报警类别。注意：如果需要在 STEP 7 中集成，则最多可组态 16 个报警类别。

在项目视图中双击“报警/设置”文件夹中的“报警类别”，将打开报警类别编辑器。系统所提供的 4 种报警类别都显示在报警类别编辑器工作区的表格中。此外，双击表格的最后一行，用户可以定义一个新的报警类别。在表格单元或属性视图中可以编辑各类报警的属性，如图 5-4 所示。

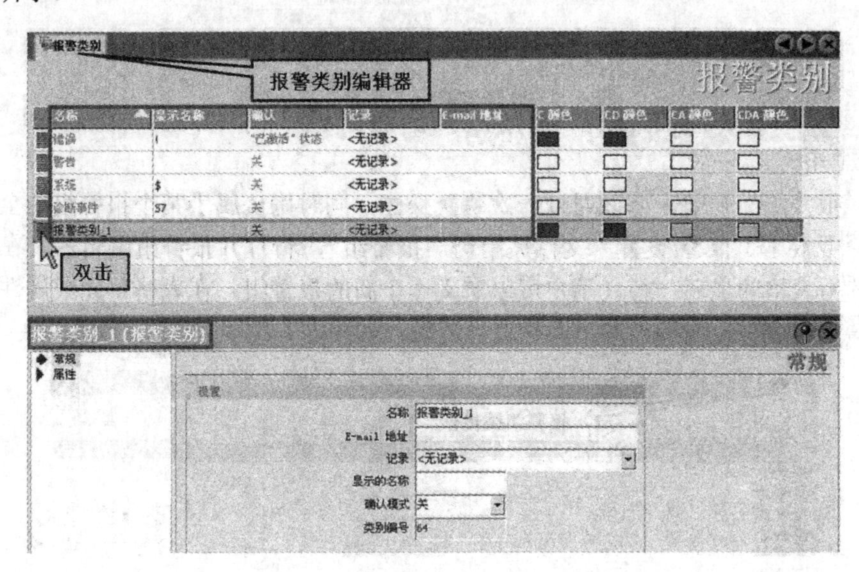

图 5-4　报警类别的“常规”类对话框

在报警类别属性视图的“常规”类对话框中可以设置以下各项，如图 5-4 所示。

● 名称：报警类别的名称。系统定义的报警类别具有固定的名称。

● E-mail 地址：报警类别中每个报警事件的消息均被发送到该地址。

● 记录：记录该报警类别中的报警事件的报警记录。如果没有选择报警记录，则不会记录该报警类别中的报警事件。

● 显示的名称：用户可以输入缩写来标识该报警记录。该名称将显示在报警号之前。例如，系统默认的“错误”类报警的显示名称为字符“!”。

● 确认模式：设置该类报警是否必须确认。

● 类别编号：由系统分配的报警类别号。

在报警类别属性视图的“属性”类的“状态”对话框中，可以设置“已激活的”报警、

“已取消”报警和“已确认”报警的文本缩写，还可以设置不同的背景颜色和闪烁模式来区分不同的报警状态，如图 5-5 所示。

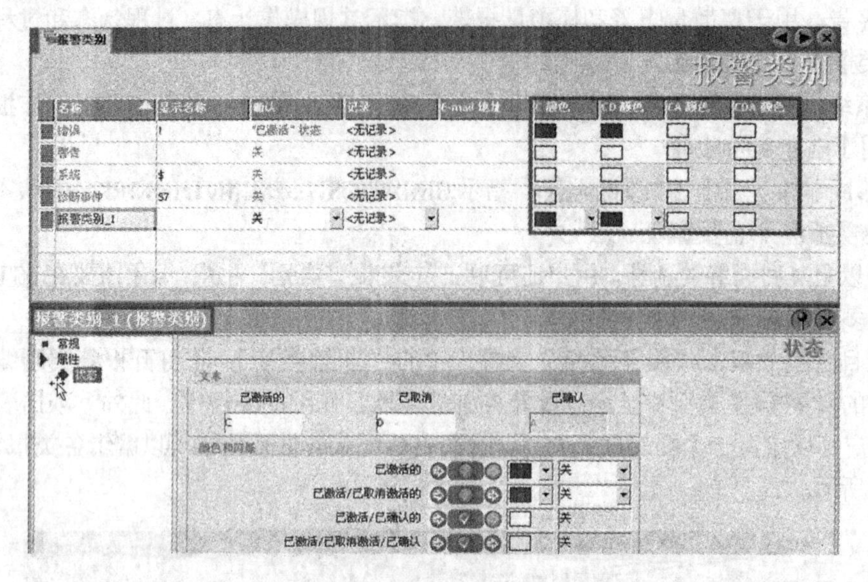

图 5-5　报警类别的“状态”对话框

3. 报警组

使用“报警组”功能，可以通过一次确认操作，同时确认属于某个报警组的全部报警。在项目视图中双击“报警/设置”文件夹中的“报警组”，将打开报警组编辑器。在报警组编辑器中，双击表格的最后一行，用户可以定义一个新的报警组。在表格单元或属性视图中可以定义报警组的名称，而编号将由系统进行分配，如图 5-6 所示。

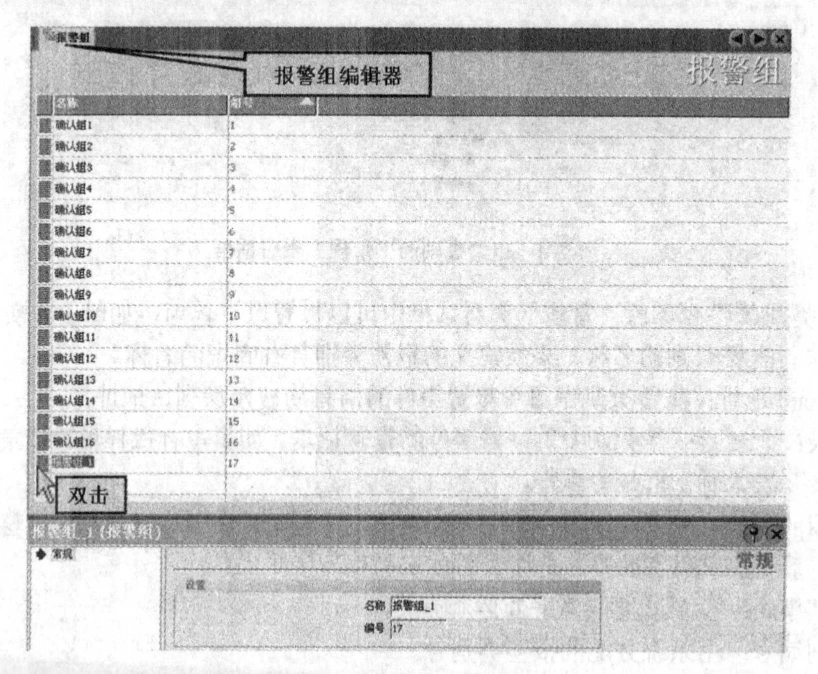

图 5-6　报警组编辑器

5.2 组态报警

5.2.1 组态离散量报警

对于离散量报警，用户需要组态其文本、编号、类别、组、触发变量和触发器位等。

下面来介绍组态离散量报警的具体步骤。新建一个项目，选择 HMI 设备为 TP 277 6" Touch。生成两个画面，分别为“报警画面”、“电机 1 画面”。在变量表中创建变量，见表 5-1。

表 5-1 变量表

变量名称	数据类型	地址
离散量报警	Word	MW20
HMI 确认	Word	MW26

1. 设置触发变量与触发器位

离散量报警是用指定变量内的某一位来触发的。该变量的数据类型必须为“Int”或“Word”。这样，对应于该变量，可以组态 16 条离散量报警信息。

在本例中，将离散量报警的触发变量定义为 MW20。这样，MW20 中的每一位都将与一条报警信息对应地显示在 HMI 设备上，见表 5-2。用户可以根据生产现场的需要输入相应的报警文本。当 MW20 中相应的位置位时，将触发相应的报警，显示相关的报警文本；当 MW20 中相应的位复位时，相关的报警文本被取消。

表 5-2 离散量报警触发变量的信息表

触发变量	触发器位号	触发位	文本内容
MW20	0	M21.0	电机 1 转速太高
	1	M21.1	电机 1 没有起动
	2	M21.2	电机 2 没有起动
	3	M21.3	
	4	M21.4	
	5	M21.5	
	6	M21.6	
	7	M21.7	
	8	M20.0	
	9	M20.1	
	10	M20.2	
	11	M20.3	
	12	M20.4	
	13	M20.5	
	14	M20.6	
	15	M20.7	

打开离散量报警编辑器，双击空白行，系统将自动添加一条新的离散量报警。单击“触发变量”列中的按钮，在出现的变量列表中选择“离散量报警（MW20）”。单击“触发器位”列中的按钮，可以增、减该报警在字变量MW20中的位号。根据表5-2，将其设置为“0”。在其属性视图的“属性”类的“触发”对话框中也可进行相同的设置，如图5-7所示。

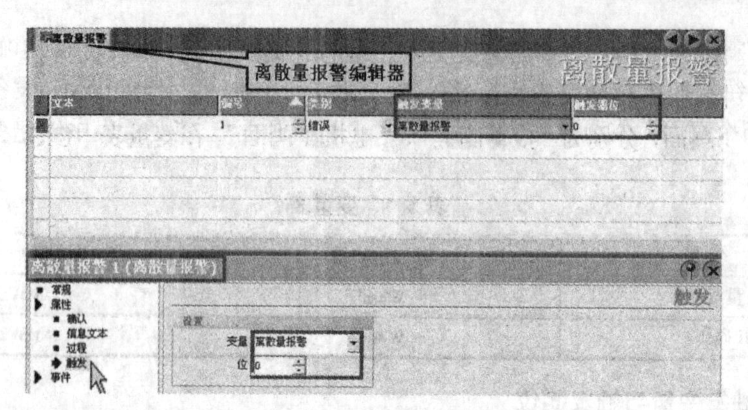

图5-7　设置离散量报警的触发变量与触发器位

2. 设置报警文本、编号、类别和组

在离散量报警编辑器的“文本”列中设置第一条报警文本为“电机1转速太高”，其编号设置为“1”，该编号为系统中报警识别的唯一报警编号，单击“类别”列中的按钮，在出现的对话框内选择报警类别为“错误”。在其属性视图的“常规”类对话框中也可进行相同的设置，如图5-8所示。

此外，还需要设置该条报警的报警组。用户可以根据需要将报警分类成组，使用“报警组”功能，通过一次确认操作，同时确认属于某个报警组的全部报警。在本例中，将第一条报警的组设置为“确认组1”，如图5-8所示。

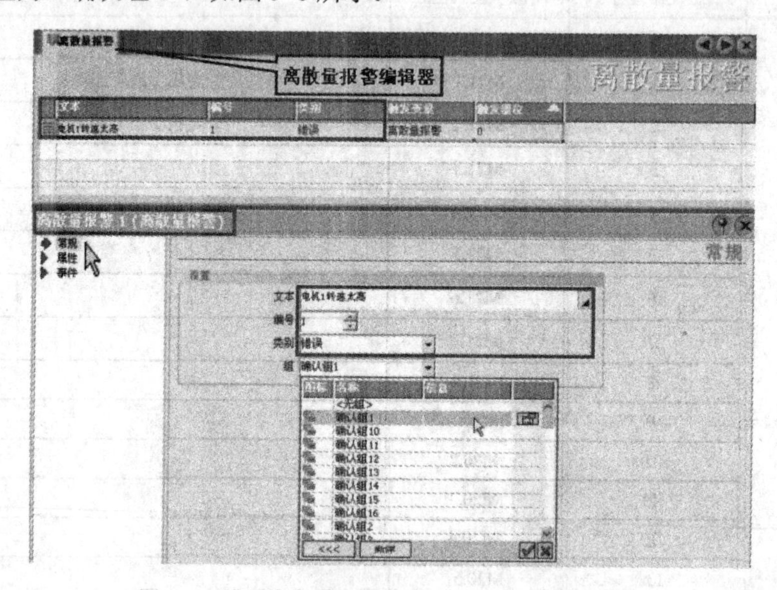

图5-8　设置离散量报警的文本、编号、类别和组

使用同样的方法组态其他几条离散量报警，将其报警信息的组设置为“确认组2”，报警

设置完成后，如图 5-9 所示。

离散量报警

文本	编号	类别	触发变量	触发器位
电机1转速太高	1	错误	离散量报警	0
电机1没有起动!	2	错误	离散量报警	1
电机2没有起动!	3	错误	离散量报警	2
电机3没有起动!	4	错误	离散量报警	3

图 5-9　离散量报警

3. 设置报警的确认

在自动化生产中，某些报警具有重要的意义，这些报警必须由操作员确认后，系统才能恢复正常工作，否则容易发生重大事故。报警的类别决定是否必须确认该报警。当报警的类别为“错误”时，必需对其进行确认。通过确认报警信息，操作员可确认已注意到该信息。

在离散量报警属性视图的“属性”类的“确认”对话框中，用户可以设置该报警的确认方式。报警信息可以由操作员在 HMI 上确认或者由 PLC 程序来确认。

若设置为由 PLC 程序来确认，需要在“确认 PLC”对话框中输入相应的用于确认的 PLC 变量及其位号。通过 PLC 程序控制，当该变量中相应的位置位后，与之相对应的报警信息将被确认。

若设置为在 HMI 上确认，需要在“确认 HMI”对话框中输入相应的由用户确认后写入 PLC 的变量及其位号。当用户在 HMI 上确认相应的报警信息时，就将该变量中相应的位置位。在本例中，将第一条离散量报警的确认变量设置为“HMI 确认（MW26）”，位为“0”，如图 5-10 所示。

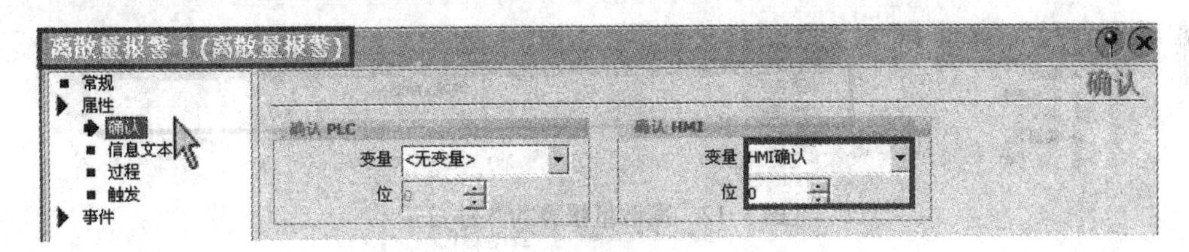

图 5-10　离散量报警的确认设置

设置完成后，当第一条离散量报警出现时，HMI 设备上显示相关的报警文本后，操作员在 HMI 设备上确认该报警，单击“确认”按钮后，相应的 M27.0 将为 1 信号。“确认”按钮的设置组态见 5.3.2 节。

使用同样的方法组态其他 3 条离散量报警，将第二条离散量报警的确认变量设置为“HMI 确认（MW26）”，位为“1”；将第三条离散量报警的确认变量设置为“HMI 确认（MW26）”，位为“2”；将第四条离散量报警的确认变量设置为“HMI 确认（MW26）”，位为“3”。

4. 设置报警的信息文本

报警的信息文本即报警的帮助文本，当 HMI 设备上显示报警信息时，通过该信息文本来提示操作员如何排除相应的故障。该信息文本的显示与“信息文本”按钮有关，其设置组态见 5.3.2 节。当报警信息出现的，单击“信息文本”按钮后，系统将会弹出对话框显示与该报警信息相关的信息文本。

在离散量报警属性视图的“属性”类的“信息文本”对话框中，用户可以设置该报警的信息文本。在本例中，将第二条离散量报警的信息文本中输入“请检查电机 1 的参数设置，重新起动电机 1”，如图 5-11 所示。

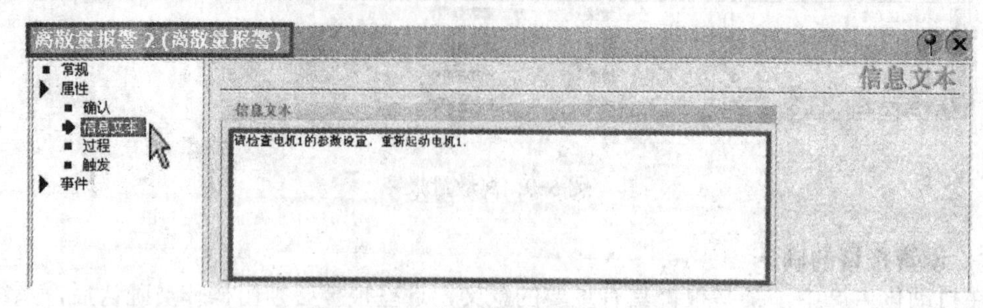

图 5-11　离散量报警的信息文本设置

使用同样的方法组态第三条离散量报警，将第三条离散量报警的信息文本中输入“请检查电机 2 的参数设置，重新起动电机 2”。

5．设置报警的事件

除了可以为每条报警组态信息文本外，还可以为其设置相关的事件功能。例如，为报警信息组态编辑功能。功能与“编辑”按钮有关，其设置组态见 5.3.1 节。当报警信息出现时，单击“编辑”按钮后，系统将会作出相应的响应。

在离散量报警属性视图的“事件”类的“编辑”对话框中，单击“编辑”按钮时所执行的系统函数，如图5-12 所示。选择的系统函数为“画面”文件夹中的函数“ActivateScreen（激活画面）”，选择画面名为“电机 1 画面”，如图 5-12 所示。

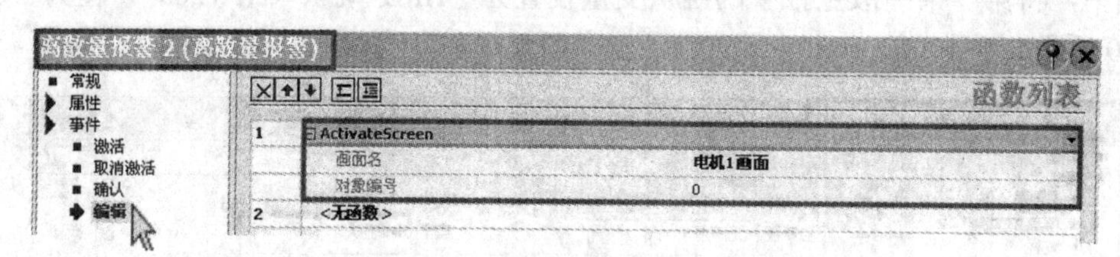

图 5-12　离散量报警的事件设置

5.2.2　组态模拟量报警

对于模拟量报警，用户除了需要组态其文本、编号、类别、组和触发变量外，还需要组态限制和触发模式。模拟量报警是通过过程值的变化来触发报警系统的。

下面介绍组态模拟量报警的步骤。其组态文本、编号、类别、组和触发变量与离散量报警的方法相同，这里主要介绍组态其限制和触发模式。在变量表中创建外部变量的名称为“液位”，数据类型为“Real”，地址为“MD34”。

本例中，某液位高度的正常范围在 100～800L 之间。超过 800L 小于 900L，发出警告信息“液位高于限制值”；超过 900L，发出错误信息“液位高于极限值”。同样，小于 100L 大于 50L，发出警告信息“液位低于限制值”；小于 50L，发出错误信息“液位低于极限值”。

在模拟量报警编辑器中，双击空白行，系统将自动添加一条新的模拟量报警。在其“文本”列中设置第一条报警文本为“液位高于限制值”，其编号设置为“1”；单击“类别”列中的▾按钮，在出现的对话框内选择报警类别为“错误”。单击“触发变量”列中的▾按钮，在出现的变量列表中选择“液位（MD34）”。在“限制”列中输入需要的限制值，根据本例要求，该限制值为“800”。在“触发模式”列中设置触发模式，根据本例要求，当液位高于设置值时，采用上升沿触发；当液位低于设置值时，采用下降沿触发。组态完成的模拟量报警如图 5-13 所示。

模拟量报警

文本	编号	类别	触发变量	限制	触发模式
液位高于限制值	1	警告	液位	800	上升沿时
液位高于极限值	2	错误	液位	900	上升沿时
液位低于限制值	3	警告	液位	100	下降沿时
液位低于极限值	4	错误	液位	50	下降沿时

图 5-13　模拟量报警

如果过程值在限制值附近波动，则可能由于其微小的振荡而导致多次触发相关报警信息。在这种情形下，还需要组态延迟和滞后时间，如图 5-14 所示。

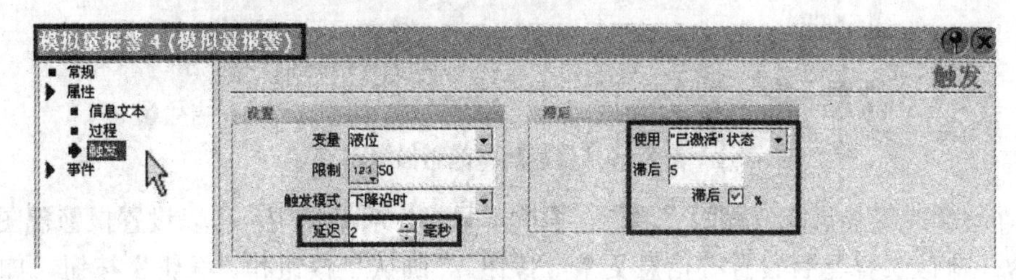

图 5-14　组态延迟和滞后时间

5.3　报警的显示及模拟运行

组态完报警后，还需要组态报警的显示，这样才能将报警信息在 HMI 设备上显示出来，提示操作员进行相关的操作。常用的报警显示方式有 3 种，分别是报警视图、报警窗口和报警指示器。

5.3.1　组态报警视图

报警视图显示了在运行时所出现的所有报警事件。在报警视图中，操作员可以在运行时查看报警缓冲区或报警记录中的选择的报警或报警事件，获知运行期间设备及其系统的异常现象。

下面介绍组态报警视图的步骤。打开名为“报警画面”的画面，并将其定义为起始画面。

1）使用工具箱中的“增强对象”，选择“报警视图”，将其拖放到故障信息画面的基本区域，通过鼠标的拖动调整报警视图的大小。在报警视图的属性视图的“常规”类对话框中，设置需在报警视图中显示的内容，在“报警类别”中选择所要显示的报警类别，如图 5-15 所示。

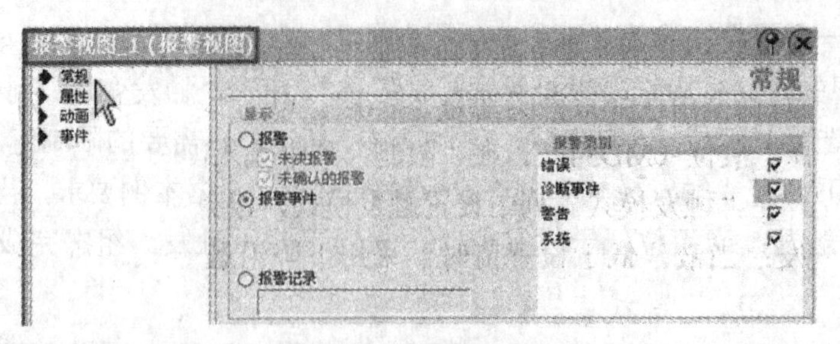

图 5-15　报警视图的常规组态

2）在报警视图的属性视图的“属性”类的“布局”对话框中，除了可以设置报警视图的位置和大小外，还可以激活图 5-16 中的“自动调整大小”复选框，这样将会根据“每个报警的行数”和“可见报警”的设置值，自动调整报警视图的高度，还可以将报警视图的模式设置为“扩展的”，如图 5-16 所示。

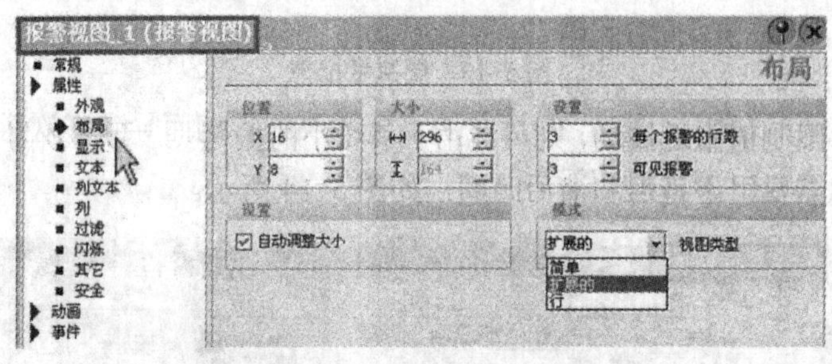

图 5-16　报警视图的布局组态

3）在报警视图的属性视图的“属性”类的“显示”对话框中，可以设置报警视图需要显示的内容，可以选择是否设置“信息文本”按钮、“确认”按钮和“编辑”按钮，如图5-17所示。

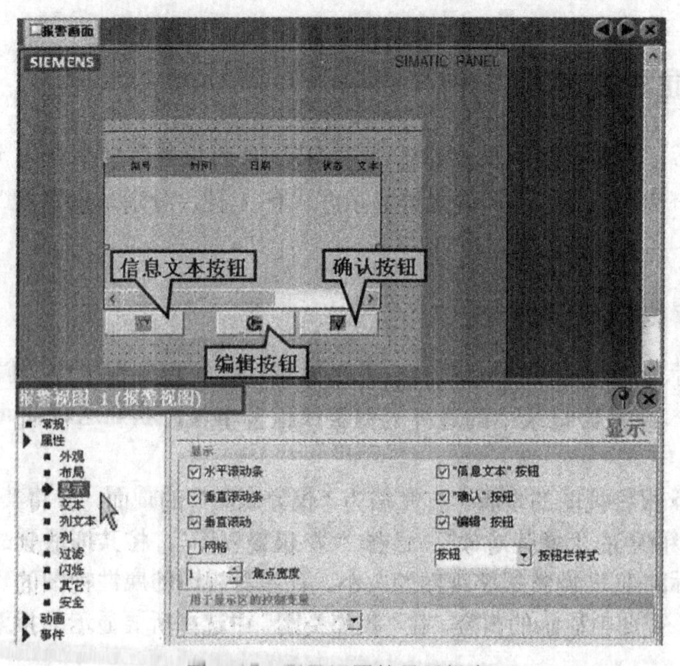

图 5-17　报警视图的显示组态

4）在报警视图的属性视图的“属性”类的“列”对话框中，设置在报警视图中需要显示的列，选择报警的排序，如图 5-18 所示。

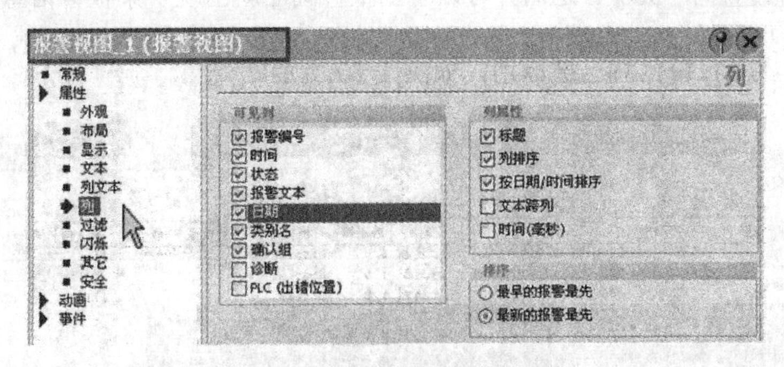

图 5-18　报警视图的列组态

5.3.2　报警视图的模拟运行

1．报警视图模拟运行的结果

单击 WinCC flexible 工具栏中的按钮，启动带模拟器的运行系统，开始离线模拟运行。在模拟器中，首先设置变量“离散量报警（MW20）”和变量“HMI 确认（MW26）”的显示格式为“二进制”，变量“液位（MD34）”的显示格式为“十进制”；再将变量“离散量报警（MW20）”的值设置为“0000 0000 0000 0101”. 变量“液位（MD34）”的值设置为“900”。这时，可以看到报警画面出现 3 条报警信息，分别是“液位高于限制值”、“电机 2 没有起动！”与“电机 1 转速太高”，如图 5-19 所示。在图 5-19 中还可以显示出每条报警的编号、发生的日期时间及报警的状态。状态“C”表示该报警信息已被激活。

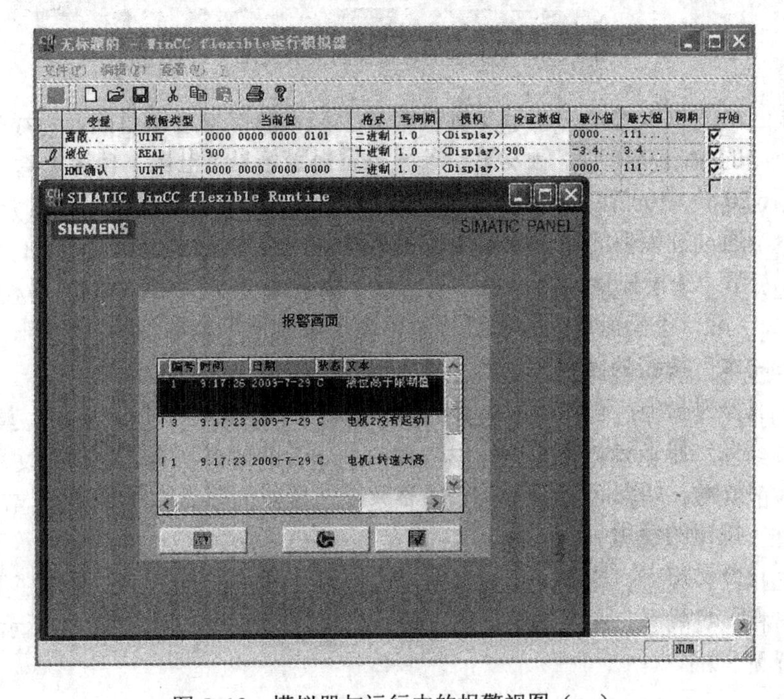

图 5-19　模拟器与运行中的报警视图（一）

若将变量“离散量报警（MW20）”的值设置为“0000 0000 0000 0110”，将“变量液位（MD34）”的值设置为“500”。这时，可以看到报警画面新出现一条报警信息“电机 1 没有起动!”，报警信息“液位高于限制值”与“电机 1 转速太高”的状态发生改变，变为状态“D”。状态“D”表示该条报警信息已被取消，如图 5-20 所示。

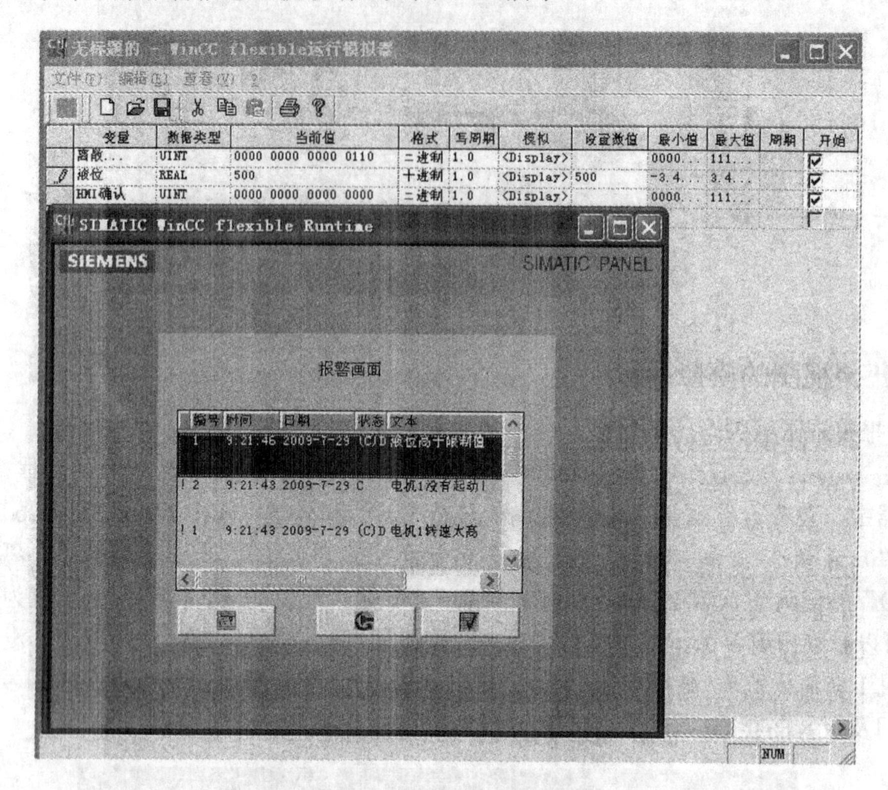

图 5-20　模拟器与运行中的报警视图（二）

由此可知，离散量报警是用指定变量内的某一位来触发报警信息的，当变量“离散量报警（MW20）”中的 M21.0=1 时，触发第一条离散量报警信息“电机 1 转速太高”；当变量“离散量报警（MW20）”中的 M21.0=0 时，第一条离散量报警信息“电机 1 转速太高”被取消。而模拟量报警是通过过程值的变化来触发报警系统的，当变量“液位（MD34）”的值设置为“900”时，触发第一条模拟量报警信息“液位高于限制值”；当变量“液位（MD34）”的值设置为“500”时，第一条模拟量报警信息“液位高于限制值”被取消。

2．“信息文本”按钮的使用

在运行的报警视图中，选中一条报警信息“电机 1 没有起动”后，单击 “信息文本”按钮，系统将会弹出对话框显示与该报警信息相关的信息文本，该信息文本提示操作员如何排除相应的故障，如图 5-21 所示。“信息文本”按钮的组态设置见 5.2.1 节。

3．“编辑”按钮的使用

在运行的报警视图中，选中一条报警信息“电机 1 没有起动”后，单击“编辑”按钮，系统将会作出相应的响应。在本例中，将会跳转到设置的页面，如图 5-22 所示。“编辑”按钮的组态设置见 5.2.1 节。

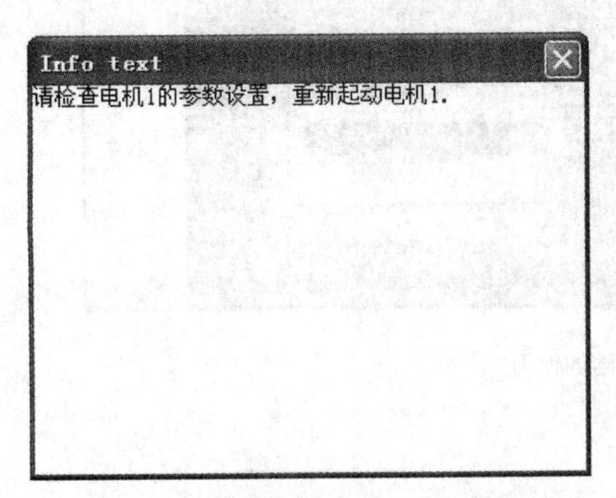

图 5-21　报警“信息文本”对话框

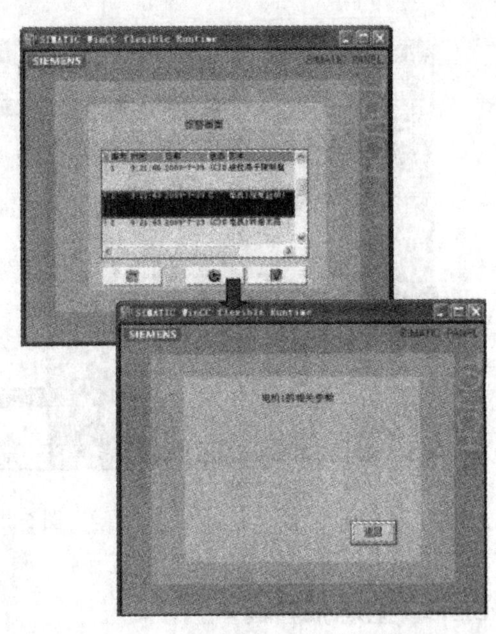

图 5-22　“编辑”按钮的使用

4．在 HMI 设备上实现离散量报警的确认

将变量“离散量报警（MW20）”的值设置为“0000 0000 0000 1101”，这时，可以看到报警画面出现 3 条报警信息，分别是“电机 1 转速太高”、“电机 2 没有起动”和“电机 3 没有起动”。在运行的报警视图中，选中一条报警信息“电机 1 转速太高”后，单击“确认”按钮，可以看到该条报警信息被确认，与此同时，变量“HMI 确认（MW26）”中的第零位 M27.0 被置位，如图 5-23 所示。在 HMI 设备上确认的具体组态设置见 5.2.1 节。

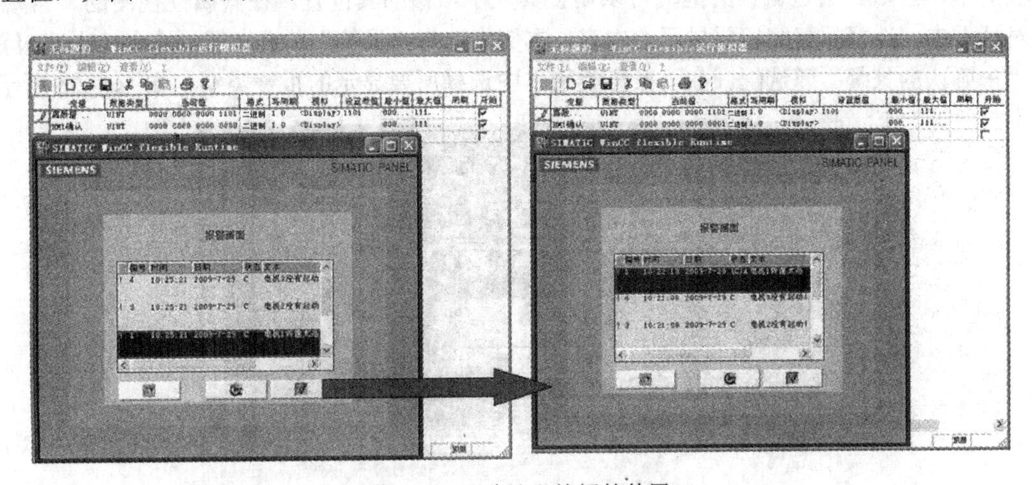

图 5-23　“确认”按钮的使用

在运行的报警视图中，选中另外一条报警信息“电机 2 没有起动！”后，单击“确认”按钮，可以看到该条报警信息被确认，变量“HMI 确认（MW26）”中的第二位 M27.2 被置位。由于报警信息“电机 3 没有起动！”和“电机 2 没有起动！”同属于确认组 2，因此报警信息“电机 3 没有起动！”也被确认，与此同时，变量“HMI 确认（MW26）”中的第三位 M27.3 被置位，如图 5-24 所示。确认组的具体组态设置见 5.2.1 节。

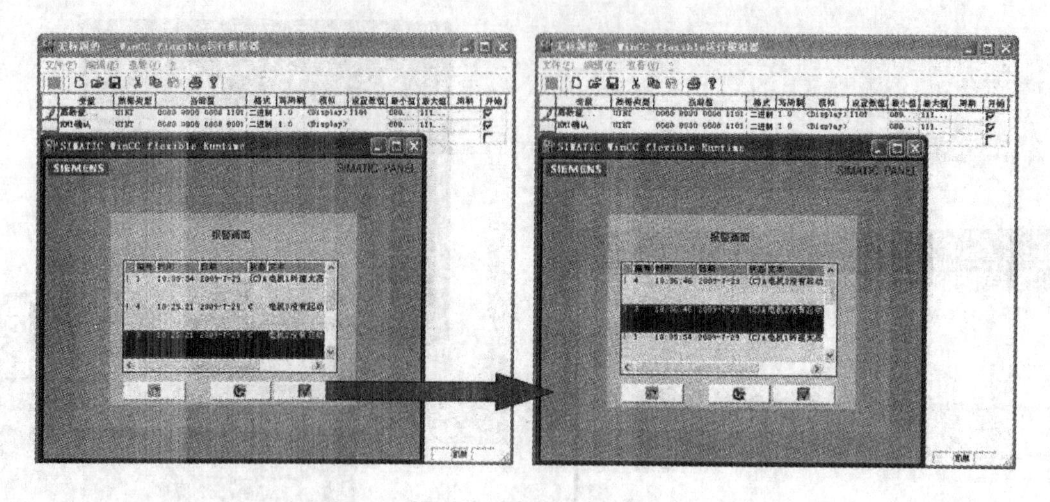

图 5-24　确认组的使用

5.3.3　组态报警窗口

报警除了可以在 HMI 设备的报警视图中显示以外，还可以在报警窗口中显示。报警窗口的组态与报警视图的组态方法基本一致，不同的是，报警窗口只能在画面模板中组态，独立于过程画面；通过组态，可以将报警窗口设置为接收到新的、未确认的报警就自动显示报警窗口，使其只能在所有报警都经确认后才关闭。

下面介绍组态报警窗口的步骤，这里主要介绍与报警视图不同的组态设置。

1）打开画面模板，使用工具箱中的“增强对象”，选择“报警窗口”，将其拖放到画面模板的基本区域。通过鼠标的拖动可以调整其大小，移动其位置。在其属性视图的“常规”类对话框中，选择报警窗口要显示的内容，本例中选择“报警”单选按钮，选中“未决报警”和“未确认的报警”复选框。在“报警类别”中选择所要显示的报警类别，如图 5-25 所示。

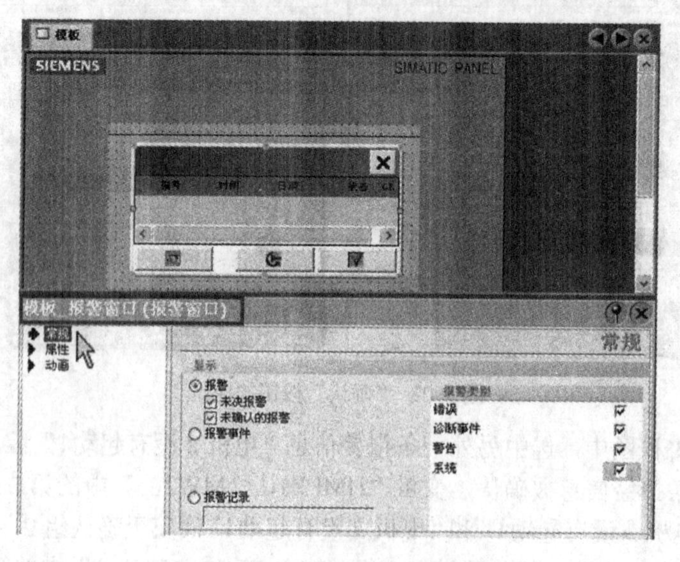

图 5-25　报警窗口的常规组态

2）在报警窗口属性视图的“属性”类的“模式”对话框中，可以设置该报警窗口的模式。当接收到新的、未确认的报警时，自动显示报警窗口，只有在所有报警都经确认后才关闭，本例中需要选中“自动显示”和“可关闭”复选框，如图 5-26 所示。

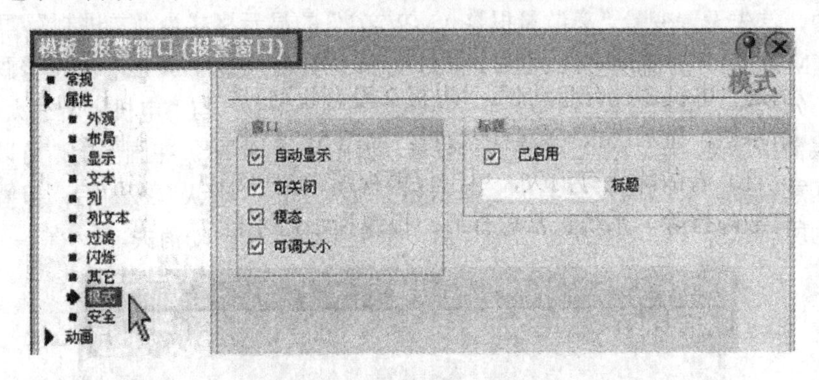

图 5-26　报警窗口的模式组态

5.3.4　组态报警指示器

报警指示器用于指示报警处于未决状态或要求确认状态。报警指示器有两种状态，其中闪烁表示至少存在一条未确认的报警；静态表示报警已被确认，但是至少有一条报警事件尚未消失。报警指示器只能在画面模板中组态。

组态报警指示器的步骤如下：

1）打开画面模板，使用工具箱中的“增强对象”，选择“⚠报警指示器”，将其拖放到画面模板的基本区域。通过鼠标的拖动可以调整其大小，移动其位置。

2）在报警指示器属性视图的“常规”类对话框中，激活全部报警类别，如图 5-27 所示。

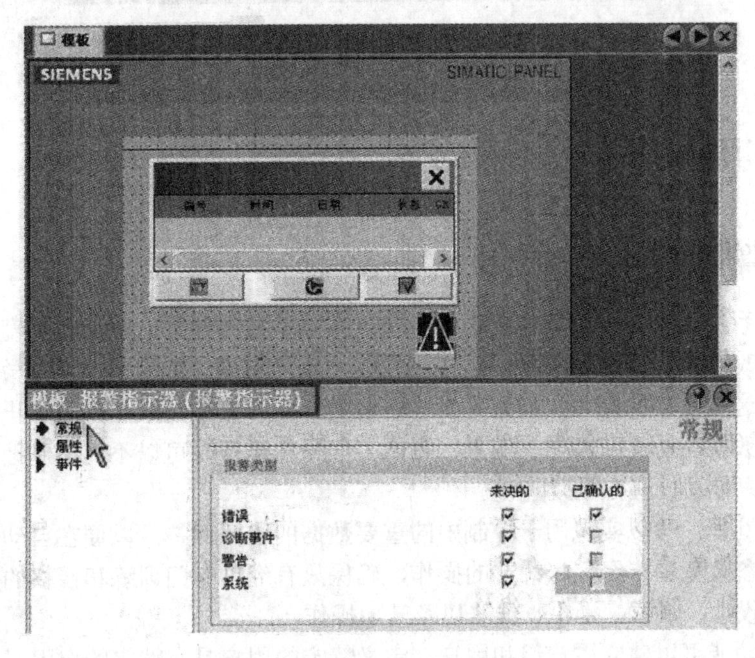

图 5-27　报警指示器的常规组态

5.3.5 报警指示器的模拟运行

单击 WinCC flexible 工具栏中的 按钮，启动带模拟器的运行系统，开始离线模拟运行。在模拟器中，首先设置变量“离散量报警（MW20）”的显示格式为“二进制”，再将变量“离散量报警（MW20）”的值设置为“0000 0000 0000 1101”。这时，可以看到报警画面出现 3 条报警信息，分别是“电机 3 没有起动！”、“电机 2 没有起动！”与“电机 1 转速太高”。同时出现闪动的报警指示器，显示出报警信息的数量，如图 5-28 所示。在画面上，可以将报警指示器拖动到任意位置。若故障没有消失，单击报警视图中的“确认”按钮后，报警指示器停止闪动。直到所有故障排除，系统正常运行后，报警指示器才自动消失。

图 5-28 运行中的报警指示器

5.4 用户管理

5.4.1 用户管理的概念

在自动化系统运行时，可能需要设置或修改某些重要的参数，如修改温度、转速或时间的设定值，修改 PID 控制器的参数，创建新的配方数据记录，或者修改已有数据记录中的条目等。显然，这些重要的操作只能允许某些指定的专业人员来完成，必须防止未经授权的人员对这些重要数据的访问和操作。例如，调试工程师在运行时可以不受限制地访问所有的变量，而操作员只能访问指定的功能键。

通过用户管理，可以实现用于控制中的重要数据的访问保护，以便在自动化系统运行时保护这些重要参数免受未经授权许可的操作，确保只有经过专门训练和授权的人员才能对机器和设备进行设计、调试、操作、维修以及其他操作。

用户管理功能可以建立用户组和用户，定义特定的用户具有特定的权限，为不同权限的用户定义不同的操作与数据访问的权利。任何使用 HMI 设备的人员必须通过其用户名和口令登录。

5.4.2 用户管理的结构

用户管理涉及两部分：用户组和用户。

- 用户组：拥有指定的访问权限。
- 用户：属于某个用户组，因此被分配了该用户组的权限。一个用户只能属于某一个用户组。

在用户管理中，权限不是直接分配给用户的，而是分配给用户组。通过设置用户所隶属的用户组可以使该用户获得其所在用户组的所有权限，如图 5-29 所示。这样使管理变得更为系统化、高效化。

另外，对用户的管理和权限的分配是分开的，这样就使得操作员对系统的访问具有很强的灵活性。

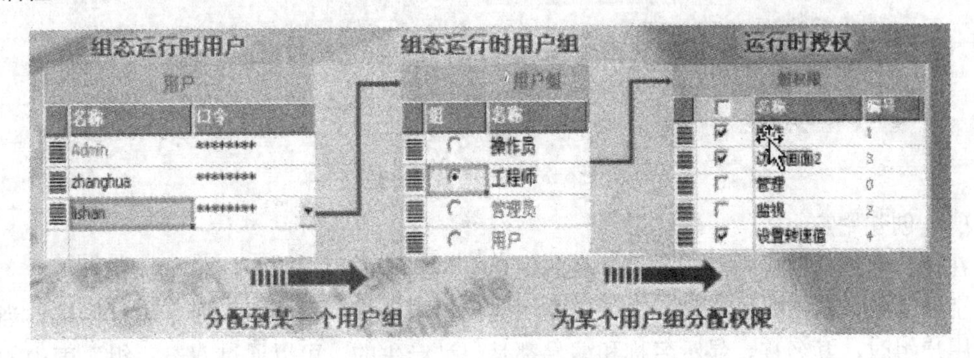

图 5-29 用户管理的结构

5.4.3 组态用户管理

在项目视图的“运行系统用户管理”文件夹中有 3 个选项，分别是“组”、“用户”与“运行系统安全性设置”，如图 5-30 所示。

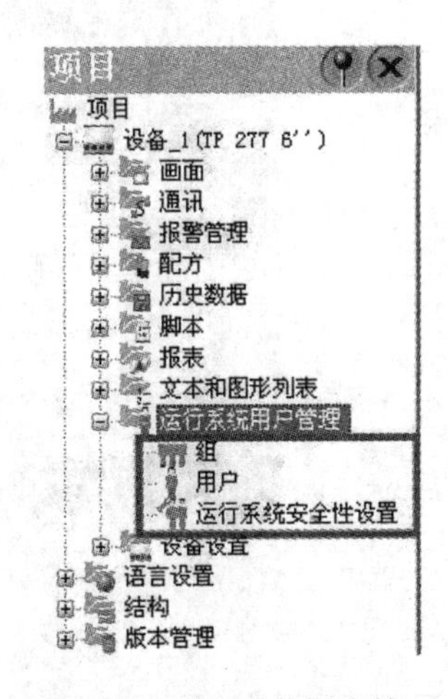

图 5-30 运行系统用户管理

根据用户管理的结构，组态时首先需要创建用户组、创建组权限、为用户组分配组权限；其次创建用户、为用户分配用户组。在组编辑器中，为各用户组分配特定的访问权限。在用户编辑器中，将各用户分配到用户组，并获得不同的权限。还可以对运行系统的安全性进行设置。

下面来介绍组态用户管理的具体步骤。新建一个项目，选择 HMI 设备为 TP270 6" Touch。生成两个画面，分别为“画面_1”、“画面_2”。定义“画面_1”为初始画面。在变量表中创建以下变量，见表 5-3。

表 5-3　变量表

变 量 名 称	数 据 类 型	地　　址
变量_1	Int	DB1.DBW0
变量_2	String	

1．创建用户组、创建组权限、为用户组分配组权限

在项目视图的“运行系统用户管理”文件夹中，双击“组”选项，打开用户组编辑器。在用户组编辑器中有两个部分，分别是“组”表、“组权限”表。“组”表中列出了现有的用户组，“管理员”和“用户”是项目的默认用户组，不可改变。“组权限”表中列出了系统中现有的所有权限。为每个用户组分配不同的权限是通过选择“组权限”表中的复选框实现的，“管理员”组拥有所有权限，可以在运行时不受限制地访问用户视图中的所有用户，如图 5-31 所示。

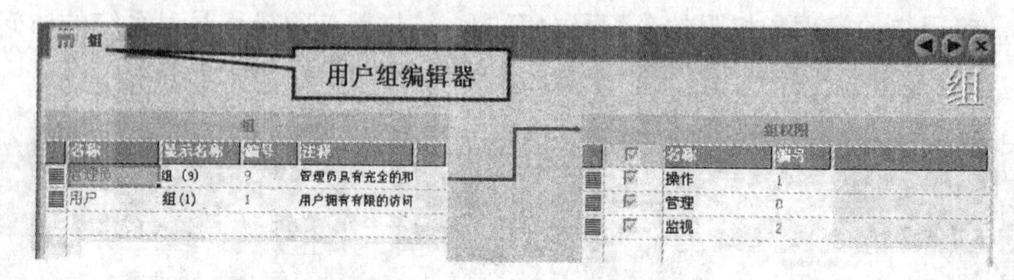

图 5-31　用户组编辑器

（1）创建用户组

在用户组编辑器中，双击“组”表的空白行创建新的用户组，或将鼠标指针放在“组”表的空白行处，单击鼠标右键，在弹出的快捷菜单中选择“添加组”命令进行创建。当创建新的用户组时，其名称、显示名称和编号都是自动产生的，可以通过双击“组”表中的“名称”进行修改，或在其属性视图的“常规”对话框中的“名称”文本框中进行修改，如图 5-32 所示。组的编号越大，其权限就越高。在本例中，新建两个用户组，分别是“操作员”、“工程师”。

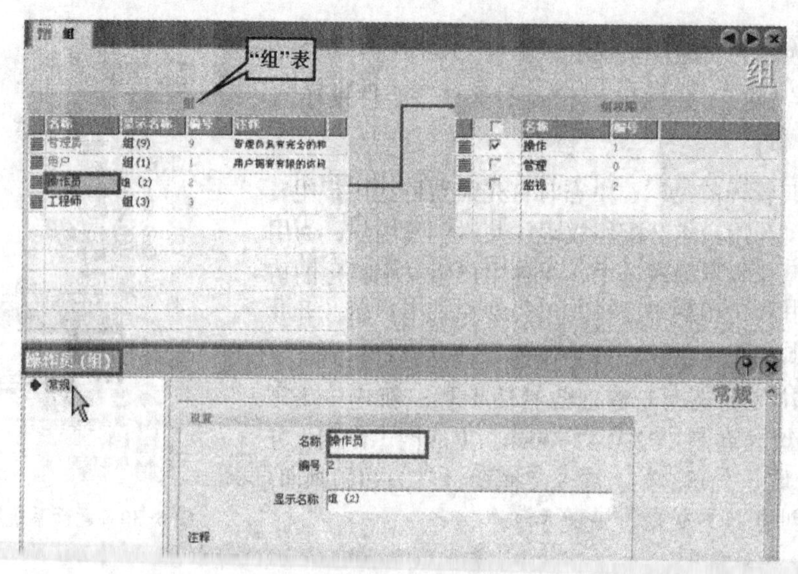

图 5-32　添加用户组

（2）添加组权限

在用户组编辑器中，双击“组权限”表的空白行添加权限，或将鼠标指针放在“组权限”表的空白行处，单击鼠标右键，在弹出的快捷菜单中选择“添加运行系统权限”命令进行创建。当添加权限时，其名称和编号都是自动产生的，可以通过双击“组权限”表中的“名称”进行修改，或在其属性视图的“常规”类对话框中的“简称”文本框中进行修改，如图 5-33 所示。在本例中，添加两个权限，分别是“访问画面 2”、“设置转速值”。

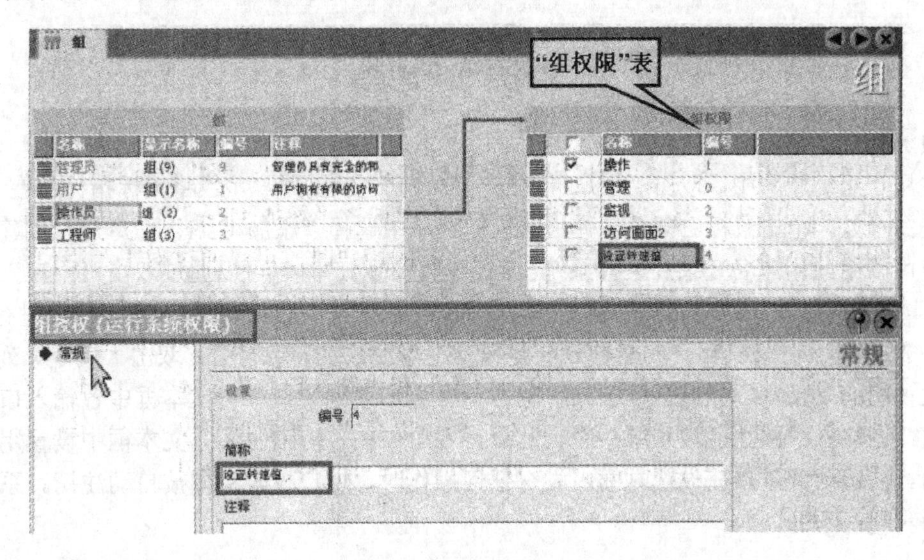

图 5-33　添加权限

（3）为用户组分配组权限

在用户组编辑器中，选中某一用户组后，通过在其右侧的“组权限”表中激活复选框即可为其分配权限。在本例中，为“操作员”组分配的权限为“操作”和“访问画面 2”；为“工程师”组分配的权限为“操作”、“访问画面 2”和“设置转速值”，如图 5-34 所示。

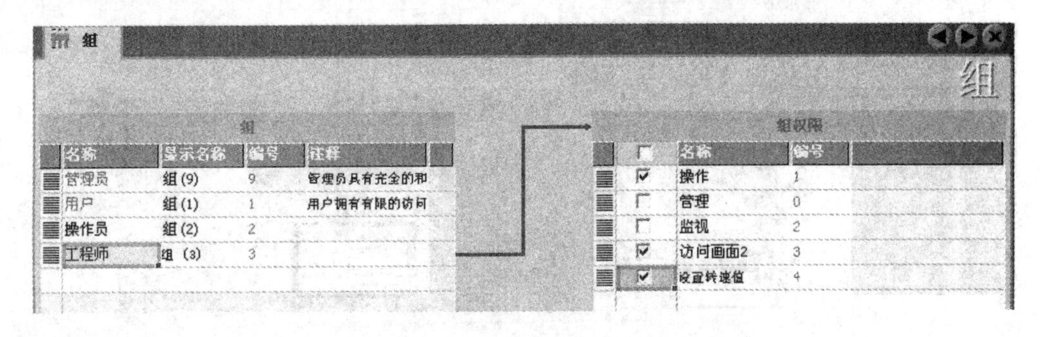

图 5-34　为用户组分配权限

2．创建用户、为用户分配用户组

在项目视图的“运行系统用户管理”文件夹中，双击“用户”，打开用户编辑器。在用户组编辑器中有两个部分，分别是“用户”表、“用户组”表。“用户”表中列出了现有的用户，“Admin”是项目的默认用户，不可改变。“用户组”表中列出了系统中现有的用户组。为每个用户分配不同的组是通过选择“用户组”表中的单选按钮来实现的，系统默认“Admin”

用户分配在管理员组，如图 5-35 所示。

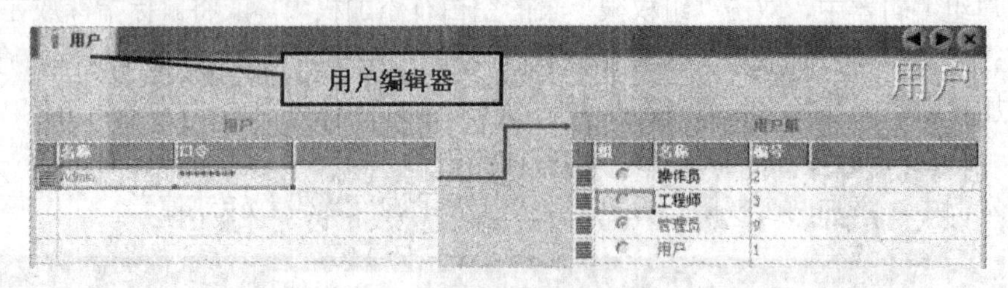

图 5-35　用户编辑器

（1）创建用户

在用户组编辑器中，双击“用户”表的空白行创建新的用户，或将鼠标指针放在“用户”表的空白行处，单击鼠标右键，在弹出的快捷菜单中选择“添加 User”命令进行创建，以便该用户可以用此用户名登录到运行系统。当创建新的用户时，可以通过双击“用户”表中的“名称”列进行修改，或在其属性视图的“常规“类对话框中的“名称”文本框中进行修改，如图 5-36 所示。注意：用户的名称只能为包括字母和数字的字符串。双击“口令”列，或在其属性视图的“常规”类对话框中的“输入口令”和“确认口令”文本框中各输入口令，只有两次口令输入一致才能被系统接受。此外，还可以在“注销时间”文本框中设置用户的注销时间。注销时间是指在设置时间内没有任何操作时，用户权限将会被自动注销。系统默认的注销时间是 5min。

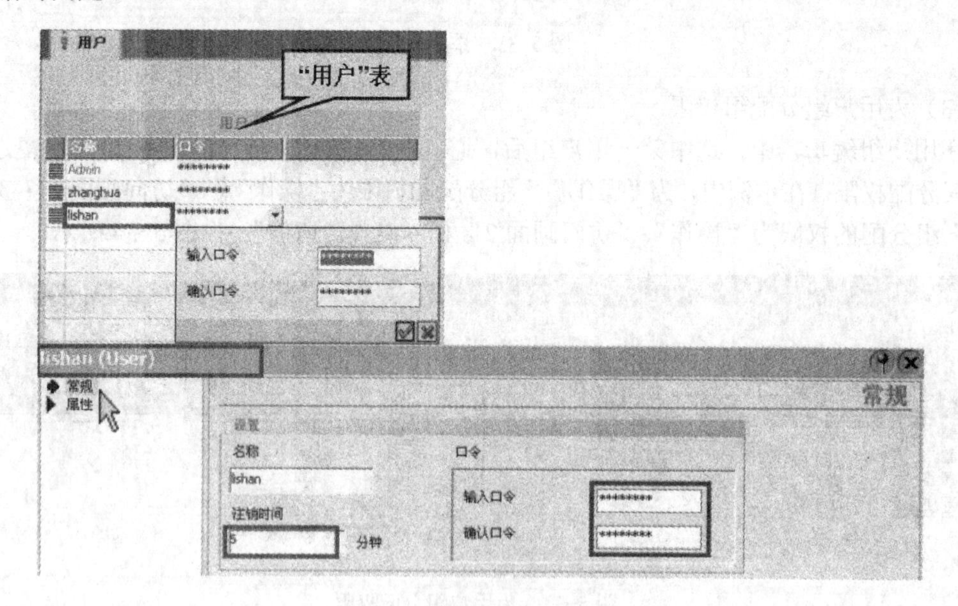

图 5-36　创建新的用户

在本例中，创建两个用户，分别是“zhanghua”、口令为“1111”，“lishan”、口令为“2222”。“Admin”的口令设置为“0000”。

（2）为用户分配用户组

在用户组编辑器中，选中某一用户后，通过在其右侧的“用户组”表中选择单选按钮即可为其分配用户组。在本例中，“zhanghua”分配在“操作员”组，“lishan”分配在“工程师”

组，如图 5-37 所示。

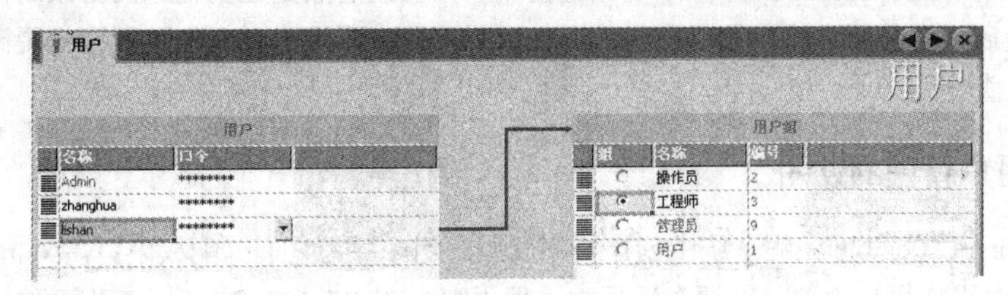

图 5-37　分配用户所在的用户组

3. 运行系统安全性设置

在项目视图的“运行系统用户管理”文件夹中，双击“运行系统安全性设置”，进入“运行系统安全性设置”对话框进行系统安全性设置，如图 5-38 所示。

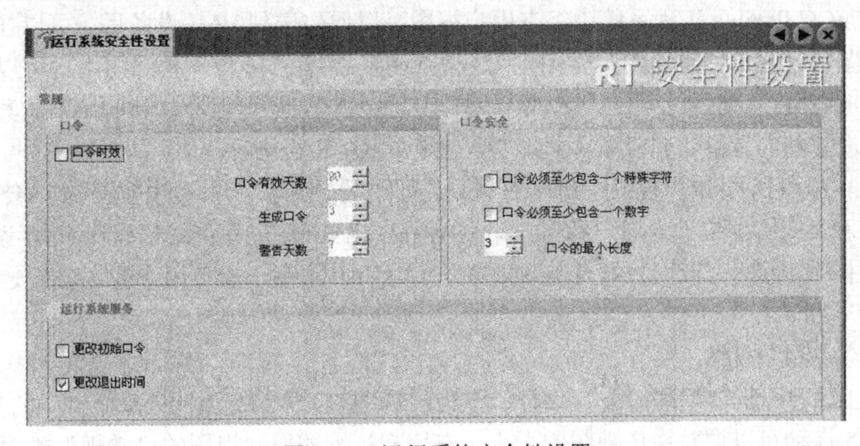

图 5-38　运行系统安全性设置

用户可以设置如下属性：

（1）口令时效

- 口令有效天数：用来设置口令到期之前可以使用的天数，范围为 1～365 天。
- 生成口令：设置系统需要记忆的生成口令的数目，用来避免重复使用先前已经使用过的口令，范围为 1～5 个。
- 警告天数：警告用户当前口令到期前剩余的天数。

（2）口令安全

- 口令必须至少包含一个特殊字符：选中该复选框，在任何情况下，用户都必须输入至少包含一个特殊字符的密码。
- 口令必须至少包含一个数字：选中该复选框，在任何情况下，用户都必须输入至少包含一个数字的密码。
- 口令的最小长度：用户必须输入一个最小长度为“口令的最小长度”微调框中指定的长度密码。用户可将密码长度设置为 3～24 个字符。

（3）运行系统服务

- 更改初始口令：若激活该复选框，则用户必须在首次登录时更改管理员分配的口令。
- 更改退出时间：指定每个用户是否能修改其退出时间，是否需要管理员权限才能修改注销时间。退出时间是指系统在当前用户下，没有收到任何输入的持续时间。此时间过后，当前用户将自动退出系统。如果用户更改了退出时间，则所作的更改将记录在检查跟踪中。

5.4.4 用户管理的使用

在 WinCC flexible 工程系统中创建用户和用户组，并为它们分配权限。在 WinCC flexible 工程系统中组态用户视图，以便在运行时管理用户。在 WinCC flexible 工程系统中可为对象组态权限。在传送到 HMI 设备后，所有组态了权限的对象会得到保护以免在运行时受到未授权的访问。

1. 用户视图在用户管理中的应用

（1）用户视图的作用

在 WinCC flexible 工程系统中组态用户视图，以便传送到 HMI 设备后，可以在运行中通过用户视图管理用户。访问用户视图也受权限限制。拥有“管理”权限的用户可以不受限制地访问用户视图，管理所有用户，改变其用户 ID 和密码，还可以添加新的用户。其他用户只拥有对用户视图的有限访问权限，只能管理自己的 ID 和密码等。

注意：在运行时，用户视图中所作的更改立即生效。在运行时，所作的更改不会在 WinCC flexible 工程系统中更新。当用户和用户组从 WinCC flexible 工程系统传送到 HMI 设备时，在用户视图中所作的所有改变将被覆盖。此外，有些 HMI 设备不支持用户视图，仅支持“登录”和“退出”功能。

（2）组态用户视图

使用工具栏中的“增强对象”，选择“ 用户视图”，将其拖放到“画面_1”的基本区域，通过鼠标的拖动可以调整用户视图的大小。在用户视图的属性视图的“常规”类对话框中，设置类型为“扩展的”，行数为“4”，还可以设置表头和表格的颜色和字体，如图 5-39 所示。

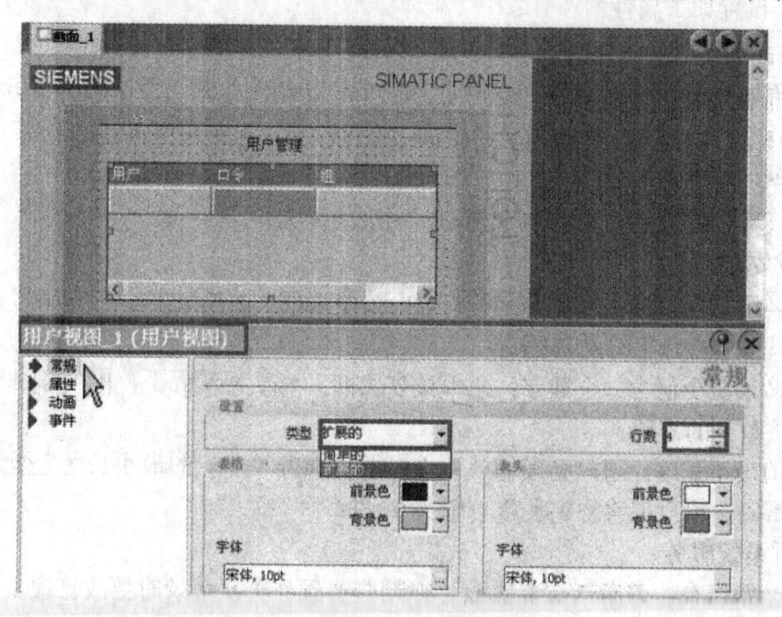

图 5-39　组态用户视图的常规属性

2．组态具有访问保护的对象

通过对画面中的对象组态授权，可以保护对该对象的访问。只有具有该授权的用户才能访问该对象。当没有授权的用户试图操作该对象时，系统将自动显示“Log on（登录）”对话框，如图 5-40 所示。例如，在运行时用户访问一个对象，单击一个按钮，系统首先判断该对象是否受到访问保护。如果没有访问保护，则操作被执行。如果该对象受到保护，系统首先确认当前登录的用户属于哪一个用户组，并将该用户组的权限分配给用户，然后根据用户所拥有的权限判断操作是否有效。

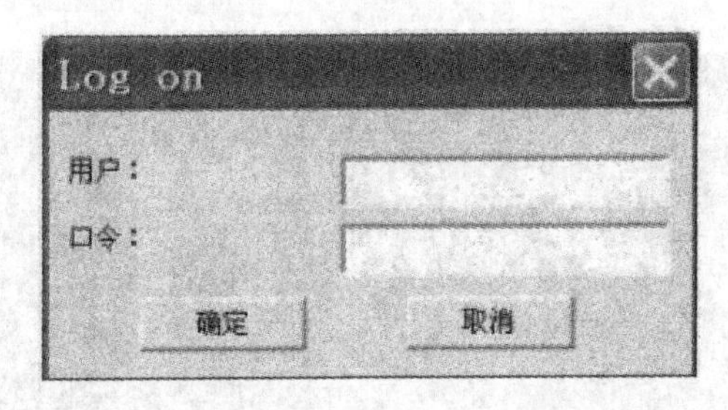

图 5-40 “Log on”对话框

（1）按钮的访问保护

在画面_1 中创建一个“访问下一页画面”按钮，单击该按钮时所执行的系统函数为“画面”文件夹中的“ActivateScreen（切换到指定画面）”，在画面号中设置为“画面_2”。在该按钮的属性视图的“属性”类的“安全”对话框中，在“权限”下拉列表框中选择“访问画面_2”。激活“启用”复选框，才能在运行系统时对该按钮进行操作，如图 5-41 所示。

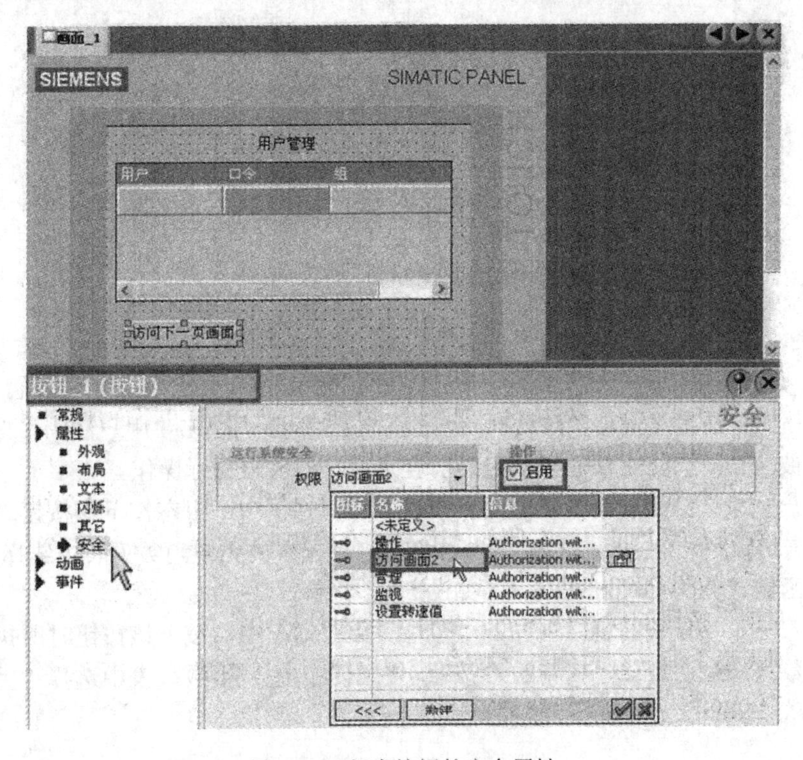

图 5-41 组态按钮的安全属性

（2）输入域的访问保护

在画面_2 中创建一个 I/O 域，将其“模式”设置为“输入/输出”。将该 I/O 域对象所连接的“变量”都设置为“变量_1（DB1.DBW0）”，设置其“格式类型”为“十进制”，“格式样式”为“9999”。在该 I/O 域的属性视图的“属性”类的“安全”对话框中，在“权限”下拉列表框中选择“设置转速值”。激活“启用”复选框，才能在运行系统时对该 I/O 域进行操作，如图 5-42 所示。

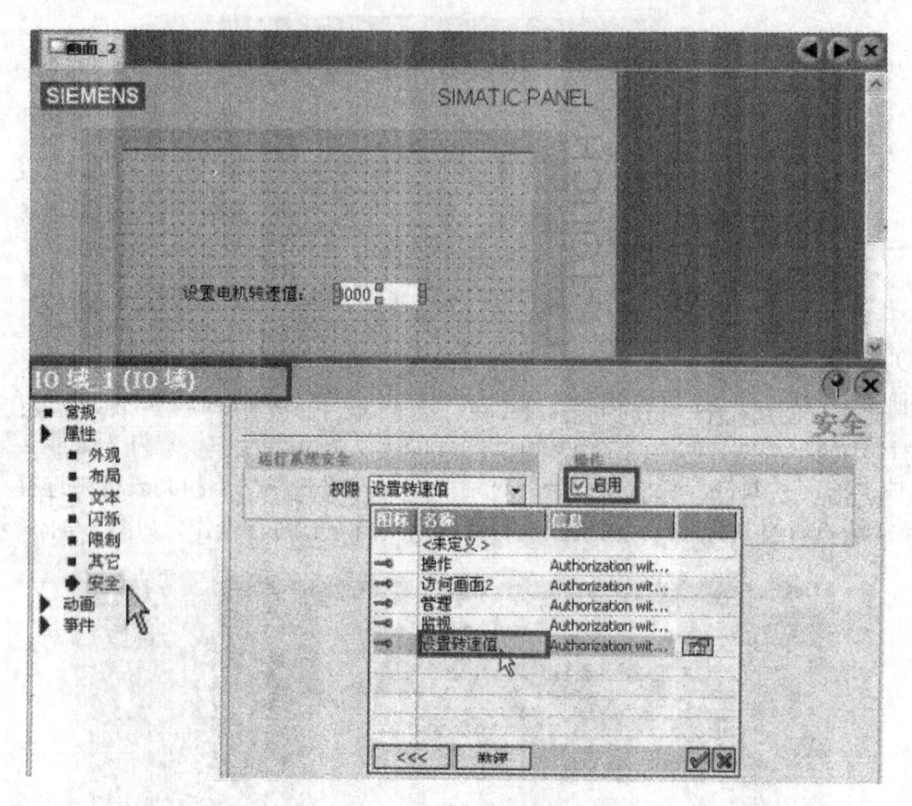

图 5-42　组态 I/O 域的安全属性

3．其他

在画面_1 中创建与用户视图配套使用的“用户登录”和“用户注销”按钮。当单击“用户登录”按钮时，显示“登录”对话框，如图 5-40 所示。当单击“用户注销”按钮时，当前登录的用户被注销，以防止其他人利用当前登录用户的权限进行操作。

在“用户登录”按钮的属性视图的“事件”类对话框中，组态按下该按钮时所执行的系统函数。单击函数列表最上面一行右侧的▼按钮，在出现的系统函数列表中选择“用户管理”文件夹中的函数“ShowLogonDialog”，如图 5-43 所示。

在“用户注销”按钮的属性视图的“事件”类对话框中，按下该按钮时所执行的系统函数。单击函数列表最上面一行右侧的▼按钮，在出现的系统函数列表中选择“用户管理”文件夹中的函数“Logoff ”，如图 5-44 所示。

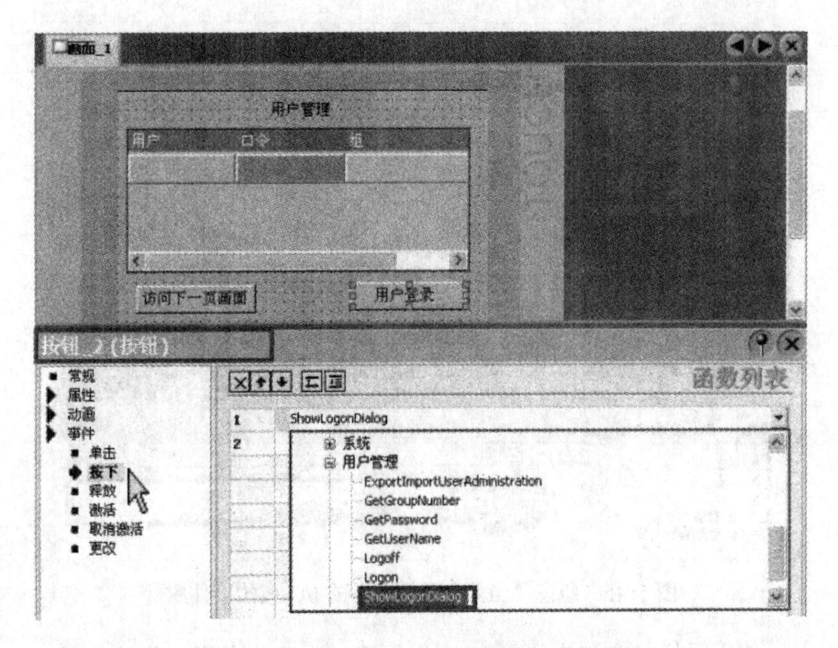

图 5-43　组态“用户登录”按钮的事件属性

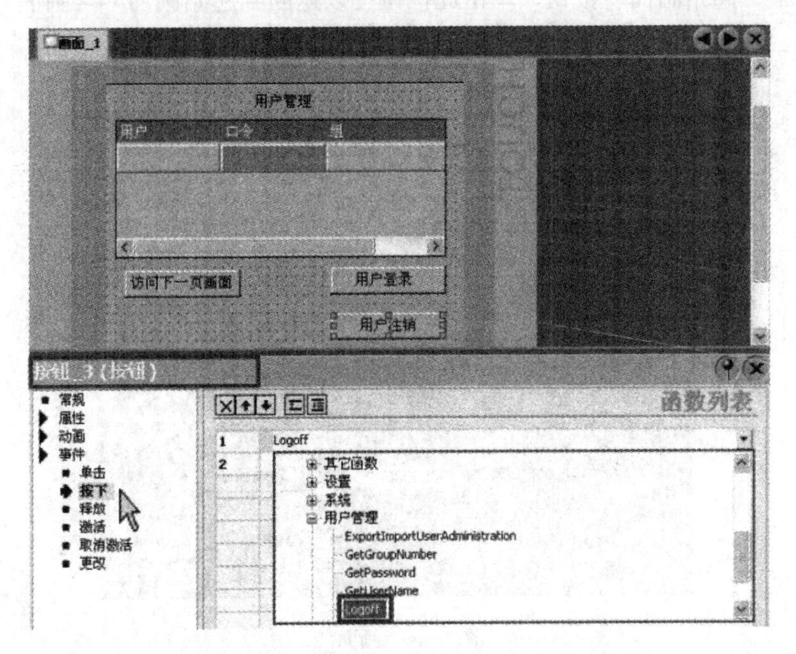

图 5-44　组态“用户注销”按钮的事件属性

在画面_1 中创建一个“当前登录用户”的 I/O 域，用来显示当前登录用户的名称。

将“当前登录用户”的 I/O 域的“模式”设置为“输入/输出”。将该 I/O 域对象所连接的“变量”都设置为“变量_2”，设置其“格式类型”为“字符串”，“字符串长度”为“8”。在该 I/O 域的属性视图的“事件”类的“激活”对话框中，组态按下该按钮时所执行的系统函数。单击函数列表最上面一行右侧的▼按钮，在出现的系统函数列表中选择“用户管理”文件夹中的函数“GetUserName”，选择连接“变量_2”，如图 5-45 所示。

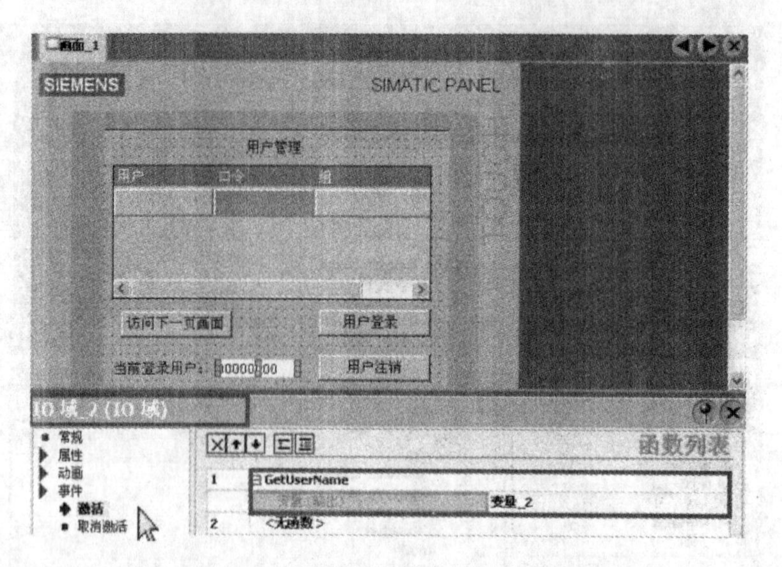

图 5-45　组态“当前登录用户”的I/O域的事件属性

在本例中，使用同样的方法在画面_2 中也创建一个“当前登录用户”的 I/O 域。此外，还需创建一个“起始画面”按钮，单击此按钮可以返回到起始画面——画面_1，如图5-46所示。

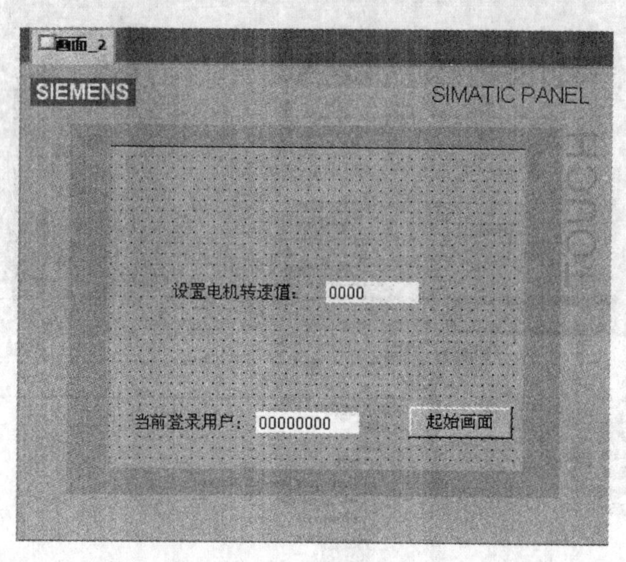

图 5-46　画面_2

5.4.5　用户管理的模拟运行

单击 WinCC flexible 工具栏中的按钮，启动带模拟器的运行系统，开始离线模拟运行。

单击用户视图，或单击“用户登录”按钮，都将出现“登录”对话框。在其中输入用户名“zhanghua”和口令“1111”，单击“确定”按钮后，“登录”对话框消失，输入过程结束。同时，在用户视图中出现用户“zhanghua”的登录信息，提示登录成功。此时，单击“当前登录用户”旁的 I/O 域，出现字符键盘。不输入任何信息，单击〈Enter〉键后返回该画面，可以看到 I/O 域中显示出登录用户的名称“zhanghua”，如图 5-47 所示。单击“用户注销”按钮，当前登录的用户将被注销。

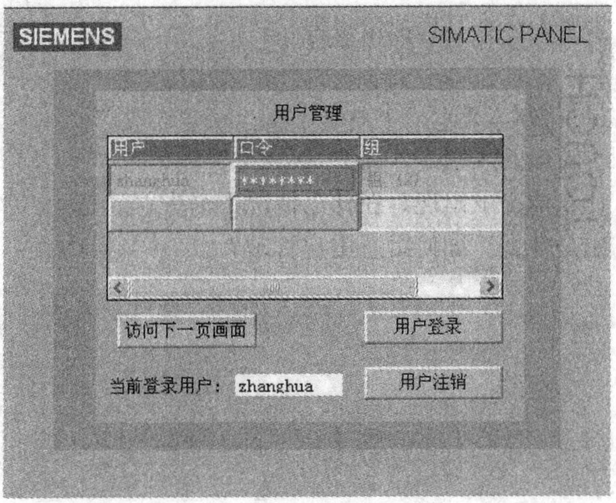

图 5-47　用户管理的模拟运行——画面_1

用户“zhanghua”成功登录后，单击“访问下一页画面”按钮后，进入到画面_2。由于用户“zhanghua”具有的权限是“访问画面 2”，而没有“设置转速值”权限，当其单击“设置电机转速值”旁的 I/O 域时，将出现“登录”对话框，要求具有“设置转速值”权限的用户登录。

在“登录”对话框中输入用户名“lishan”和口令“2222”，单击“确定”按钮后，成功登录。由于该用户具有“设置转速值”权限，故可以设置电机的转速值。

若在“登录”对话框中输入用户名“Admin”和口令“0000”，单击“确定”按钮后，拥有管理权限的管理员用户成功登录。这时，用户视图中将显示所有的用户名和口令，如图 5-48 所示。管理员可以改变每个用户的用户名和口令，还可以创建新用户，并将其分配到现有的用户组中。而其他用户只拥有对用户视图的有限访问权限，只能更改自己的用户名、口令与注销时间。

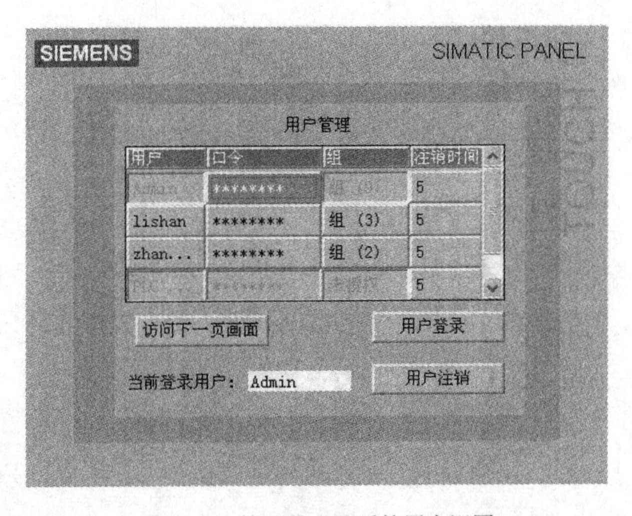

图 5-48　管理员登录后的用户视图

5.5 练习题

1. 什么是离散量报警？什么是模拟量报警？
2. 报警如何显示？
3. 如何组态离散量报警？
4. 报警视图与报警窗口的区别是什么？
5. 报警指示器在什么情况下出现？在什么情况下消失？
6. 用户管理的作用是什么？如何组态用户管理？

第6章　历史数据与趋势视图

6.1　历史数据

历史数据也被称为归档系统，可以记录来自工业现场中自动化系统的历史数据，从而方便用户对故障和运行状况进行分析和处理，对系统和工业工程进行检测和控制，提取必要的信息，从而优化维护周期、提高产品质量和确保符号质量标准。

历史数据分为两种类型。

- 数据记录（过程值归档）。
- 报警记录（消息归档）。

6.1.1　数据记录

1．数据记录的概念

数据是指在生产过程中采集，并保存在 HMI 设备或与 HMI 设备相连接的控制器的存储器中的过程值或测量值。该数据反应了设备的状态，如设备的温度或电机的状态、速度等。要使用过程变量（测量值），必须在 WinCC flexible 中定义变量。

数据记录用于获取、处理和记录工业设备的过程数据。用户可以分析采集的过程数据，以提取关于设备运行状态的重要商务和技术信息。

WinCC flexible 可以为每一个变量指定一个数据记录，将外部变量和内部变量的值保存在该数据记录中。外部变量用于采集过程值，访问读取与 HMI 设备连接的控制器的存储器。内部变量与外部设备没有联系，只能在其所对应的 HMI 设备内使用。

根据 HMI 设备的硬件配置，数据可以记录在本地计算机的硬盘上，或 HMI 设备的存储卡上，或网络驱动器（如果存在）上。保存的数据可以在其他程序中进行处理，如用于分析。

注意：只有 TP 270/OP 270 及以上的 HMI 设备才有数据记录功能。

下面来介绍应用数据记录的具体步骤。新建一个项目，选择 HMI 设备为 TP 270 6" Touch。在变量表中创建外部变量，名称为“变量_1”，数据类型为“Int”，地址为“DB1.DBW0”。生成和打开名为“画面_1”的画面，并将其定义为起始画面。在画面中，放入一个文本域，在其“常规”类的“文本”对话框中输入文字“电机 1 转速值”；放入一个 I/O 域，其“模式”设置为“输出”。将这个 I/O 域对象所连接的“变量”都设置为“变量_1”，设置其“格式类型”为“十进制”，“格式样式”为“9999”。

2．组态数据记录

（1）创建数据记录

在项目视图的“历史数据”文件夹中，双击“数据记录”，打开数据记录编辑器。双击数据记录编辑器的空白行，系统将自动创建一个新的数据记录，默认的数据记录名称为“Data_log_1”，该数据记录的“存储位置”、“路径”、“记录方法”、“记录数”等均为默认设置，用户可以根据需要进行修改。

（2）组态数据记录的常规属性

本例中，在该数据记录的属性视图的“常规”类对话框中，更改数据记录的名称为“电机 1 转速值记录”。设置其数据记录的存储位置为“文件”，路径为“\Storage Card\Logs”。若连接的是 HMI 设备，则默认的路径为“存储器卡”。当在 PC 上模拟运行时，系统会在计算机的 C 盘上创建默认的文件夹“\Storage Card\Logs”。选择该数据记录的数据记录数为“500”，如图 6-1 所示。

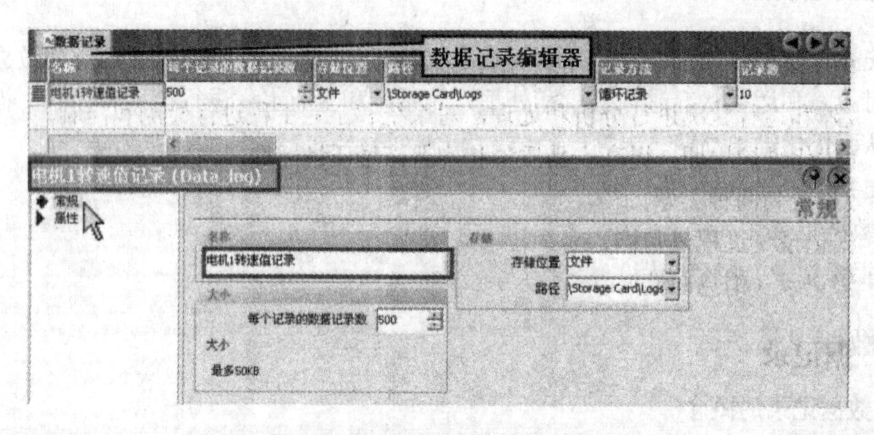

图 6-1　组态数据记录的常规属性

（3）组态数据记录的重启动作

在该数据记录的属性视图的“属性”类的“重启动作”对话框中，可以设置数据记录的启动特性。如果选择“运行系统启动时激活记录”复选框，则在运行系统启动时开始进行数据记录。如果选择“记录清零”单选按钮，则新的数据记录将覆盖原有的数据记录。如果选择“添加数据到现有记录的后面”单选按钮，则新的数据记录将添加到原有的数据记录之后。在本例中，其设置如图 6-2 所示。

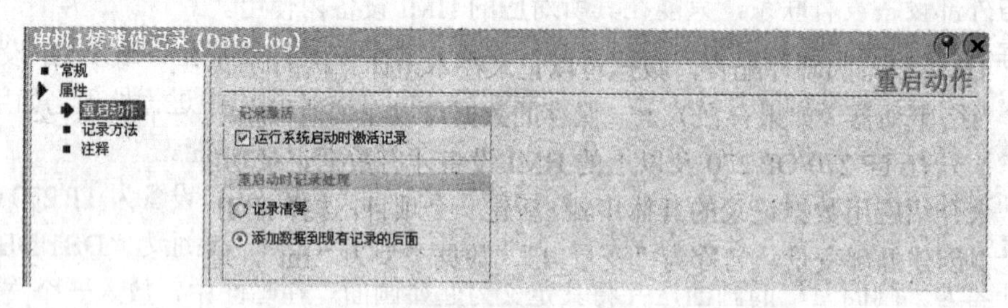

图 6-2　组态数据记录的重启动作

（4）组态数据记录的记录方法

在该数据记录的属性视图的“属性”类的“记录方法”对话框中，可以设置的记录方法有以下几种。

- 循环记录：当记录已满时，最早的数据记录将被最新的数据记录所覆盖。
- 自动创建分段循环记录：将整个记录分成具有相同大小的多个记录块，并逐个进行填充。当所有记录均完全填满时，最早的记录块将被覆盖。这里，可以设置记录块的记录条数。

● 显示系统事件于：当记录条数达到所定义的填充量时（默认为 90%），将触发系统报警。

● 上升事件：当记录完全填满时，将触发“溢出”事件，并且可以为事件组态其函数。

在本例中，将“记录方法”设置为“循环记录”，如图 6-3 所示。

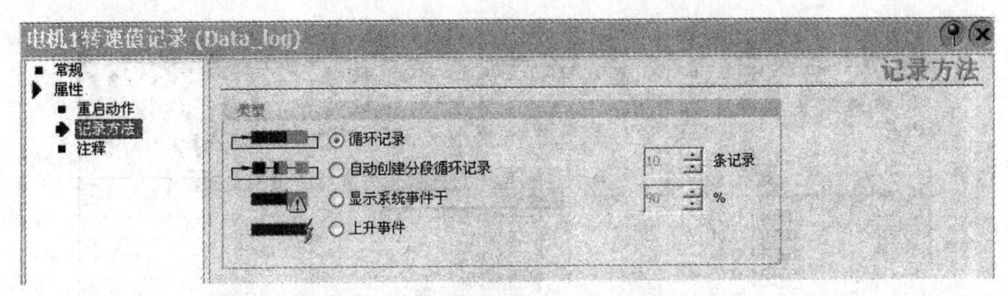

图 6-3　组态数据记录的记录方法

3．组态用于数据记录的变量

当数据记录创建组态完成后，还需要将该数据记录分配给某一个变量，将该变量的值保存在这个数据记录中。该数据记录将对运行时的变量值和其他信息（如记录值的时间）进行记录，以便用户对其进行分析与处理。

打开变量编辑器，在其属性视图的“属性”类的“记录”对话框中，或直接在变量表中设置变量所保存的数据记录的名称。在本例中，设置为“电机 1 转速值记录”。

在其属性视图的“属性”类的“记录”对话框中，或直接在变量表中设置变量记录采集的模式，有 3 种模式可选择。

● 变化时：当 HMI 设备检测到该变量的数值改变时，即对变量值进行记录。

● 根据命令：通过调用“LogTag”系统函数记录变量值。

● 循环连续：根据设置的记录周期来记录变量值。

在本例中，将“采集模式”设置为“变化时”，如图 6-4 所示。

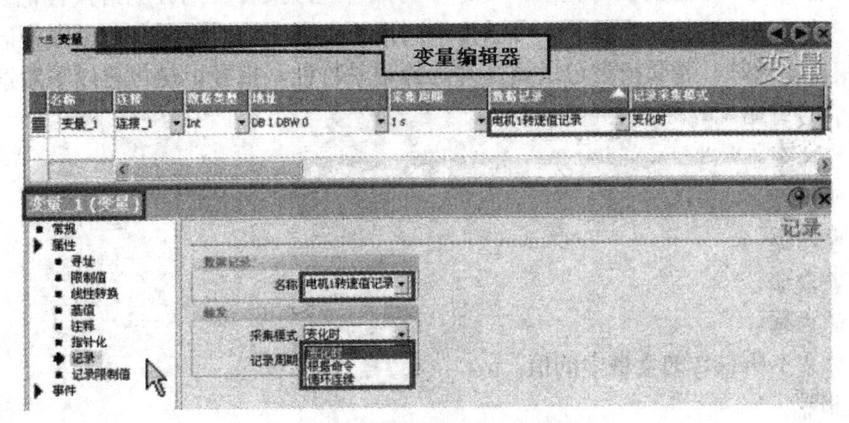

图 6-4　组态变量的记录属性

4．数据记录的模拟运行

单击 WinCC flexible 工具栏中的按钮，启动带模拟器的运行系统，开始离线模拟运行。在模拟器中，将变量“变量_1”的模拟模式设置为“随机”，设置其“最小值”为“0”，“最大值”为“1500”，选择“开始”进行模拟。这时可以看到，画面_1 中的“电机 1 转速值”的数值在随机地变化。

打开“C:\Storage Card MMC\Logs”文件夹，用户会发现与组态数据记录名称相同，但扩展名为“*.csv”格式的文件。在本例中，该文件是“电机 1 转速值记录 0.csv”。用 Excel 打开，可以看到该变量的变化已被如实记录下来，如图 6-5 所示。

Microsoft Excel - 电机1转速值记录0.csv [只读]

	A	B	C	D	E
1	VarName	TimeString	VarValue	Validity	Time_ms
2	±äÁ¿_1	2009-8-1 11:01	175	1	40026459152
3	±äÁ¿_1	2009-8-1 11:01	1138	1	40026459163
4	±äÁ¿_1	2009-8-1 11:01	474	1	40026459175
5	±äÁ¿_1	2009-8-1 11:01	1234	1	40026459186
6	±äÁ¿_1	2009-8-1 11:01	571	1	40026459198
7	±äÁ¿_1	2009-8-1 11:01	192	1	40026459210
8	±äÁ¿_1	2009-8-1 11:01	232	1	40026459221
9	±äÁ¿_1	2009-8-1 11:01	252	1	40026459233
10	±äÁ¿_1	2009-8-1 11:01	968	1	40026459244
11	±äÁ¿_1	2009-8-1 11:01	1172	1	40026459256
12	±äÁ¿_1	2009-8-1 11:01	1229	1	40026459268
13	±äÁ¿_1	2009-8-1 11:01	621	1	40026459279
14	±äÁ¿_1	2009-8-1 11:01	1274	1	40026459291
15	±äÁ¿_1	2009-8-1 11:01	510	1	40026459302
16	±äÁ¿_1	2009-8-1 11:01	933	1	40026459314

图 6-5 数据记录的结果

6.1.2 报警记录

1．报警记录的概念

报警是用来指示生产过程及其控制系统中出现或经常出现的事件或操作状态。报警记录用来记录报警事件，除了可以在 HMI 设备上显示外，还可以以报表的形式打印输出，以便作进一步的编辑和判断。注意：报警记录功能并不是在所有设备上都可用。

每条报警均属于特定的报警类别。要记录的报警通过报警类别分配给报警记录。组态报警类别时，输入要使用的报警记录，可以将不同报警类别中的报警存在一个报警记录中。

创建报警记录时，需要指定记录属性并选择记录特性。报警记录包含以下数据：

- 报警的日期和时间。
- 报警文本。
- 报警编号。
- 报警状态。
- 报警类别。
- 报警步骤。
- 报警文本所包含的变量中的值。
- 控制器。

2．组态报警记录

下面来介绍应用报警记录的具体步骤，以 5.2 节的项目为例。

在项目视图的“历史数据”文件夹中，双击“报警记录”，打开报警记录编辑器。双击报警记录编辑器的空白行，系统将自动创建一个新的报警记录，默认的报警记录名称为“Alarm_log”，该报警记录的“存储位置”、“路径”、“记录方法”、“记录数”等均为默认设置，用户可以根据需要进行修改。在本例中，更改报警记录的名称为“离散量报警记录”，如图 6-6 所示。

组态报警记录的方法与组态数据记录的方法类似。组态报警记录的常规属性、报警记录的重启动作与报警记录的记录方法，用户可参阅数据记录的组态方法。

此外，在报警记录属性视图的“属性”类的“设置”对话框中，可以选择“记录报警文本和出错位置”复选框，从而可以在每次记录报警时记录报警文本和出错位置信息，如图 6-6 所示。

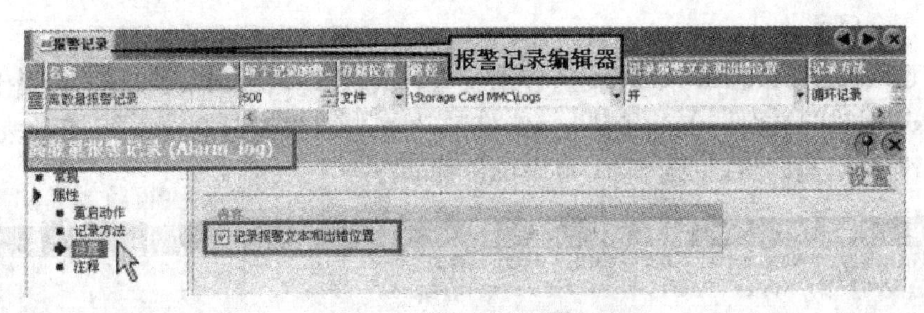

图 6-6　报警记录的属性设置

3. 组态用于报警记录的报警

当报警记录创建组态完成后，还需要将该报警记录分配给某些类别的报警。该报警记录将记录这些报警的时期和时间、报警文本、报警编号、报警状态等，以便用户查看项目中发生的报警，并对其进行相应的操作。

在本例中，将离散量报警编辑器中的“错误”类型的报警分配为“报警记录 1”。离散量报警的设置如图 5-9 所示。

4. 设置用于报警记录的报警类别

在项目视图中双击“报警管理/设置”文件夹中的“报警类别”，将打开报警类别编辑器。在“错误”行的“记录”列中，或在“错误（报警类别）”的属性视图的“属性”类对话框的“记录”中，单击右侧的按钮，在弹出的列表中选择报警记录的名称。在本例中，将该“记录”选择为“离散量报警记录”，如图 6-7 所示。

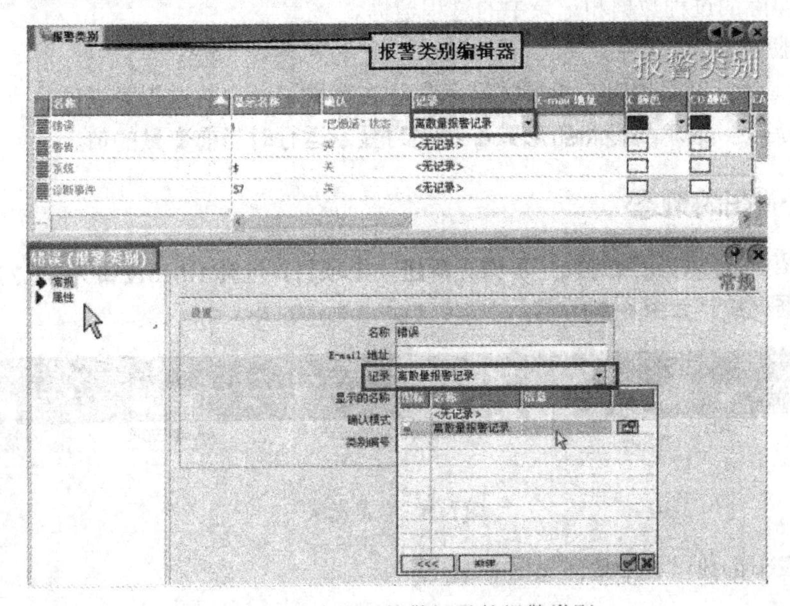

图 6-7　组态用于报警记录的报警类别

5. 报警记录的模拟运行

单击 WinCC flexible 工具栏中的 按钮，启动带模拟器的运行系统，开始离线模拟运行。在模拟器中，首先设置变量“离散量报警（MW20）”的显示格式为“二进制”，再将变量“离散量报警（MW20）”的值设置为“0000 0000 0000 1101”。这时，可以看到报警画面出现 3 条报警信息，分别是“电机 3 没有起动！”、“电机 2 没有起动！”与“电机 1 转速太高”。

打开 C:\Storage Card MMC\Logs 文件夹，用户会发现与组态报警记录名称相同，但扩展名为“*.csv”格式的文件。在本例中，该文件是“离散量报警记录 0.csv”。用 Excel 打开，可以看到报警信息已被如实记录下来，如图 6-8 所示。

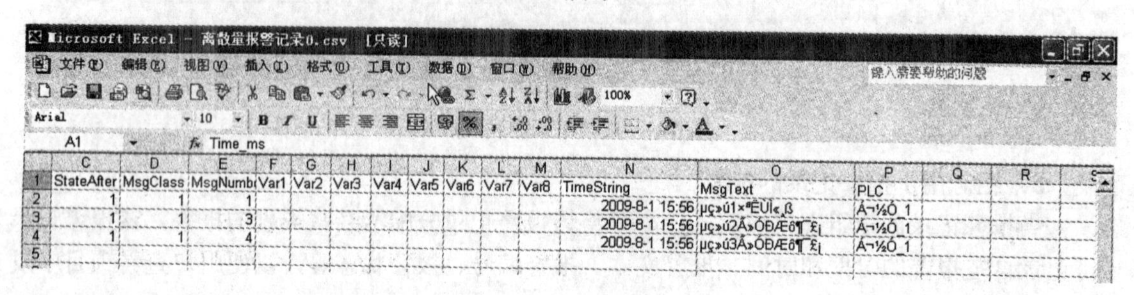

图 6-8 报警记录的结果

6.2 趋势视图

趋势是变量值的图形表示，以图形的方式显示了变量的一系列连续变化的值。为了显示趋势，可以在项目的画面中组态一个趋势视图。这样，在运行时，可以以趋势的形式将变量值输出到 HMI 设备的画面中。趋势是一种动态显示对象，如果 HMI 设备支持，趋势视图可以持续显示实际的过程数据和记录中的过程数据。

趋势一般分为以下两种。

- 历史趋势：以趋势视图的形式显示归档在数据记录中的过程数据值。
- 实时趋势：以趋势视图的形式在线实时显示运行时当前变量的值。

6.2.1 趋势视图的组态

下面介绍组态趋势视图的具体步骤。新建一个项目，选择 HMI 设备为 TP 270 10" Touch。建立一个数据记录，如图 6-9 所示。

图 6-9 数据记录

在变量表中创建以下变量，如图 6-10 所示。

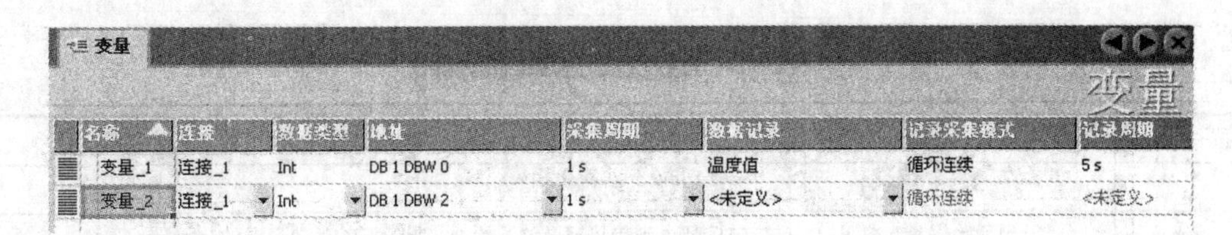

名称	连接	数据类型	地址	采集周期	数据记录	记录采集模式	记录周期
变量_1	连接_1	Int	DB 1 DBW 0	1 s	温度值	循环连续	5 s
变量_2	连接_1	Int	DB 1 DBW 2	1 s	<未定义>	循环连续	<未定义>

图 6-10 变量表

生成和打开名为“趋势视图”的画面，并将其定义为起始画面。在该画面中，放入一个文本域，在其“常规”类的“文本”对话框中输入文字“温度值:”；放入一个 I/O 域，其“模式”设置为“输入/输出”，将这个 I/O 域对象所连接的“变量”都设置为“变量_1”，设置其“格式类型”为“十进制”，“格式样式”为“999”。放入另一个文本域，在其“常规”类的“文本”对话框中输入文字“压力值:”；放入一个 I/O 域，其“模式”设置为“输入/输出”，将这个 I/O 域对象所连接的“变量”都设置为“变量_2”，设置其“格式类型”为“十进制”，“格式样式”为“999”。

使用工具栏中的“增强对象”，选择“趋势视图”，将其拖放到画面名称为“趋势视图”的基本区域，通过鼠标的拖动可以调整趋势视图的大小与位置。

1. 组态趋势视图的常规属性

在趋势视图的属性视图的“常规”对话框中，可以设置是否显示按钮工具、数值表的行数和字体的大小。“使用键盘在线操作”复选框可以设置在运行时，是否激活趋势视图的键盘操作。用复选框还可以选择是否显示数值表、标尺和数值表中的表格线。趋势视图中有一根垂直线称为标尺，趋势视图下方的数值表动态地显示趋势曲线与标尺交点处的变量值和时间值。注意：如果 HMI 设备上的显示尺寸小于 6"，则不会显示按钮工具。在本例中，该趋势视图的设置，如图 6-11 所示。

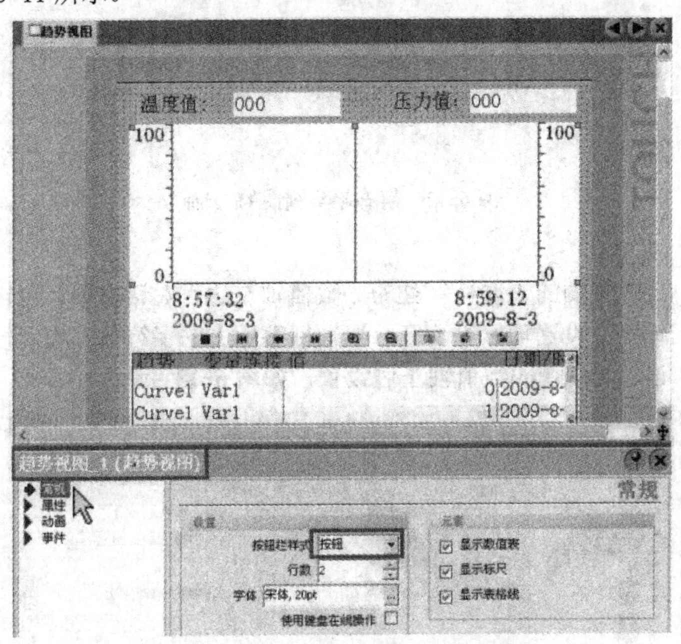

图 6-11 组态趋势视图的常规属性

趋势视图中按钮的功能说明，见表 6-1。

表 6-1　趋势视图中的按钮功能

按　钮	名　称	功　能
	“起动/停止”按钮	继续趋势记录或停止趋势记录
	“转到开始位置”按钮	向后翻页到趋势记录的开始处。显示开始趋势记录的起始值
	“放大”按钮	放大所显示的时间区域
	“缩小”按钮	缩小所显示的时间区域
	“标尺向后”按钮	将标尺向后移动
	“标尺向前”按钮	将标尺向前移动
	“向后”按钮	向后滚动一个显示宽度
	“向前”按钮	向前滚动一个显示宽度
	“标尺”按钮	显示或隐藏标尺。标尺显示相应位置的 X，Y 坐标值

2．组态趋势视图的坐标轴

（1）组态 X 轴

在趋势视图的属性视图的“属性”类的“X 轴”对话框中，可以设置 X 轴刻度显示的模式，选择“点”时，刻度使用百分比形式的数值，也可以选“变量/常量”和“时间”，一般设置为“时间”；可以设置趋势视图中曲线新值来源于“居右”或“居左”；可以设置是否显示坐标轴与标签；还可以设置 X 轴显示的时间间隔。在本例中，该趋势视图的 X 轴设置，如图 6-12 所示。

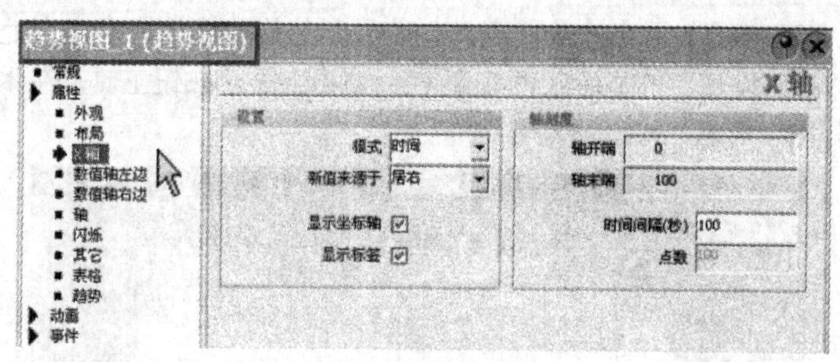

图 6-12　组态趋势视图的 X 轴

（2）组态数值轴左边

在趋势视图的属性视图的“属性”类的“数值轴左边”对话框中，可以设置是否显示数值轴左边的刻度与标签；设置轴标签长度，即轴标签所占的字符数；设置轴开端与轴末端的刻度。在本例中，该趋势视图的数值轴左边设置，如图 6-13 所示。

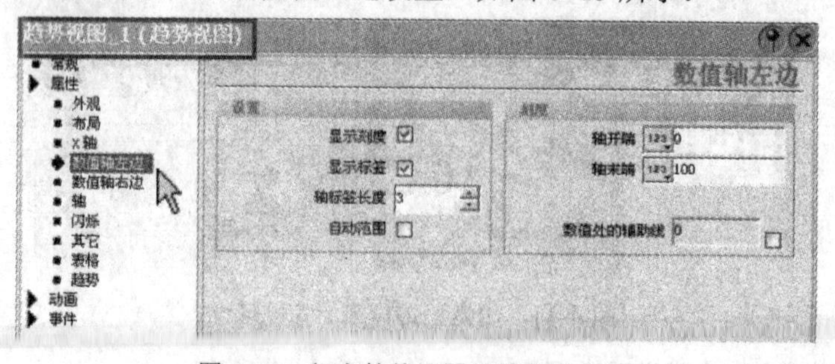

图 6-13　组态趋势视图的数值轴左边

数值轴右边的组态方法与此相同。

(3) 组态轴

在趋势视图的属性视图的“属性”类的“轴”对话框中，可以设置是否显示X轴、左侧数值轴与右侧数值轴标签；设置轴的增量与标记。增量是指轴上每两个相邻刻度之间的差值。标记是指轴上每隔几个刻度做一标记。在本例中，该趋势视图的轴设置，如图 6-14 所示。

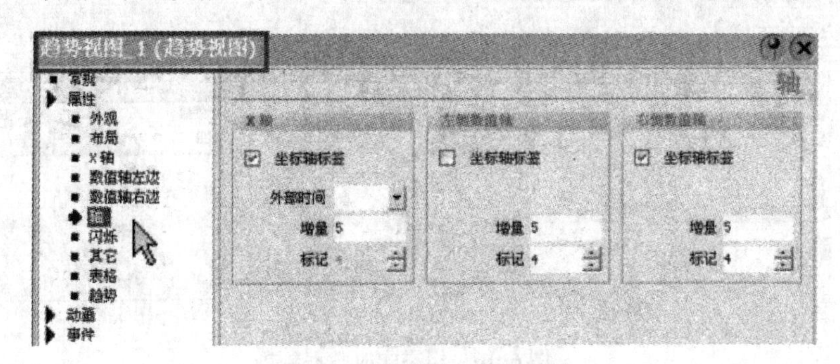

图 6-14　组态趋势视图的轴

3. 组态趋势视图的趋势

在趋势视图的属性视图的“属性”类的“趋势”对话框中，双击空白的行，即可创建一个新趋势。

对于每一个趋势曲线（见图 6-15），可以定义如下属性。

1）名称：定义或修改趋势曲线的名称。当创建新的趋势时，系统将分配一个具有连续编号的标准名称。系统默认第一条趋势曲线的名称为“趋势_1”。

在本例中，创建两个趋势，名称分别为“趋势_1”和“趋势_2”。

2）显示：设置趋势曲线的显示形式，分别有“棒图”、“步进”、“点”和“线”4 种形式。

3）线类型：设置趋势曲线的类型，有“划线”与“实线”两种。线类型仅在趋势曲线的显示方式为“线”时才可用。

4）棒图宽度（%）：以百分比表示的棒图宽度。棒图宽度仅在趋势曲线的显示方式为“棒图”时才可用。

5）采样点数：趋势视图内的趋势实例数。

6）显示限制线：启用或禁用限制线的显示。

7）趋势类型：设置趋势类型，共有“触发的缓冲区位”、“触发的实时循环”、“记录”和“实时位触发”4 种类型。

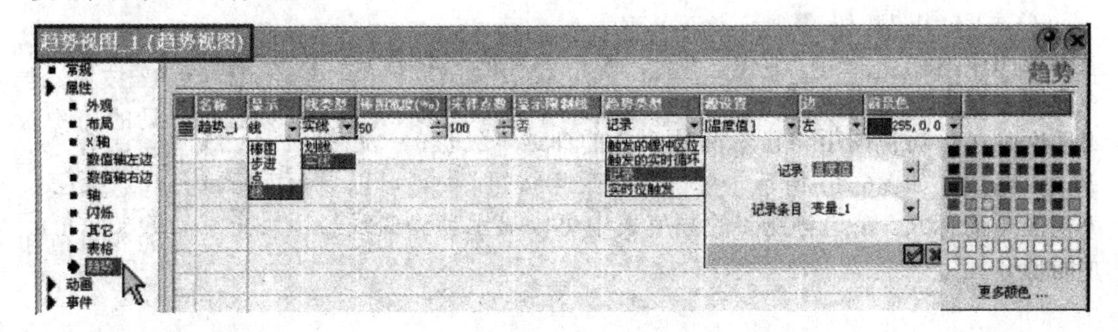

图 6-15　组态历史数据趋势

若在趋势视图中显示历史数据趋势，可将趋势类型设置为“记录”。在本例中，将“趋势_1”组态为历史数据趋势，其设置如图 6-15 所示。

若在趋势视图中显示实时数据趋势，可将趋势类型设置为“触发的实时循环”。在本例中，将“趋势_2”组态为实时数据趋势，其设置如图 6-16 所示。

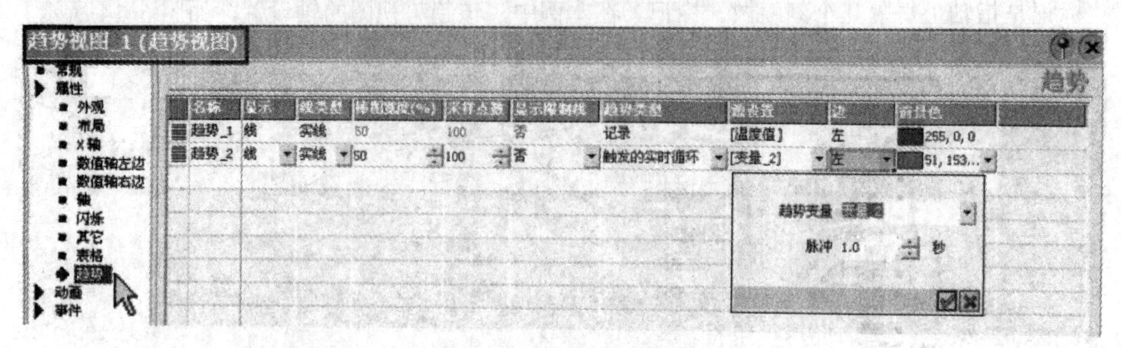

图 6-16　组态实时数据趋势

8）源设置：趋势曲线的源设置，其设置取决于趋势类型。

在本例中，“趋势_1”组态为历史数据趋势，其源设置中设置显示的数据记录和记录变量，如图 6-15 所示；“趋势_2”组态为实时数据趋势，其源设置中设置显示的变量即可，如图 6-16 所示。

9）边：设置趋势曲线的出现方向，分为“左”和“右”两种。

10）前景色：设置趋势曲线的颜色。在本例中，将“趋势_1”的前景色设置为“红色”，“趋势_2”的前景色设置为“绿色”，如图 6-16 所示。

6.2.2　趋势视图的模拟运行

单击 WinCC flexible 工具栏中的按钮，启动带模拟器的运行系统，开始离线模拟运行。在模拟器中，将变量“变量_1”的模拟模式设置为“随机”，设置其“最小值”为“0”，“最大值”为“100”；将变量“变量_2”的模拟模式设置为“增量”，设置其“最小值”为“0”，“最大值”为“100”；选择“开始”进行模拟。

这时可以看到，趋势画面中的温度值和压力值在不停地变化。由于“趋势_1”为历史趋势，“趋势_2”为实时趋势，所以在趋势视图中一开始不会看到红色的“趋势_1”曲线，只能看到绿色的“趋势_2”曲线。

单击“停止”按钮时，将停止趋势视图的动态显示过程。单击“放大”按钮，趋势视图被放大；单击“缩小”按钮，趋势视图被缩小。单击或按钮，趋势视图中显示的曲线将向后或向前滚动一个显示宽度。这样可以显示记录的历史数据，这时在趋势视图中将显示两种颜色的曲线，红色的“趋势_1”曲线和绿色的“趋势_2”曲线，如图6-17 所示。单击“标尺”按钮，可以显示或隐藏标尺。拖动趋势视图中的标尺，在趋势视图的数值表中可以显示趋势曲线与标尺交点处的变量值和时间值。

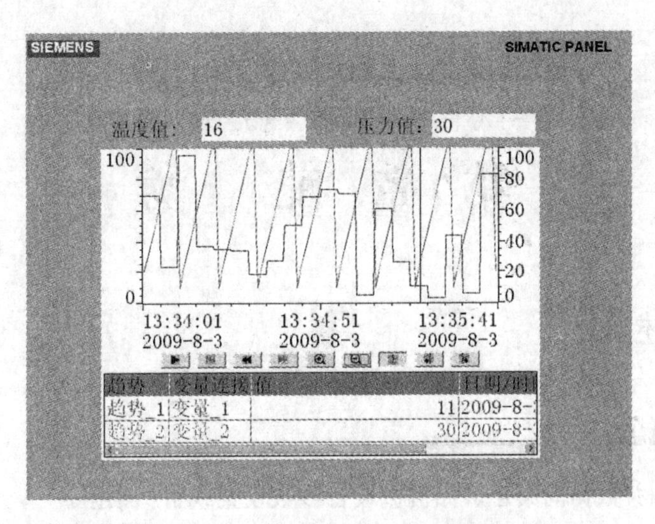

图 6-17　趋势视图的运行结果

6.3　练习题

1．历史数据的作用是什么？
2．如何组态数据记录？
3．如何组态报警记录？
4．什么是趋势？一般分为几种？
5．趋势视图中各按钮的作用是什么？
6．如何组态趋势视图？

第7章　配　　方

7.1　配方概述

7.1.1　配方的概念

配方是各种相关数据的集合，如机械设备参数设置或生产数据。

下面通过两个典型的应用实例来阐述如何实现 WinCC flexible 工程系统的配方功能。

（1）机械设备参数分配

配方的一个应用领域就是制造工业中机械设备参数的分配。机械设备将不同尺寸的木板剪切为指定的尺寸并钻孔。导轨和钻子必须根据木板的尺寸向新位置移动。所需的位置数据作为数据记录存储在配方中。如果要采用新的木板尺寸，需要重新分配机械设备参数。将新的位置数据直接从 PLC 传送到 HMI 设备，然后将其保存为新数据记录。

（2）批量生产

食品加工业中的批量生产是配方的另一个应用领域。果汁工厂的配料站可以生产出不同口味的果汁、蜜露和水果饮料。它们的配料始终相同，只是混合比不同。每种口味对应于一个配方。每种混合比对应于一条数据记录。触摸 HMI 设备上的按钮时，一种混合比所需的全部数据都可以传送到机械设备控制器中。

7.1.2　配方的结构

配方是由包含数值的配方数据记录构成的。在一个 HMI 设备中可能存在多个不同的配方。配方可以看成是一个包含多个索引卡的索引卡盒。对于制造一个产品系列，该索引卡盒包含多个不同的索引卡。针对每样产品所需的完整制造数据包含在一个索引卡中。

下面以一个果汁工厂的配料站来说明配方的基本结构，如图 7-1 所示。在这个果汁工厂中，可以生产出 4 种口味的产品，分别是葡萄汁、柠檬汁、橙汁和苹果汁。其中，每一种口味的果汁产品又可分为水果饮料、果汁和蜜露。以橙汁类饮料为例，橙汁类饮料的原料包括水、糖、香料和橙子浓缩物。通过改变这 4 种原料的配比，配合以不同的搅拌速度和生产温度，就可以生产出橙汁饮料、果汁和橙汁蜜露 3 种不同的橙汁类饮料。

每一种口味的产品需要组态一个配方，这 4 个配方构成果汁配方系统。每个配方对应于果汁配方系统文件柜里的一个抽屉，抽屉里的每个索引卡代表了生产一种产品所需的配方数据记录。一个配方中的所有数据记录均含有相同的元素。不过，各个数据记录中的各个元素的值并不相同。

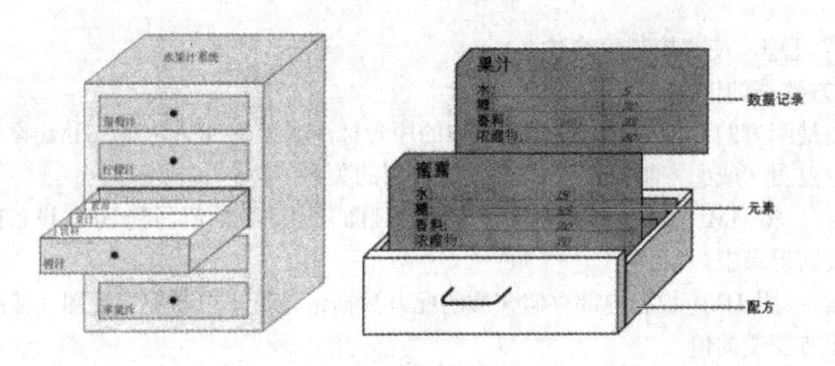

图 7-1　配方结构示意图

在上例中，如果不使用配方，在改变产品的品种时，操作工人需要查表，并使用 HMI 设备的参数设置画面将相关的 6 个参数输入到 PLC 的存储区。在实际工艺过程中，需要输入的参数可能多达几十个，在改变工艺时如果每次都输入这些参数，既浪费时间，又容易出错。

在需要改变大量参数时可以使用配方，只需要简单的操作，便能集中和同步地将更换品种所需的全部参数以数据记录的形式，从 HMI 设备传送到 PLC，也可以进行反向传送。

7.1.3　配方数据的存储与传送

在 WinCC flexible 中，配方的存储与传送过程如图 7-2 所示。

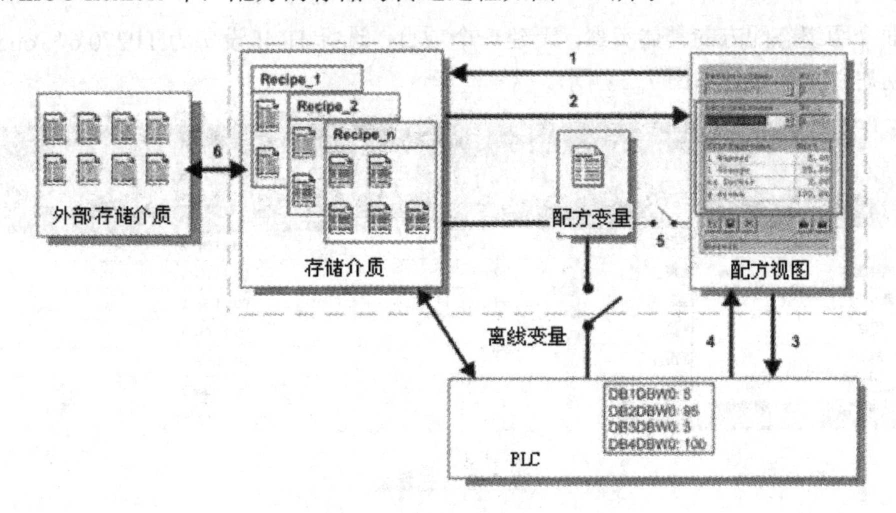

图 7-2　配方的存储与传送过程

1. 配方数据的存储

配方数据可以存储在外部存储介质、HMI 设备内部存储介质或 PLC 存储器中。

- 外部存储介质：计算机的硬盘、U 盘等，可以使用 Excel 或 Access 来编辑配方。
- HMI 设备内部存储介质：HMI 设备内部的 Flash 存储器或插入式 Flash 存储卡。Flash 存储卡可以被计算机读写，是 HMI 设备与外部存储介质交换数据的媒介。配方数据还可以在 HMI 设备上显示。这时，需要组态配方视图或配方画面来显示配方。
- PLC 存储器：PLC 的内部寄存器。配方数据只有下载到 PLC 中后，才能实现自动化生产过程，使其控制工艺过程。

2．配方数据的传送

图 7-2 是配方的存储与传送过程，图中的序号标注了外部存储介质、HMI 设备内部存储介质、配方视图（或配方画面）和 PLC 之间传送的关系。

1）保存：将 HMI 设备上配方视图（或配方画面）中改变的值写到 HMI 设备内部存储介质的配方数据记录中。

2）装载：用 HMI 设备内部存储介质的配方数据记录值来更新配方视图（或配方画面）中显示的配方变量的值。

3）写入 PLC：将 HMI 设备上配方视图（或配方画面）中的配方数据记录下载到 PLC。

4）从 PLC 读出：将 PLC 中的配方数据记录上传到 HMI 设备的配方视图（或配方画面）中。

5）与 PLC 同步：在组态时，通过设置“与 PLC 同步”功能使配方视图（或配方画面）的值与配方变量的值同步。同步之后，配方变量和配方视图（或配方画面）中都包含当前被更新的值。若没有设置“变量离线”功能，当前的配方值直接被传送到 PLC 中。

6）导入或导出：可以通过外部存储介质将 HMI 设备配方数据记录导入或导出。例如，使用 Excel 将配方数据记录导出，数据记录以“*.csv”格式文件保存。

7.2 组态配方

下面介绍组态配方的具体步骤。新建一个项目，选择 HMI 设备为 TP270 6" Touch。在变量表中创建以下变量，如图 7-3 所示。

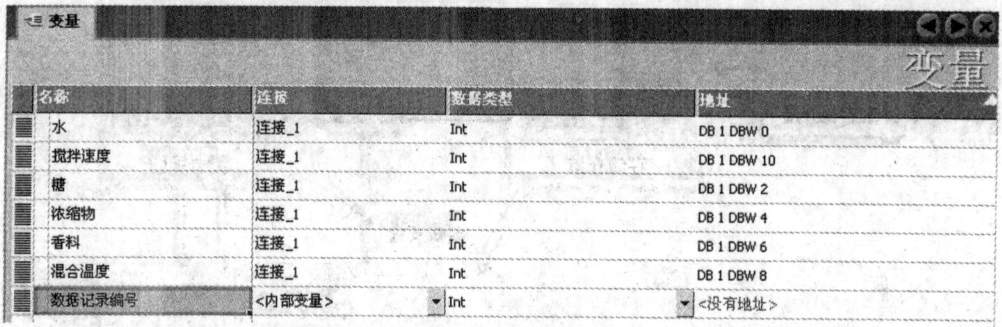

名称	连接	数据类型	地址
水	连接_1	Int	DB 1 DBW 0
搅拌速度	连接_1	Int	DB 1 DBW 10
糖	连接_1	Int	DB 1 DBW 2
浓缩物	连接_1	Int	DB 1 DBW 4
香料	连接_1	Int	DB 1 DBW 6
混合温度	连接_1	Int	DB 1 DBW 8
数据记录编号	<内部变量>	Int	<没有地址>

图 7-3 变量表

1．创建配方

在项目视图的“配方”文件夹中，双击“添加配方”，打开配方编辑器，系统将自动创建一个新的配方，默认的配方名称为“配方_1”。

在配方编辑器中或该配方的属性视图的“常规”对话框中，可以设置配方的名称、显示名称、编号与版本。在“名称”文本框中输入该配方的名称，该名称在软件中用于标识配方，与实际在 HMI 设备上的运行无关。在“显示名称”文本框中输入在实际 HMI 设备上显示在配方视图中的名称。“版本”文本框中显示的是配方创建的日期和时间，用户也可自行编辑。在“编号”微调框中输入配方的编号，该编号用于唯一标识实际 HMI 设备中的配方。

在本例中，创建一个橙汁配方，其设置如图 7-4 所示。

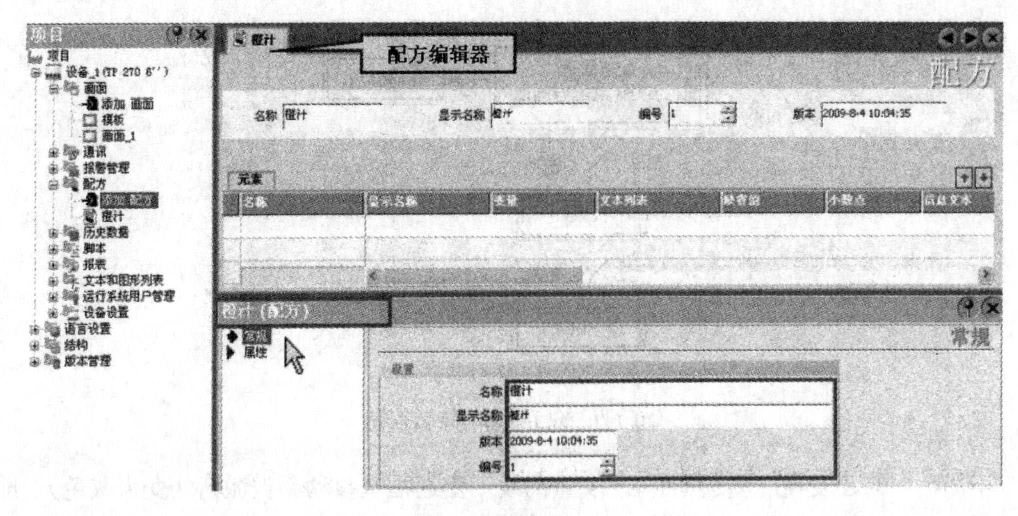

图 7-4　创建橙汁配方

2．组态配方的属性

（1）数据媒介

在配方的属性视图的“属性”类的“数据媒介”对话框中，可以设置配方数据记录的存储位置与存储路径，如图 7-5 所示。该功能取决于所用的 HMI 设备。根据实际 HMI 设备的型号，将存储位置选择为 HMI 设备上的存储卡或 HMI 设备上的外部存储介质。

图 7-5　组态配方的数据媒介

（2）选项

在配方的属性视图的“属性”类的“选项”对话框中，可以通过复选框选择是否启用“同步变量”和“变量离线”，对配方数据传送的方式进行控制，以保证在修改 HMI 设备上的配方数据记录时，不会干扰当前系统运行。在本例中，设置如图 7-6 所示。

图 7-6　组态配方数据的传送方式

参数“同步变量”和“变量离线”的意义如图 7-7 所示。

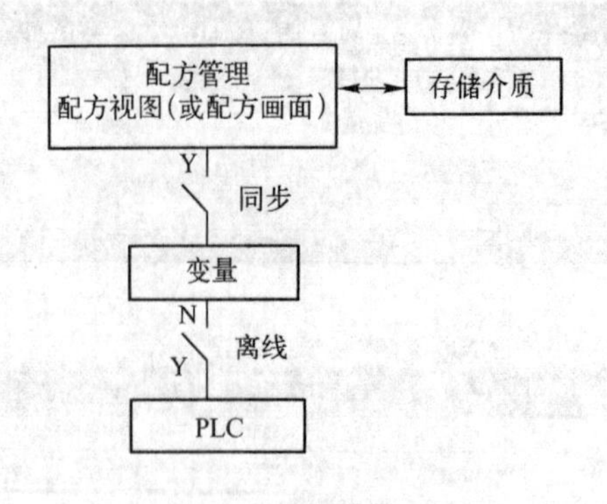

图 7-7　配方数据的传送控制

不激活“同步变量”复选框时，“变量离线”复选框也自动不被激活（变为灰色），即同步开关断开，离线开关闭合。这时，PLC 与变量之间能交换数据，但在配方视图（或配方画面）中进行的数据修改不会写入对应的变量和 PLC。

激活“同步变量”复选框时（同步开关闭合），配方视图（或配方画面）与变量是连通的。在配方视图（或配方画面）中进行的数据修改会立刻对变量更新。如果同时激活“变量离线”复选框（同步开关闭合，离线开关断开），PLC 与变量的连接被断开。在配方视图（或配方画面）中进行的数据修改只保存在变量中，而不是直接传送到 PLC。

激活“同步变量”复选框，但是未激活“变量离线”复选框时，即同步开关闭合，离线开关闭合。这时，配方视图（或配方画面）与变量和 PLC 都是连通的，在配方视图（或配方画面）中进行的数据修改被立即直接传送到变量和 PLC。

（3）传送

在配方的属性视图的“属性”类的“传送”对话框中，设置 PLC 和 HMI 设备间的配方数据记录传输是否同步。若配方数据记录的传输需要同步，则必须为所选择的连接设置“数据记录”区域指针。在本例中，设置如图 7-8 所示。

图 7-8　组态配方的传送

3．组态配方元素

在配方编辑器的“元素”标签页中定义配方中的配方元素。一个配方所支持的最大配方元素数目与实际使用的 HMI 设备型号有关。对于每一个配方元素，可以定义如下属性。

- 名称：配方元素名称。配方元素的名称唯一地标识了配方内的配方元素。
- 显示名称：配方元素的显示名称。
- 变量：每个配方元素都连接一个变量。运行时，配方数据记录值存储在该变量中。
- 文本列表：分配给配方元素的变量的文本列表。文本列表中的文本以配方数据记录显示，而不是变量值。

- 缺省值：配方元素中变量的默认值。
- 小数点：配方元素中变量的小数位数目。
- 信息文本：有关配方元素的一个帮助消息。

在本例中，橙汁配方的配方元素共有 6 个，分别是水、糖、浓缩物、香料、混合温度与搅拌速度。在配方编辑器中，将其与相应的变量相连接，如图 7-9 所示。

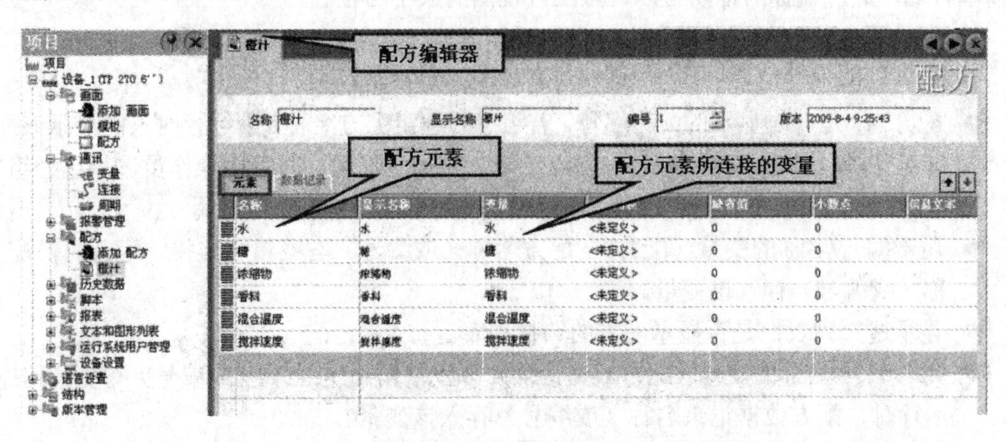

图 7-9　组态配方元素

4．组态配方的数据记录

在配方编辑器的“数据记录”标签页中创建数据记录，在其中设置生产每种产品所对应的相关生产数据。

在本例中，通过改变橙汁配方中 6 种配方元素的配比，可以生产出 3 种产品，分别是果汁、蜜露与饮料产品，其设置如图 7-10 所示。

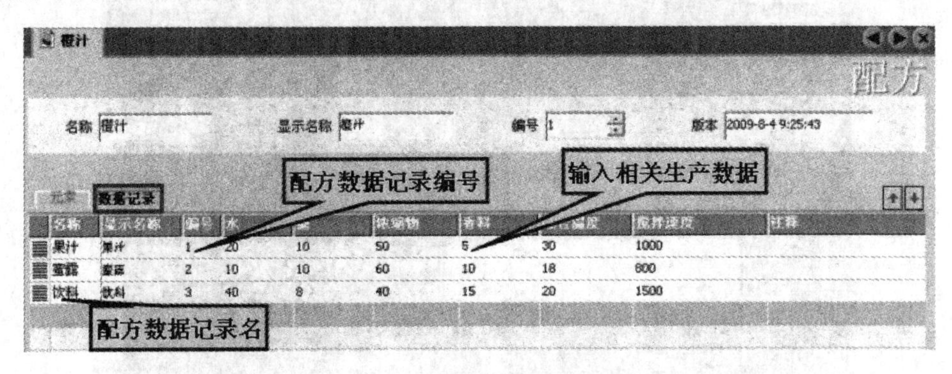

图 7-10　组态配方的数据记录

配方组态完成以后，可以在实际的 HMI 设备上使用配方视图（或配方画面）来显示和编辑配方。

7.3　组态配方视图

配方视图是一个画面对象，用于管理配方数据记录，在运行时可以显示和编辑配方数据记录。配方视图以表格形式显示配方数据记录。

下面介绍组态配方视图的具体步骤。在项目中，生成和打开“配方视图”画面，并将其定义为起始画面。

1．创建配方视图

使用工具箱中的“增强对象”，选择“配方视图”，将其拖放到画面名称为“配方视图”的基本区域，通过鼠标的拖动可以调整配方视图的大小与位置。

2．组态配方视图的常规属性

在配方视图的属性视图的“常规”对话框中，可以进行的设置如下。

- 配方名：运行时显示的配方名称。若组态时选定配方名称，则运行时只能显示该配方，并对其进行操作。若组态时没有选定配方名称，则运行时可由操作员选择已经组态的配方。
- 用于编号/名称的变量（配方）：配方名称（或编号）与变量相连接。运行时，配方名称（或编号）存入该变量。
- 显示选择列表：是否显示配方的选择列表。
- 用于编号/名称的变量（配方数据记录）：配方数据记录名称（或编号）与变量相连接。运行时，配方数据记录名称（或编号）存入该变量。
- 激活编辑模式：是否允许在运行时编辑配方记录。若没有选中“激活编辑模式”复选框，则配方视图中显示的配方数据仅可查看。
- 显示表格：是否显示配方数据记录表。
- 视图类型：选择配方视图的类型，分为“高级视图”和“简单视图”两种。

在本例中，在“配方名”下拉列表框中选择“橙汁”，选中“显示选择列表”、“激活编辑模式”和“显示表格”复选框，选择“高级视图”单选按钮，如图 7-11 所示。

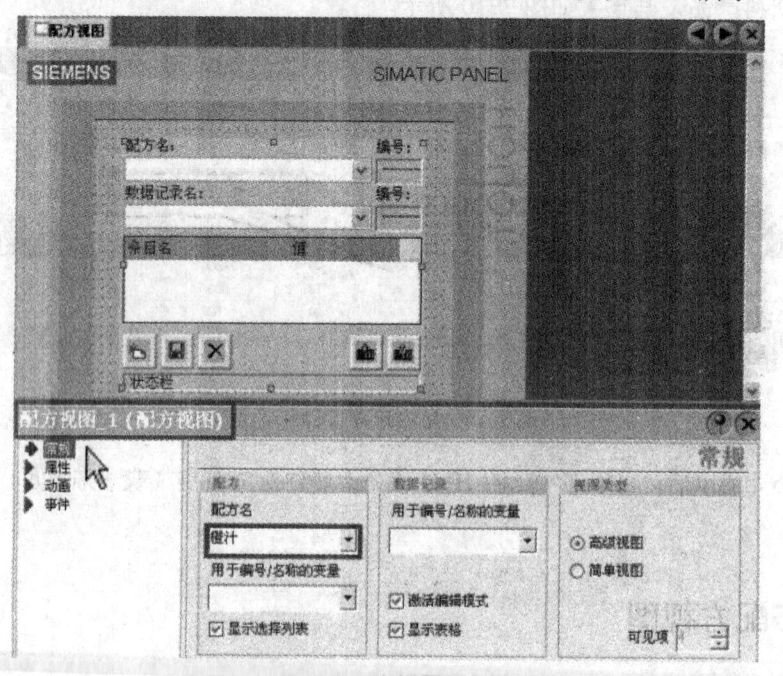

图 7-11　组态配方视图的常规属性

3．组态配方视图的按钮

在配方视图的属性视图的“属性”类的“按钮”对话框中，可以设置配方视图中的按钮，如图 7-12 所示。

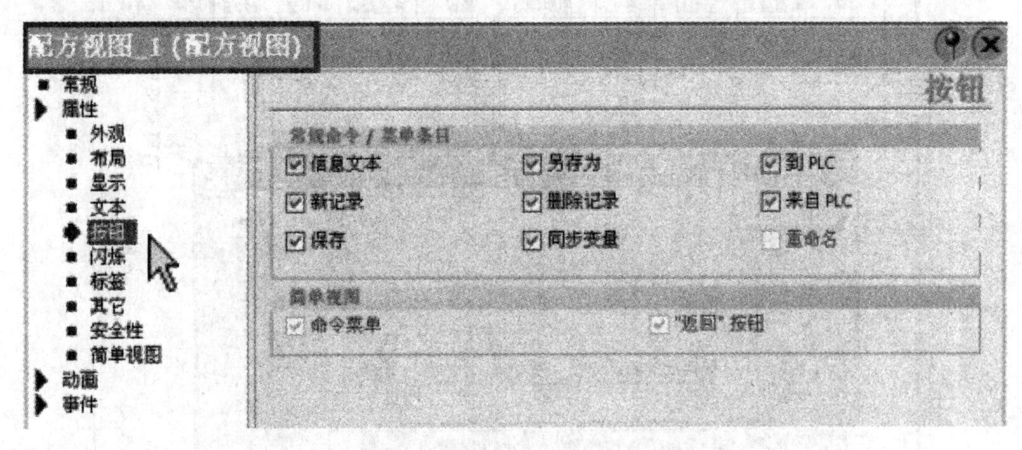

图 7-12　组态配方视图的按钮

配方视图中按钮的功能说明，见表 7-1。

表 7-1　配方视图中的按钮功能

按　钮	名　称	功　能
	“帮助文本”按钮	显示已组态的帮助文本
	“新配方数据记录”按钮	创建新的配方数据记录
	“保存”按钮	保存配方数据记录的显示值
	“另存为”按钮	使用不同的名称保存配方数据记录
	“删除”按钮	删除所显示的配方数据记录
	“同步数据记录”按钮	系统始终用最新的配方变量数值对配方视图的当前值进行更新
	“写入 PLC”按钮	将配方视图中显示的配方数据记录设置值传送到 PLC
	“从 PLC 读出”按钮	在配方视图中显示来自 PLC 的配方值

7.4　配方视图的模拟运行

单击 WinCC flexible 工具栏中的按钮，启动带模拟器的运行系统，开始离线模拟运行。在模拟器中，选中所有的变量，选择“开始”进行模拟。

这时，在“配方视图”画面中的“数据记录名”下拉菜单中选择“果汁”，配方数据记录表中将出现生产果汁产品的配方元素的名称与数值。与此同时，模拟器中的变量的数值也随之改变，如图 7-13 所示。

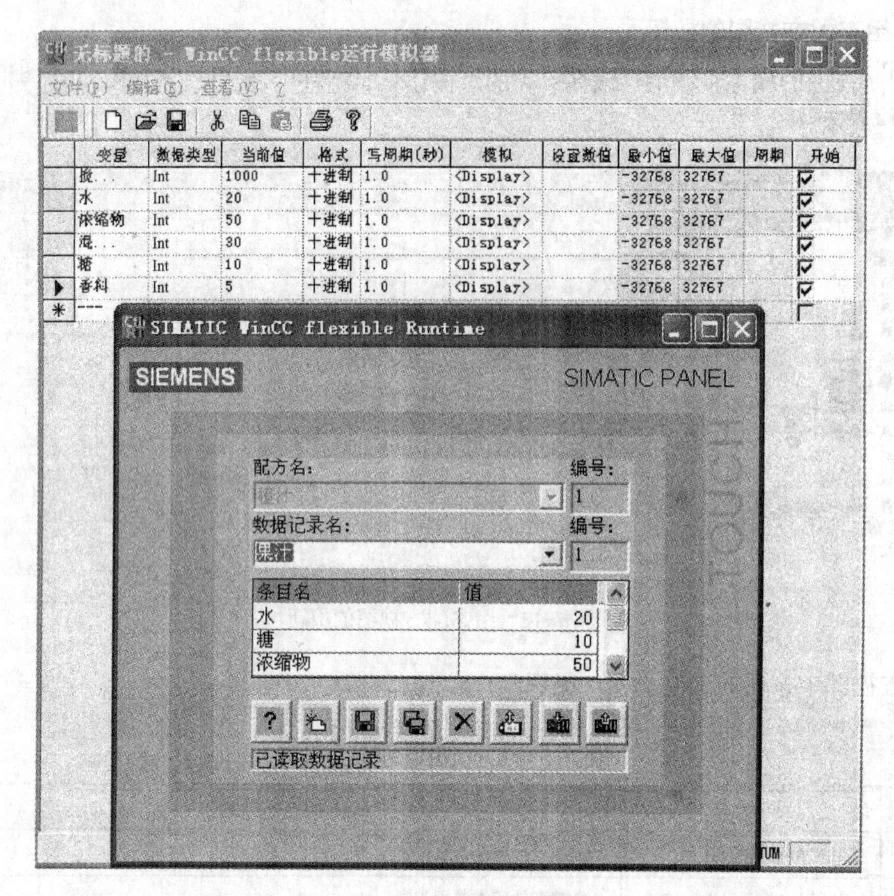

图 7-13　配方视图的运行结果

7.5　组态配方画面

在实际的 HMI 设备上除了可以使用配方视图来显示和编辑配方外，还可以使用配方画面来显示和编辑配方。配方画面是一个过程画面，用户可以在其中组态输入/输出域、其他画面对象和按钮等来实现配方视图的功能。

下面介绍组态配方画面的具体步骤。在项目中，生成和打开“配方画面”画面，并将其定义为起始画面。

1. 组态配方数据记录的选择

在“配方画面”画面中组态一个文本列表、一个符号 I/O 域和一个文本域，用来实现配方数据记录的选择功能。这样，通过在符号 I/O 域中选择文本列表中不同的文本内容，可以引用存储数据记录编号的变量的相应数值。

在本例中，双击项目视图中“文本和图形列表”文件夹下的“文本列表”，将会在工作区打开文本列表编辑器，生成“文本列表_1”。设置该文本列表的选择为“范围（...–...）”。索引过程变量的值为 0 时，分配一个文本，设置为“请选择”；索引过程变量的值为 1 时，分配一个文本，设置为“果汁”；索引过程变量的值为“2”时，分配一个文本，设置为“蜜露”；索引过程变量的值为“3”时，分配一个文本，设置为“饮料”，如图 7-14 所示。

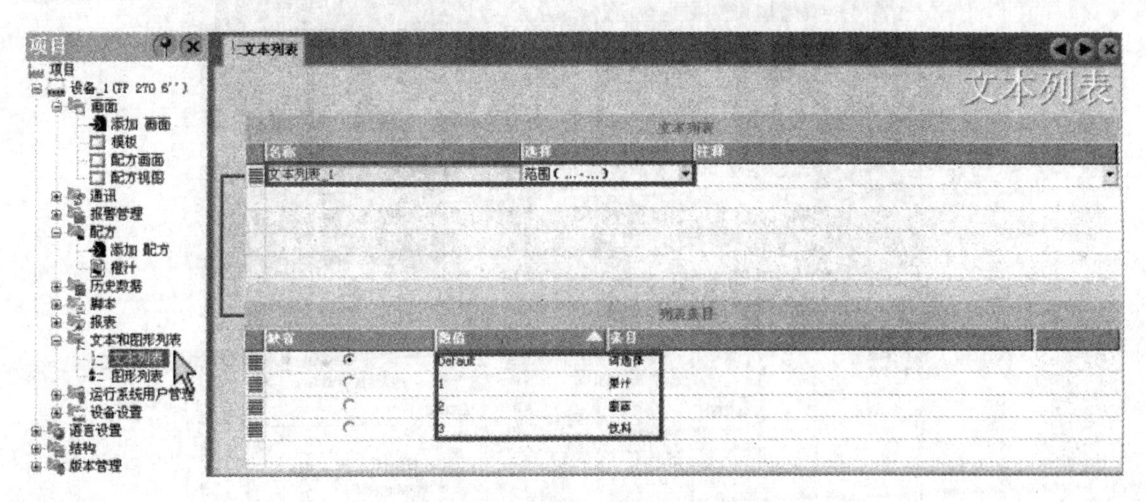

图 7-14　用于配方数据记录中文本列表的组态

在本例中，创建一个符号 I/O 域对象，设置其“模式”为“输入/输出”，在“文本列表”下拉列表框中选择“文本列表_1”，在“变量”下拉列表框中选择“数据记录编号”，使文本列表与过程变量相连接，如图 7-15 所示。

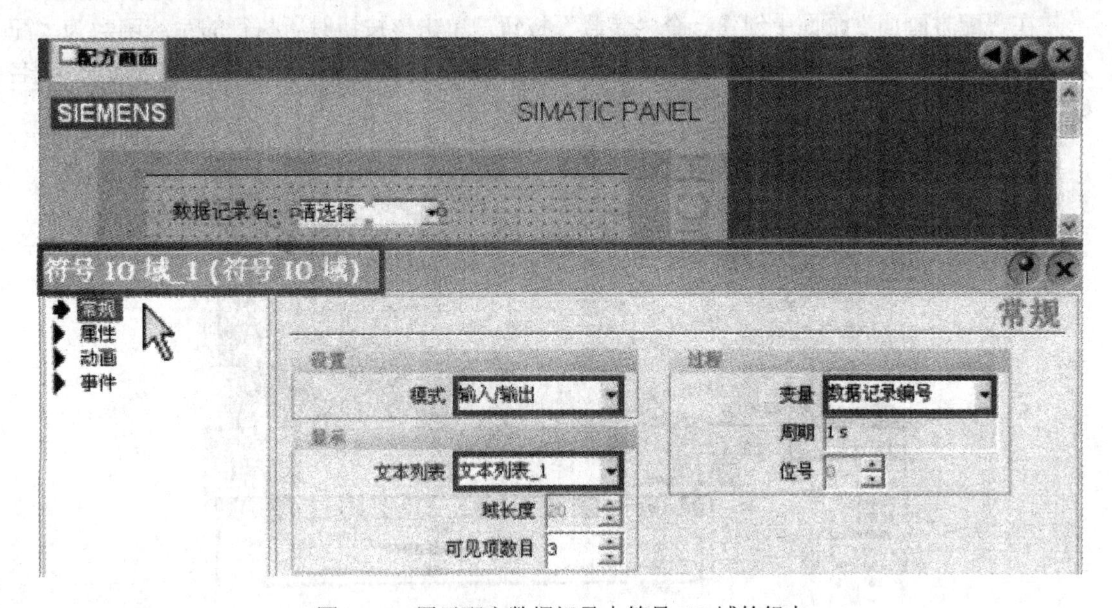

图 7-15　用于配方数据记录中符号 I/O 域的组态

2. 组态配方数据记录表中配方元素的显示

在“配方画面”画面中组态 6 个文本域和 6 个 I/O 域。这 6 个 I/O 域分别与配方中的 6 个变量相连接，其“模式”都设置为“输入/输出”，“格式类型”设置为“十进制”，“格式样式”设置为“9999”，如图 7-16 所示。

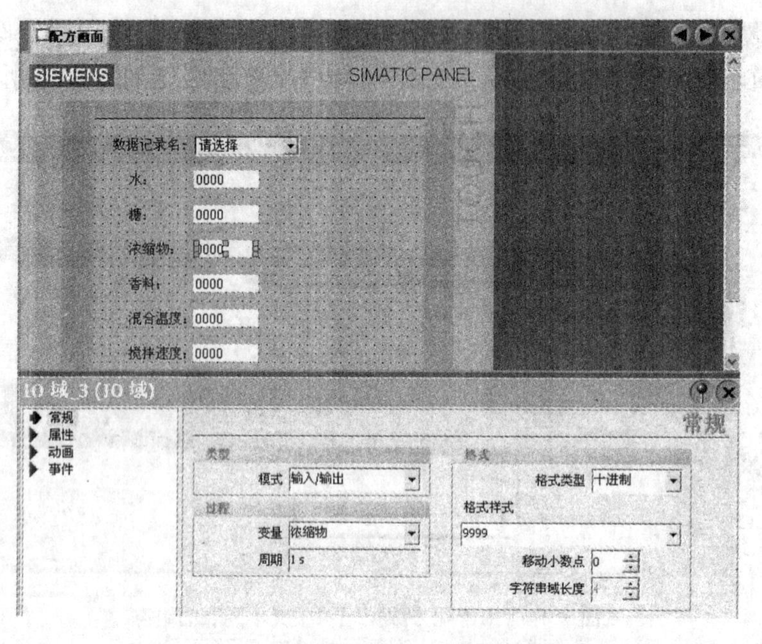

图 7-16　用于配方数据记录中 I/O 域的组态

3．组态配方功能按钮

（1）“装载”按钮

在“配方画面”画面中创建一个“装载”按钮，单击该按钮时所执行的系统函数为“配方”文件夹中的“LoadDataRecord”，将“配方号/名称”设置为“橙汁”，将“数据记录号/名称”设置为“数据记录编号”，如图 7-17 所示。

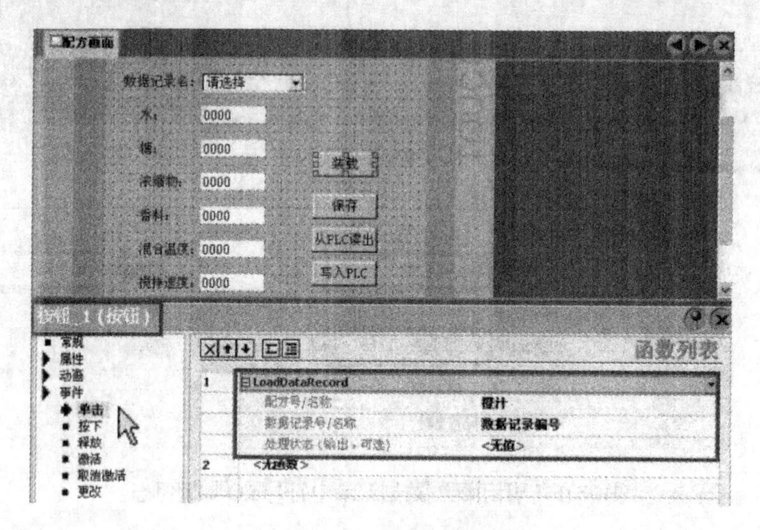

图 7-17　组态“装载”按钮

（2）“保存”按钮

在“配方画面”画面中创建一个“保存”按钮，单击该按钮时所执行的系统函数为“配方”文件夹中的“SaveDataRecord”，将“配方号/名称”设置为“橙汁”，将“数据记录号/名称”设置为“数据记录编号”，如图 7-18 所示。

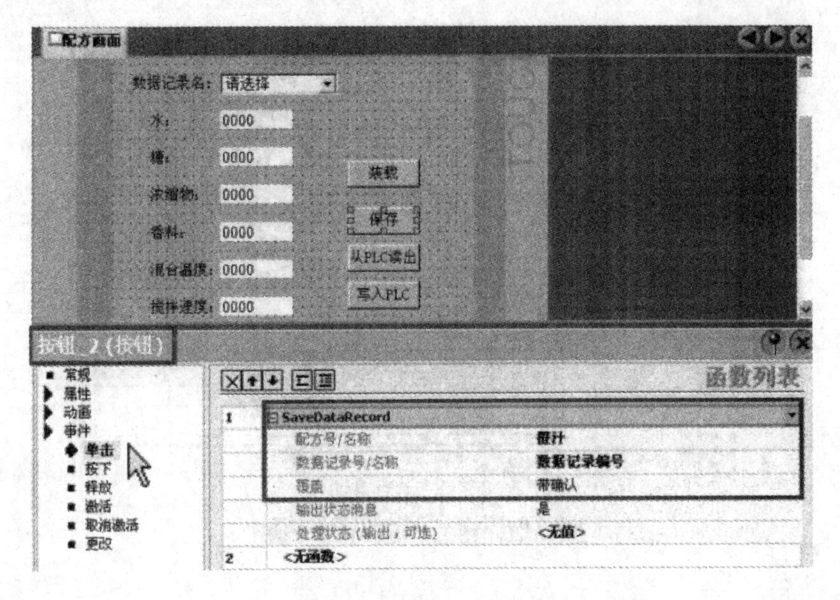

图 7-18　组态“保存”按钮

（3）“从 PLC 读出”按钮

在“配方画面”画面中创建一个“从 PLC 读出”按钮，单击该按钮时所执行的系统函数为“配方”文件夹中的“GetDataRecordFromPLC”，将“配方号/名称”设置为“橙汁”，将“数据记录号/名称”设置为“数据记录编号”，如图 7-19 所示。

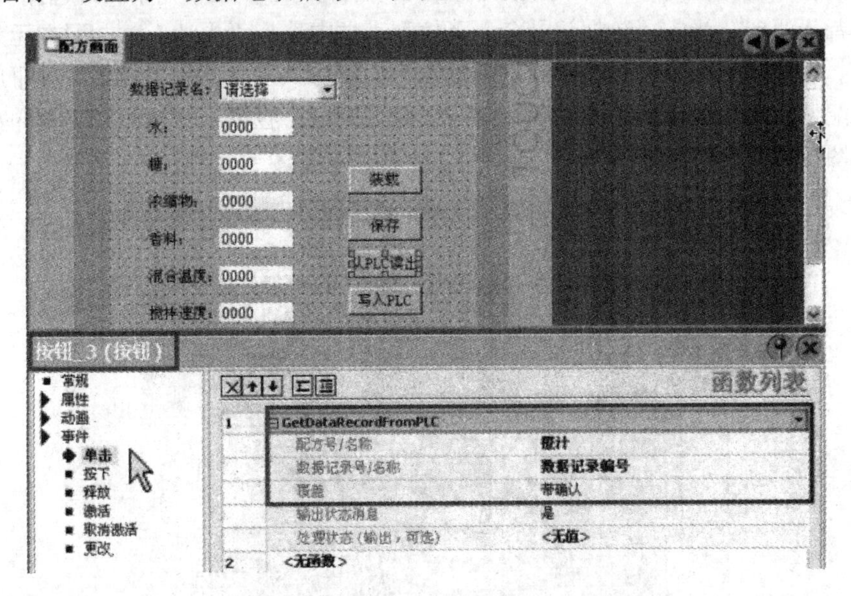

图 7-19　组态“从 PLC 读出”按钮

（4）“写入 PLC”按钮

在“配方画面”画面中创建一个“写入 PLC”按钮，单击该按钮时所执行的系统函数为“配方”文件夹中的“SetDataRecordToPLC”，将“配方号/名称”设置为“橙汁”，将“数据记录号/名称”设置为“数据记录编号”，如图 7-20 所示。

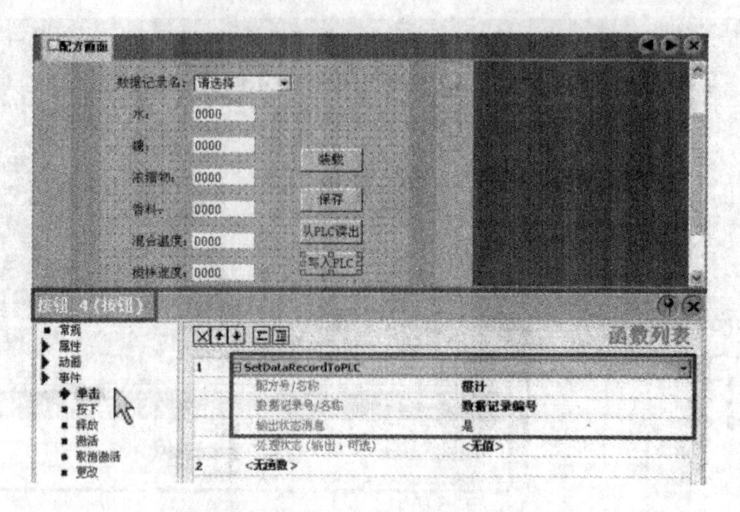

图 7-20　组态“写入 PLC”按钮

7.6　配方画面的模拟运行

单击 WinCC flexible 工具栏中的 按钮，启动带模拟器的运行系统，开始离线模拟运行。在模拟器中，选择所有的变量，选中“开始”进行模拟。

这时，在“配方画面”画面中“数据记录名”的符号 I/O 域中显示“请选择”，配方元素数据的值都为“0”。当在“数据记录名”下拉列表框中选择“果汁”时，配方元素数据的值都为“0”。在模拟器中，变量“数据记录编号”的值为“1”。单击“装载”按钮后，可以看到相应的配方元素数据显示在输入/输入域中。与此同时，在模拟器中相应变量的数值也随之改变，如图 7-21 所示。

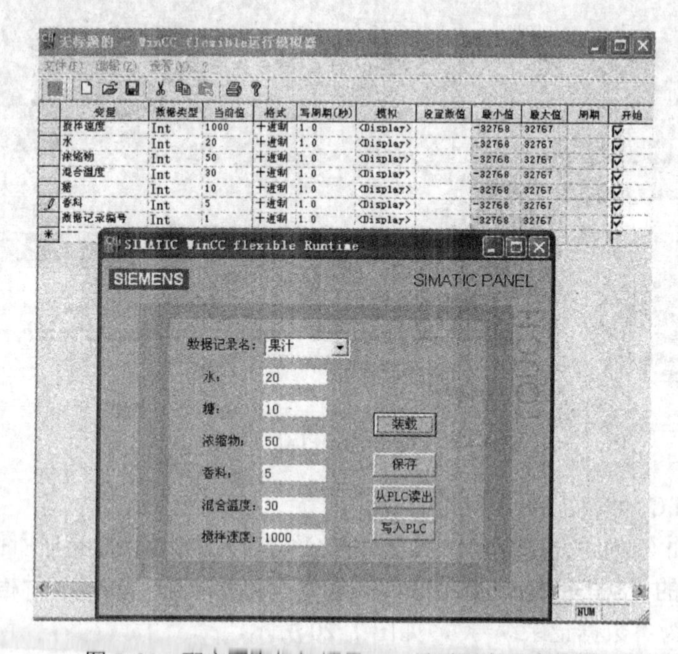

图 7-21　配方画面运行结果——显示配方元素数据

当用户需要改变配方数据记录时，在配方元素的输入/输出域中输入相应的数值后，单击“保存”按钮，可以看到系统弹出对话框提示“该数据记录已存在，是否需要覆盖”，如图 7-22 所示。

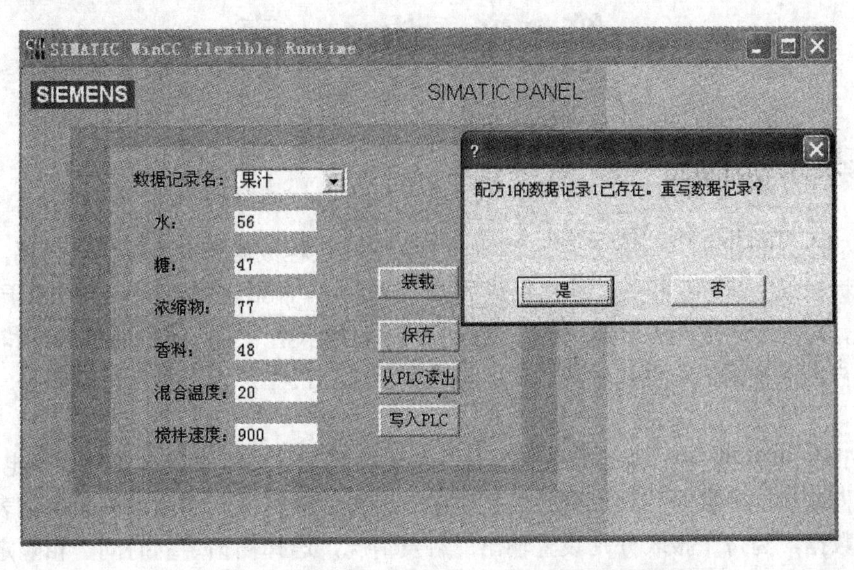

图 7-22　配方画面运行结果——更新配方元素数据

7.7　练习题

1．什么是配方？配方的作用是什么？
2．配方的存储方式有几种？
3．如何控制配方的数据传送方式？
4．如何组态配方？
5．配方视图中按钮的作用是什么？
6．如何组态配方视图？

第8章　报　　表

8.1　报表系统概述

在 WinCC flexible 中，报表用于浏览、打印归档过程数据和完整的生产周期，报告消息和配方数据，以创建班次报表、输出批量数据，或对生产制造过程进行归档以用于验收测试。

例如，某自动化生产工厂某一轮班结束时，需要显示整个生产过程的批数据和出错事件。这时，用户可以根据需求创建轮班报表，输出批量生产的生产记录数据，输出某一类别或类型的消息。

在 WinCC flexible 中，通过报表编辑器来编辑报表文件，组态报表布局并确定输出数据，将用于数据输出的各种对象添加到报表文件中。还可以根据不同的需求来组态报表，报告不同类型的数据，为每个报表分别设置输出的触发情况，选择在指定的时间、相隔定义的时间间隔或由其他事件来触发数据的输出。

8.2　报表编辑器

1．创建报表

在项目视图的“报表”文件夹中，双击“添加报表”，打开报表编辑器。系统自动创建一个新的报表，默认的报表名称为“报表_1”。

在 WinCC flexible 中，报表都具有相同的基本结构，可以分为不同的“报表”区域，如图 8-1 所示。

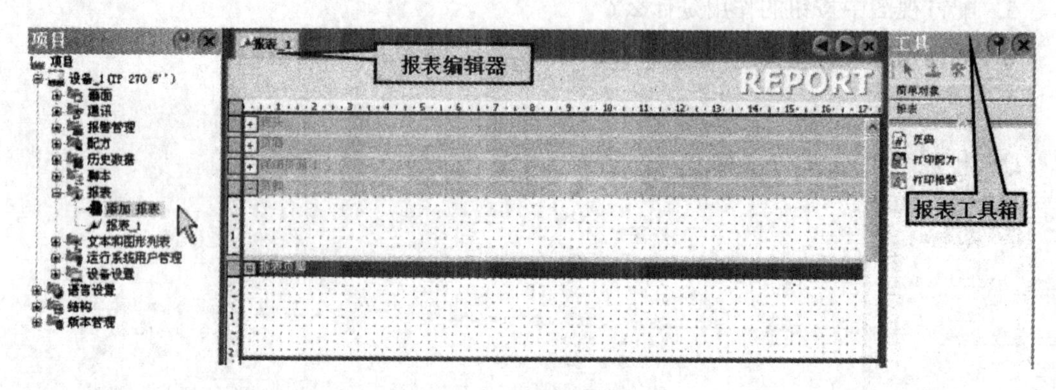

图 8-1　报表编辑器

- 表头：用作报表的封面。通过在该区域添加工具箱的“简单对象”中的“文本域”等对象，可以在表头中输出项目标题和项目的常规信息。表头输出时不含页眉和页脚。

- 页眉：在报表的每一页上输出。通过在该区域添加工具箱的“简单对象”中的“文本域”、“日期时间域”等对象，可以输出日期、时间、标题或其他常规信息。
- 详细页面：输出运行时的数据。通过在该区域添加工具箱中的“简单对象”和“报表”，可以输出运行时的数据。输出数据时，系统将根据数据量自动添加分页符。用户也可以根据需要在报表中插入几页，以便在视觉上分隔不同输出对象的组态。
- 页脚：在报表的每一页上输出。通过在该区域添加工具箱的“简单对象”中的“文本域”和“报表”中的“页码”等对象，可以输出页码、总页数或其他常规信息。
- 报表页脚：用作报表的最后一页。通过在该区域添加工具箱的“简单对象”中的“文本域”等对象，可以输出报表摘要或报表末尾处需要的其他信息。 输出时不含页眉和页脚。

单击“报表”区域的[+]按钮，可以展开该“报表”区域，这时该按钮变为[-]。单击“报表”区域的[-]按钮，可以关闭展开的“报表”区域。此外，在“报表”区域还可以从报表工具箱中添加相应的对象，添加的方法与组态画面对象的方法相同。需要注意的是，报表工具箱中对象的使用功能取决于当前组态的HMI设备的型号。

2．组态报表的常规属性

通过鼠标右键单击报表的工作区域，在弹出的快捷菜单中选择“报表属性”，将出现报表的属性视图。在该报表属性视图的“常规”对话框中，可以根据需要选择是否启用封面、封底、页眉、页脚；可以设置页眉、页脚的高度。若不启用页眉，则报表区域的标题中将会显示出“X”，如图 8-2 所示。

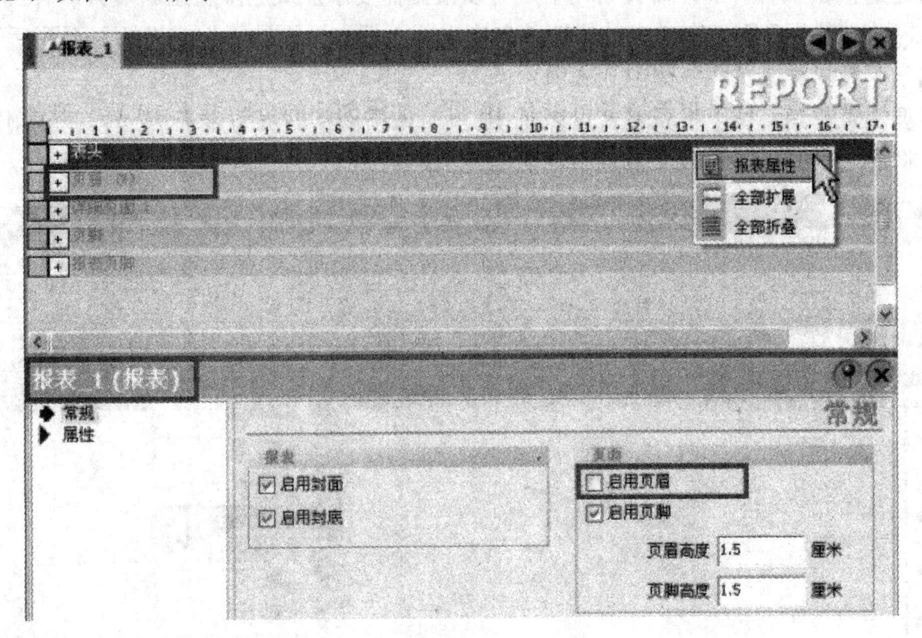

图 8-2　组态报表的常规属性

3．组态报表的布局属性

在报表属性视图的“属性”类的“布局”对话框中，可以根据需要进行页面设置，如选择纸张的大小、页面方向，设置页面中的单位；进行页边距设置，如图 8-3 所示。

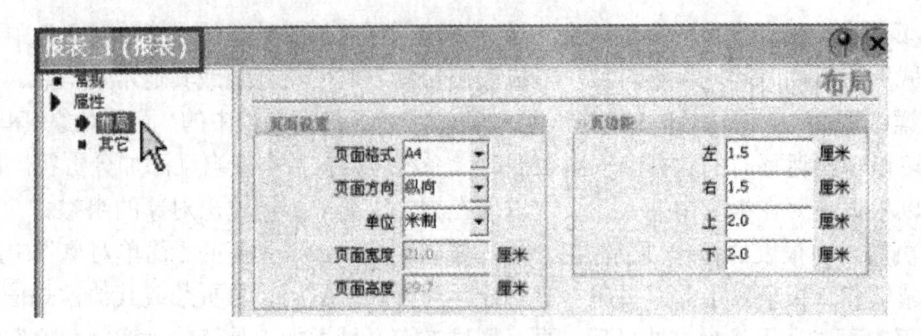

图 8-3　组态报表的布局属性

4．组态报表的其他属性

在报表属性视图的“属性”类的“其他”对话框中，可以更改报表的名称，如图 8-4 所示。

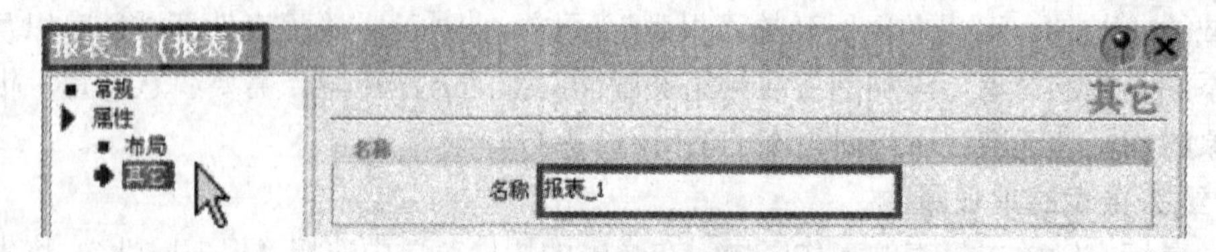

图 8-4　组态报表的其他属性

5．组态报表的详细页面

新建的报表只有一个详细页面，用户可以根据需要添加或删除页眉。展开“详细页面 1”区域后，单击鼠标右键，在弹出的快捷菜单中选择“插入页面前于”或“插入页面后于”，可以添加一个新的详细页面，如图 8-5 所示。

需要注意的是，每个报表最多可以有 10 页。如果创建的页面多于 10 页，则超出的页面的编号将会用尖括号括起来，系统不会输出超出的页面。

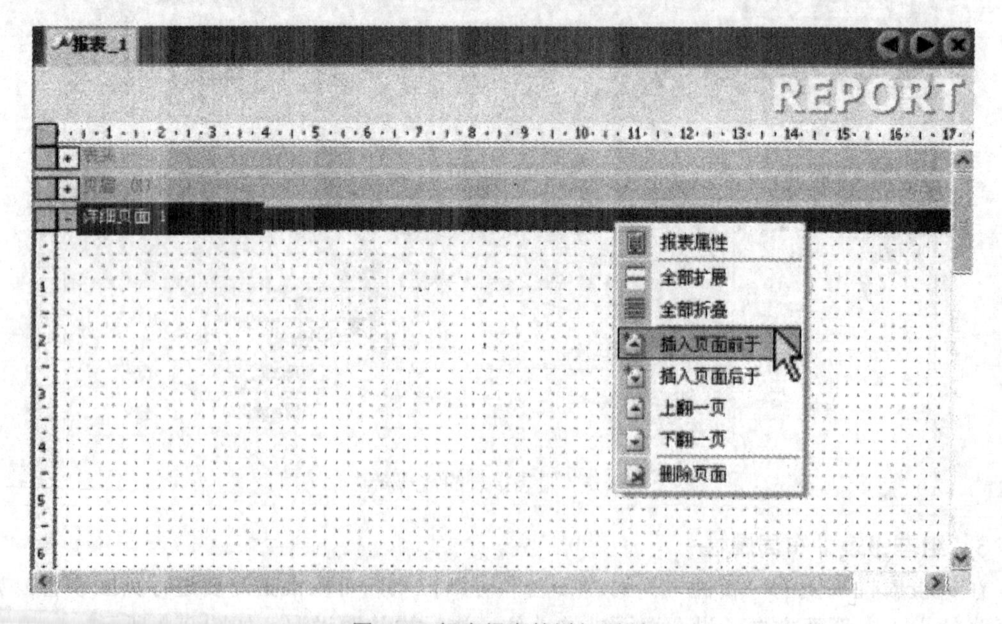

图 8-5　组态报表的详细页面

添加多个页面后，用户还可以根据需要更改页面的顺序。展开“详细页面”区域后，单击鼠标右键，在弹出的快捷菜单中选择“上翻一页”或“下翻一页”，可以在该页面的基础上向前或向后移动一页，与此同时，该页码也发生相应的改变。

6. 组态报表对象

报表对象是用来为项目报表布局的图形元素，也可以是用来输出数据的动态元素。在报表中，用户可以根据需要添加工具箱的“简单对象”和“报表”中的对象，其添加的方法与组态画面对象的方法相同。

（1）简单对象

在报表中，某些简单对象的使用受到限制。例如，“I/O”域只能用作“输出域”，不能使用“简单对象”中的“按钮”、“开关”和“棒图”等对象，如图 8-6 所示。

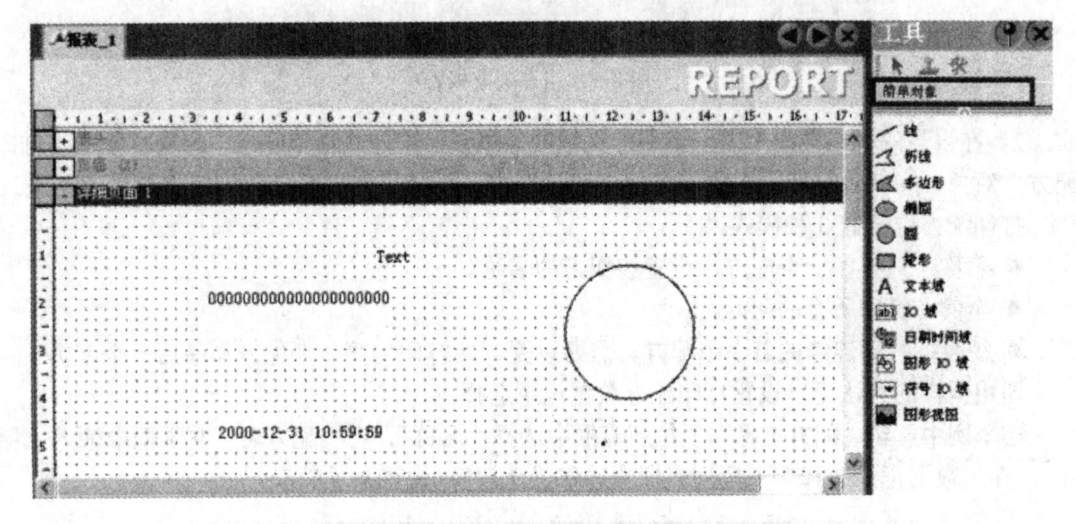

图 8-6　报表中组态简单对象

（2）报表

在工具箱的“报表”中，有一些特殊对象可在报表中使用。这些对象专门用于报表中，如图 8-7 所示。“页码”对象可以在报表中输出页码。该对象在报表中只需插入一次，如插入页脚中。“打印配方”对象可以在报表中输出配方数据。“打印报警”对象可以在报表中输出报警。

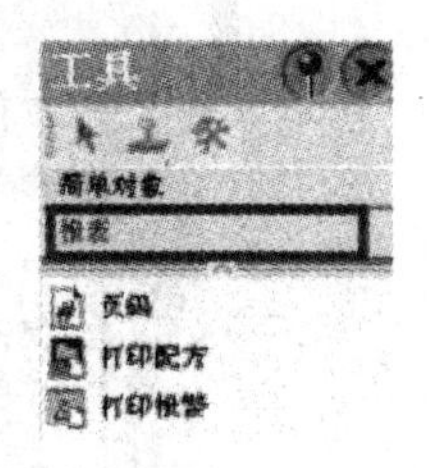

图 8-7　工具箱的“报表”区域

8.3　组态配方报表

在 WinCC flexible 中，可以组态用来输出配方记录的配方报表。

下面介绍组态配方报表的具体步骤。打开 7.2 节的项目名为“配方”的项目，在其中组态配方报表。

1）新建一个报表，在该报表属性视图的“属性”类的“其他”对话框中，设置更改报表的名称为“配方报表”。组态报表的页眉，在其工作区域插入文本域“班次配方报表”，插入“日期时间域”。组态报表的页脚，在其工作区域插入“页码”，如图 8-8 所示。

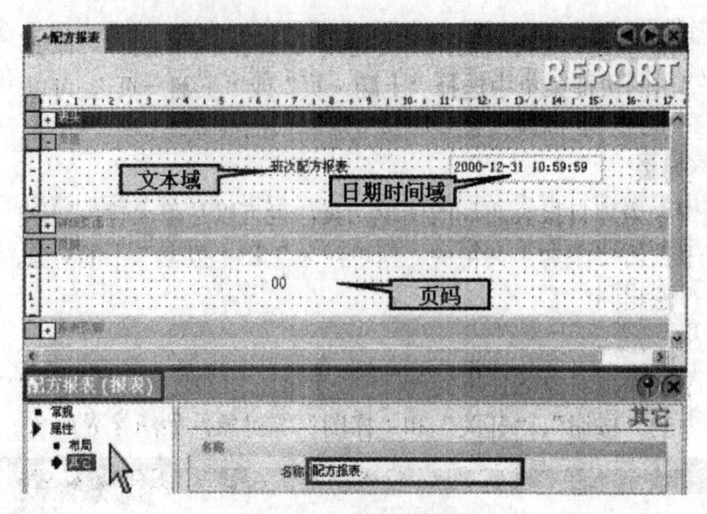

图 8-8 组态配方报表

2）在报表的详细页面 1 中，添加工具箱的“报表”中的“打印配方”对象。单击“打印配方”对象，在其属性视图中的“常规”对话框中，选择报表中要打印的配方和配方记录。

打印配方选择有 3 种模式。

- 名称：只打印一个配方，设置该配方的名称。
- 全部：打印所有的配方。
- 编号：打印连续的若干个配方。需要设置开始打印的第一个配方与最后一个配方。

使用同样的方法可以设置打印配方数据记录选择。

在本例中，在“配方选择”下拉列表框中选择“名称”，在“配方名”文本框中输入“橙汁”，在“数据记录选择”下拉列表框中选择“全部”，如图 8-9 所示。

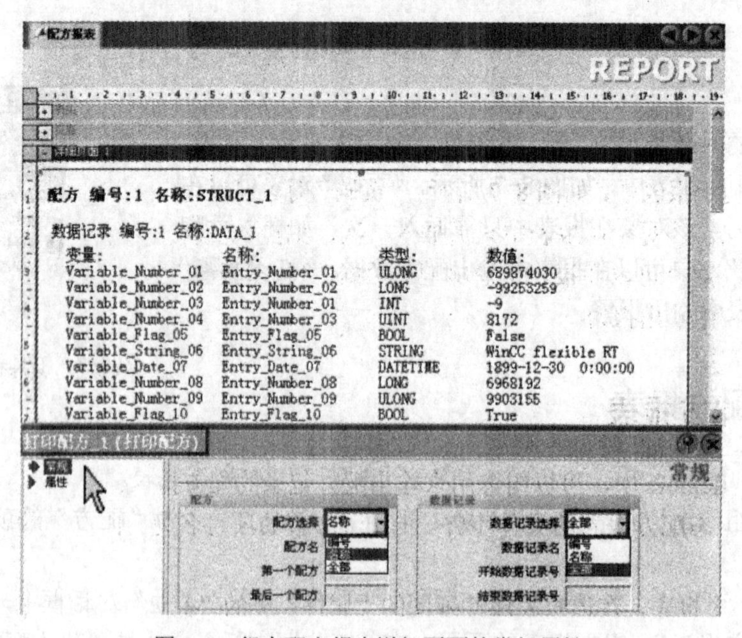

图 8-9 组态配方报表详细页面的常规属性

3）在报表的详细页面 1 中，“打印配方”对象属性视图中的“外观”对话框中，设置配方报表的文本颜色、背景色和背景的格式，以及是否使用边框等，如图 8-10 所示。

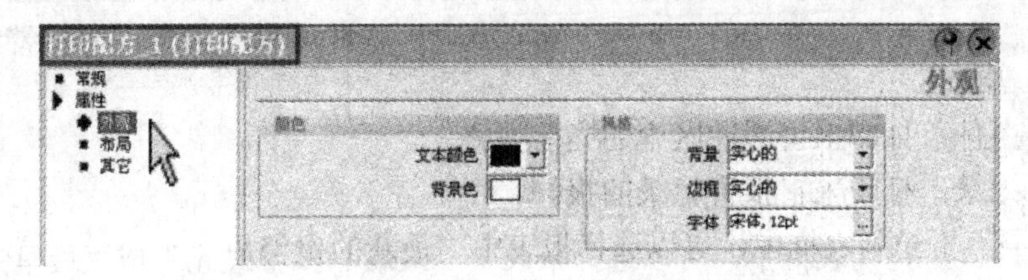

图 8-10　组态配方报表详细页面的外观属性

4）在报表的详细页面 1 中，“打印配方”对象属性视图中的“布局”对话框中，设置配方报表的输出形式，以及在报表中所显示的元素等，如图 8-11 所示。

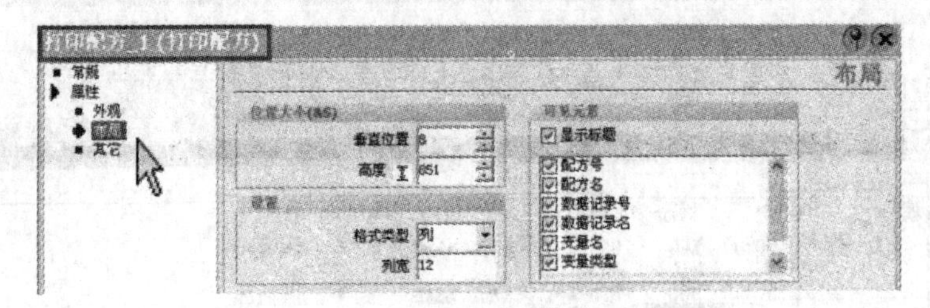

图 8-11　组态配方报表详细页面的布局属性

8.4　组态报警报表

在 WinCC flexible 中，可以组态用来输出报警消息的报警报表。

下面介绍组态报警报表的具体步骤。打开 5.2 节的项目名为“报警”的项目，在其中组态报警报表。

1）新建一个报表，在该报表属性视图的“属性”类的“其他”对话框中，设置更改报表的名称为“报警报表”。组态报表的页眉，在其工作区域插入文本域“每个班次的报警报表”，插入“日期时间域”。组态报表的页脚，在其工作区域插入“页码”，如图 8-12 所示。

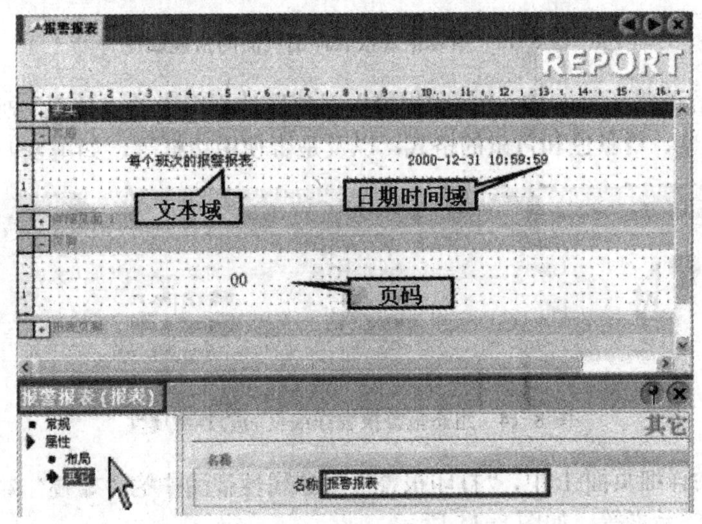

图 8-12　组态报警报表

2）在报表的详细页面 1 中，添加工具箱的“报表”中的“打印报警”对象。单击“打印报警”对象，在其属性视图中的“常规”对话框中，选择报表中要打印的报警源。打印报警源选择有两种模式。

- 报警事件：打印报警缓冲区中的当前报警。
- 报警记录：打印来自报警记录的报警。

在“排序”下拉列表框中，可以选择报表中“最新的报警最先”或“最早的报警最先”。还可以设置每项的行数，所显示的报警类别等。

在本例中，报警源选择为“报警事件”，排序为“最新的报警最先”，如图 8-13 所示。

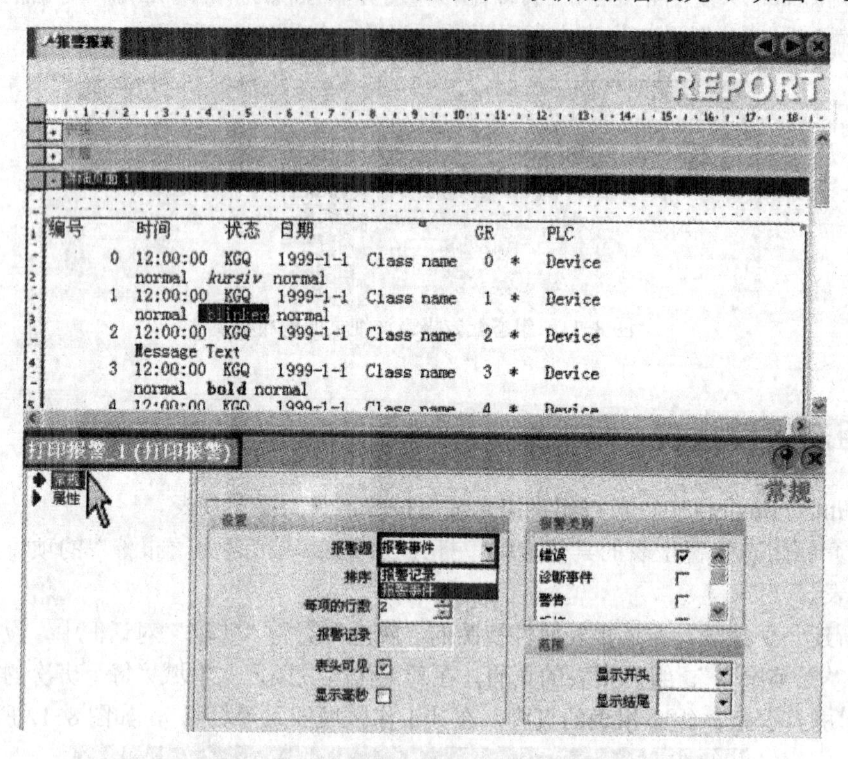

图 8-13　组态报警报表详细页面的常规属性

3）在报表的详细页面 1 中，“打印报警”对象属性视图中的“外观”对话框中，设置报警报表的文本颜色、背景色和背景的格式，以及是否使用边框等，如图 8-14 所示。

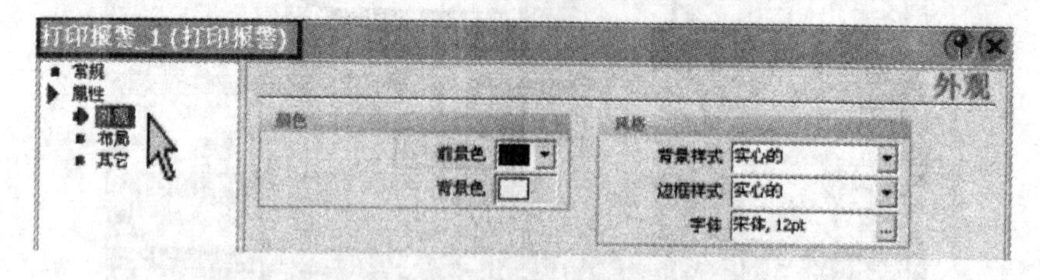

图 8-14　组态报警报表详细页面的外观属性

4）在报表的详细页面 1 中，“打印报警”对象属性视图中的“布局”对话框中，设置报警报表中所显示的元素等，如图 8-15 所示。

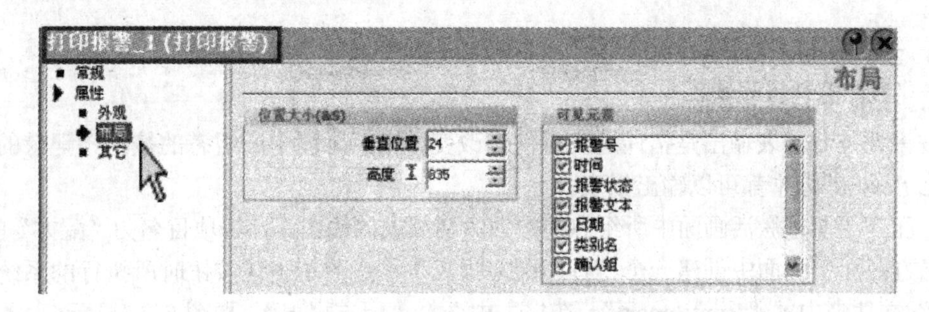

图 8-15 组态报警报表详细页面的布局属性

8.5 项目报表

在 WinCC flexible 中，可以组态用来输出项目的组态数据的项目报表，包括整个项目，或各组件，或单个（或多个）对象。例如，包含所用变量及其参数的项目报表。

执行菜单栏中“项目”中的“打印项目文档”命令，在出现的对话框中，用户可以组态需要打印的项目内容、封面页眉/页脚、封面样式和封面设置等，如图 8-16 所示。

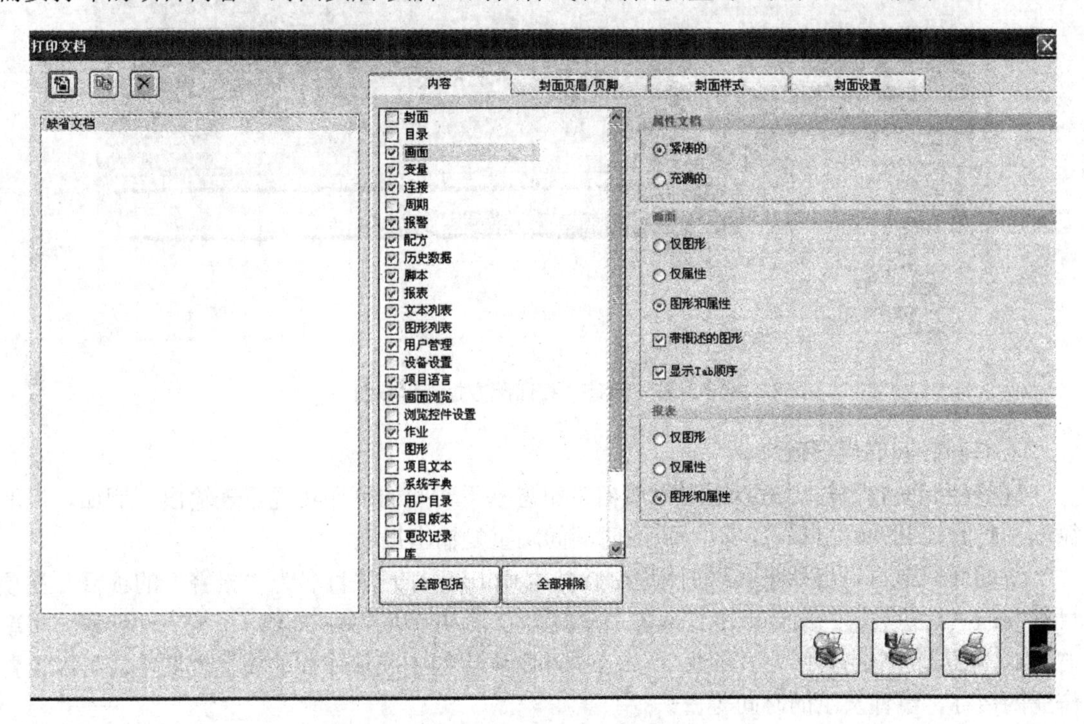

图 8-16 “打印项目报表”对话框

8.6 报表的输出

WinCC flexible 提供了以下两种方式来输出报表。

- 按事件控制报表输出。

● 时间控制报表输出。

1．按事件控制报表输出

按事件控制报表输出是指通过变量值的改变、激活画面中所组态的按钮、记录的溢出或 WinCC flexible 脚本都可以输出报表。

下面介绍通过激活画面中所组态的按钮激活报表的输出。打开项目名为“配方”的项目，在“配方画面”画面中创建一个“打印配方报表”按钮，单击该按钮时所执行的系统函数为“打印”文件夹中的“PrintReport”，在报表中选择“配方报表”，如图 8-17 所示。

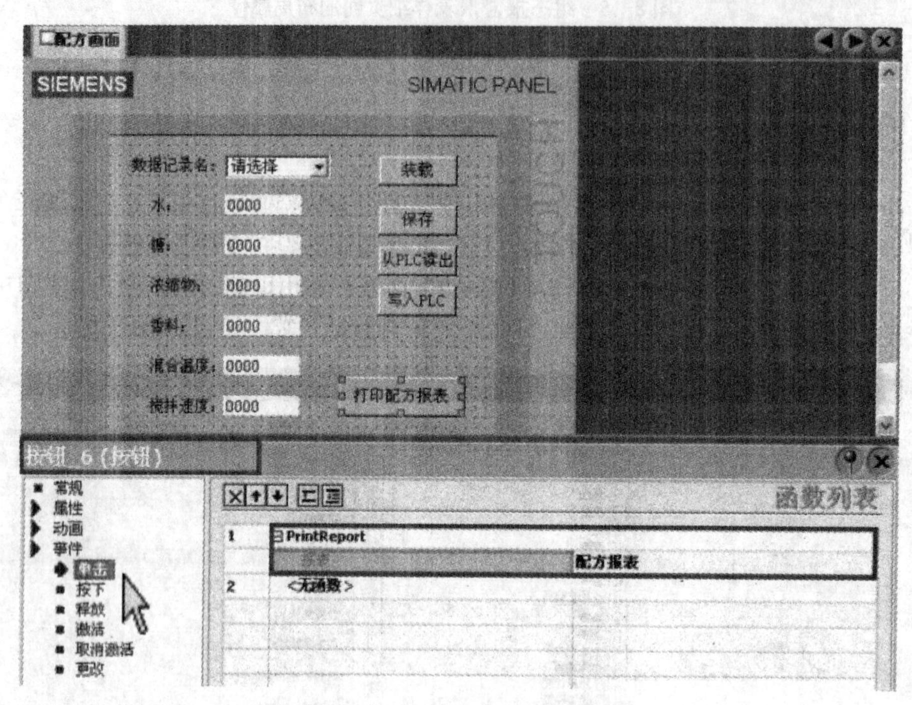

图 8-17　组态“打印配方报表”按钮

2．时间控制的报表输出

时间控制的报表输出是指通过调度器来组态基于时间的事件实现报表输出。例如，以非循环、时间控制的输出报表，以一定的时间间隔重复输出报表。

下面介绍通过调度器来实现时间控制的报表输出。打开项目名为“报警”的项目，在项目视图的“设备设置”文件夹中，双击“调度器”，打开调度器编辑器。系统自动创建一个新的作业，默认的作业名称为“作业_1”。在调动器编辑器中或该作业的属性视图中，可以设置作业的名称、事件发生的时间等。

基于时间的事件分为以下几种。

● 1 min：每分钟执行作业一次。
● 1 h：例如，作业在每个小时的第 40min 执行。
● 每日：例如，作业在每天的 12：00 执行。
● 每周：例如，作业在每个星期五的 12：00 执行。
● 每月：例如，在每月第 15 天的 12：00 开始。

在本例中，假设生产线分为两个班次，每天的 18：00 操作人员换班。换班时，需要打印该班次的报警报表。将该作业名称设置为“每个班次的报警报表”，事件设置为“每日”，每天在 18：00 时执行，在函数列表中选择系统函数为“打印”文件夹中的“PrintReport”，在报表中选择“报警报表”，如图 8-18 所示。

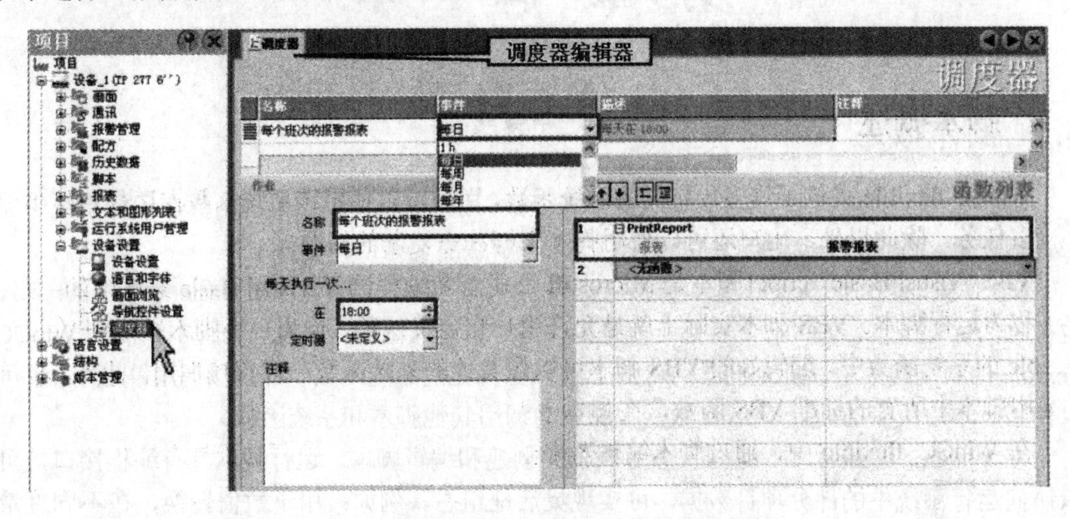

图 8-18　通过调度器来实现时间控制的报表输出

8.7　练习题

1．报表的作用是什么？
2．如何组态配方报表？
3．如何组态报警报表？
4．报表的输出有几种方法？分别是什么？

第9章 脚 本

9.1 脚本概述

WinCC flexible 提供了许多预定义的系统函数，用户可以使用该系统函数在运行系统中完成许多任务。除此以外，用户还可以使用脚本来解决更复杂的问题。

VBS（Visusl Basic Script）脚本是 Microsoft 公司著名编程语言 Visual Basic 家族中的一员，也被称为运行脚本。VBS 脚本实际上就是允许用户自定义函数，作为一个脚本添加到 WinCC flexible 的系统函数中。编辑好的 VBS 脚本可以像其他的系统函数一样直接调用。此外，也可以使用脚本中所有的标准 VBS 函数，在脚本中调用其他脚本和系统函数。

在 WinCC flexible 中，通过脚本编辑器来创建和编辑脚本。运行脚本具有编程接口，可以访问运行系统中的部分项目数据，可实现灵活地组态。例如：用于数值转换，在不同度量单位之间使用脚本来转换数值；用于生产过程的自动化，脚本可以通过将生产数据传送至 PLC 来控制生产过程。还可以使用返回值检查状态，必要时可以采用适当的方法。

9.2 脚本编辑器

1. 脚本的创建

在项目视图的“脚本”文件夹中，双击“添加脚本”，打开脚本编辑器。系统自动创建一个新的脚本，默认的脚本名称为“Script_1”，如图 9-1 所示。

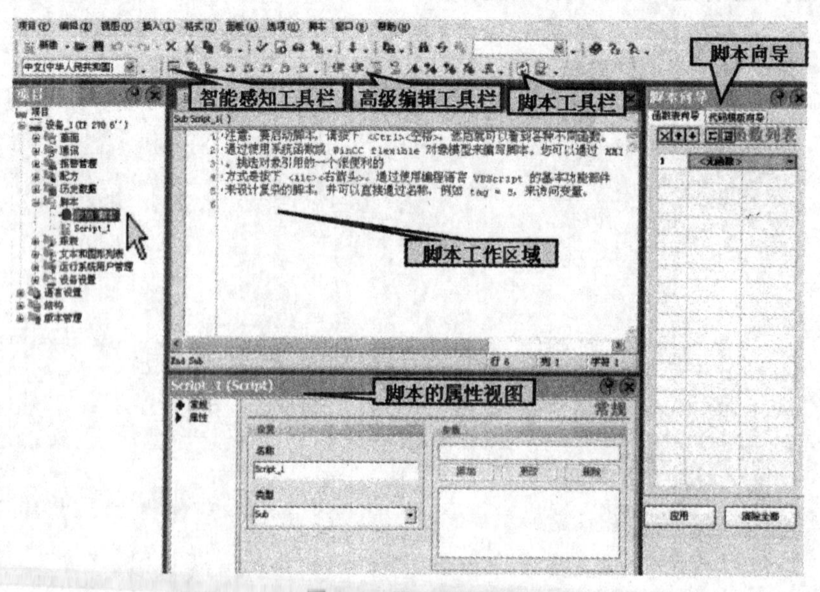

图 9-1 脚本编辑器

脚本编辑器中各区域的功能如下。

- 智能感知工具栏：用于显示选择列表的命令。例如，某对象模型下的所有对象、可用的系统函数或 VBS 常量。
- 高级编辑工具栏：包括 9 个按钮，分别是缩进和伸出代码、跳转到特定代码行、使用书签和注释代码按钮等。
- 脚本工具栏：用于同步对象和变量，以及用于检查脚本语法的命令。
- 脚本工作区域：在该区域中可创建和编辑脚本。
- 脚本的属性视图：在该属性视图中可对脚本进行组态。
- 脚本向导：可以像在函数列表中那样使用所分配的参数建立系统函数和脚本。已归档的系统函数和脚本也可以从脚本向导传送到激活的脚本中。这样，只需执行一次参数分配。如果已对某一事件组态了系统函数或脚本，那么可以通过复制和粘贴将其传送到脚本向导中。只有脚本中允许使用的系统函数才可在脚本向导中进行归档。如果通过复制和粘贴传送在脚本中不能使用的系统函数，则将对这些系统函数进行标记。

2. 脚本编辑器中的功能

（1）智能感知功能

当访问 VBS 对象模型下的对象（Object）、方法（Method）或属性（Property）时，由智能感知提供支持，所给对象具有的方法和属性可以从选择列表中选择，如图 9-2 所示。

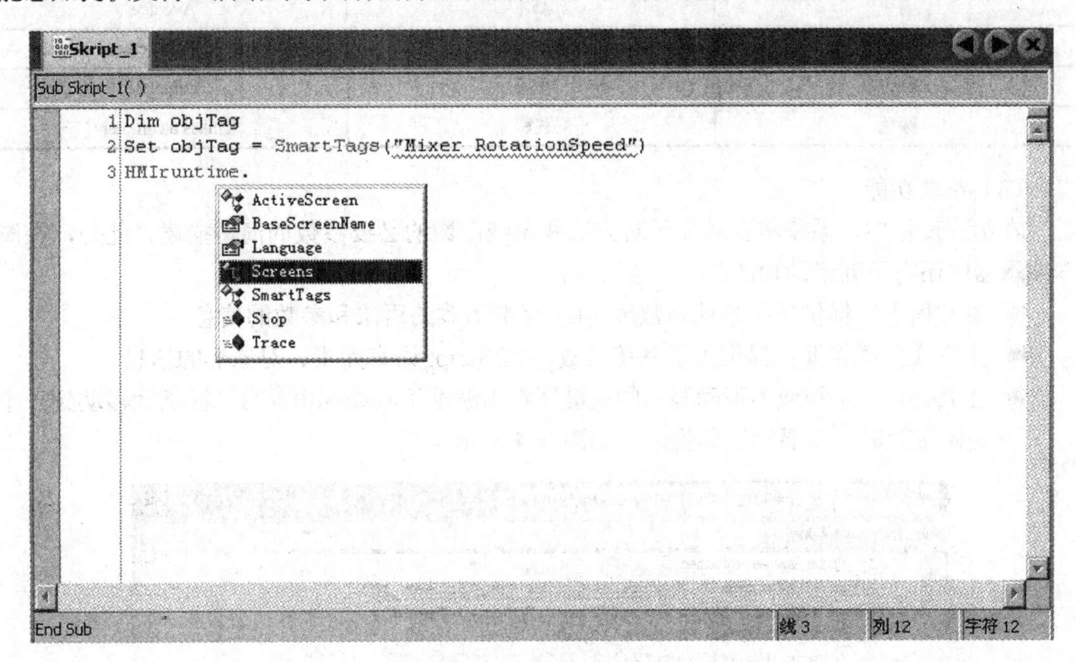

图 9-2　智能感知功能

（2）强调语法功能

在脚本编辑器中，关键字用不同的颜色着重标记。脚本编辑器识别出的对象将显示为粗体。而未知的单词则用红色波浪下画线标出，如图 9-3 所示。

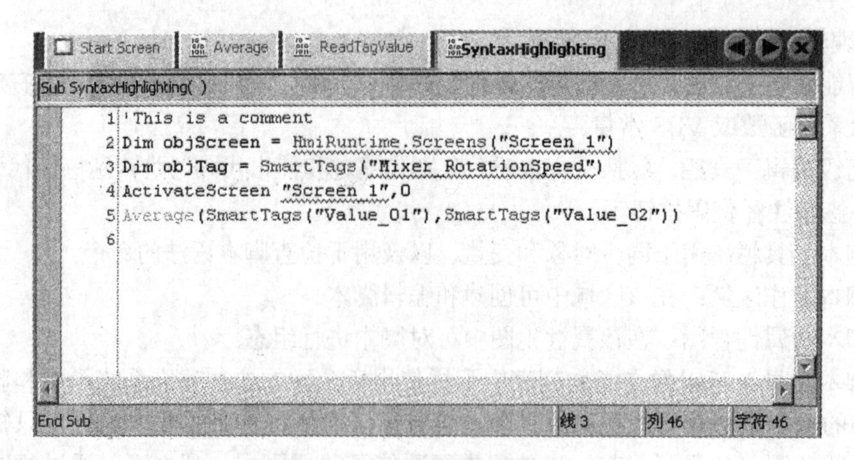

图 9-3　强调语法功能

表 9-1 显示了最重要关键字的预设颜色。

表 9-1　关键字的预设颜色

颜　色	含　义	实　例
蓝色	关键字（VBS）	Dim、If、Then
灰色	关键字（对象模块）	HmiRuntime
青色	脚本	Average
褐色	系统函数	ActivateScreen
红色	变量	Value_01
绿色	注释	"This is a comment"

（3）帮助功能

在编程过程中，系统将自动显示对方法和系统函数的必要参数的简短描述。此外，在脚本编辑器中还有下列帮助功能。

- 参数信息：提供关于系统函数或 VBS 标准函数的语法和参数的信息。
- 上下文关联帮助：提供关于系统函数、VBScript 语言元素、对象等的信息。
- 工具提示：未知或不正确写入的关键字将用波浪下画线标出。当鼠标指针移动到一个关键字上时，将显示工具提示，如图 9-4 所示。

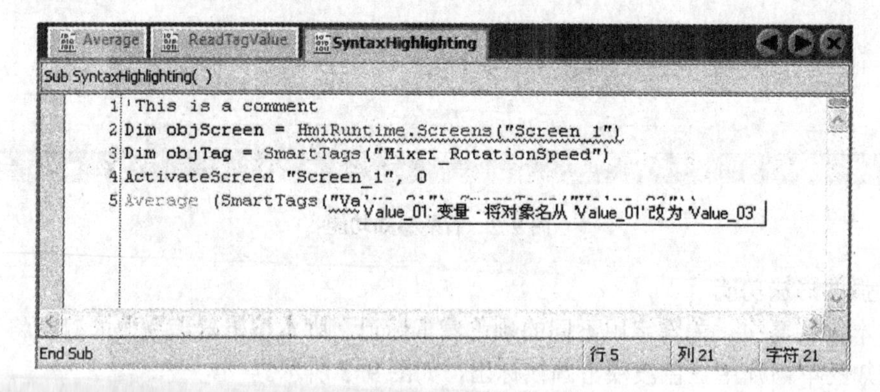

图 9-4　帮助功能

3．脚本编辑器的设置

执行菜单“选项”中的“设置”命令，在出现的对话框中，可以设置脚本编辑器。

（1）编辑器选项

为了改变编辑器设置，单击“脚本编辑器”文件夹中的“编辑器选项”，利用复选框来进行设置，如图 9-5 所示。

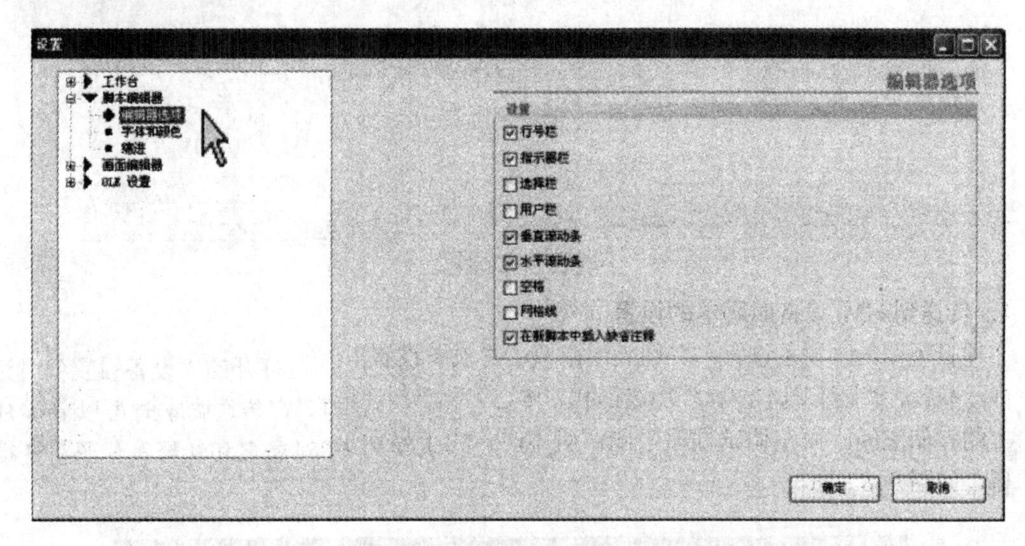

图 9-5　改变编辑器选项

（2）字体和颜色

单击“脚本编辑器”文件夹中的“字体和颜色”，可以选择需要改变的文本元素，设置其字体大小和颜色，如图 9-6 所示。例如，修改注释的预设颜色。

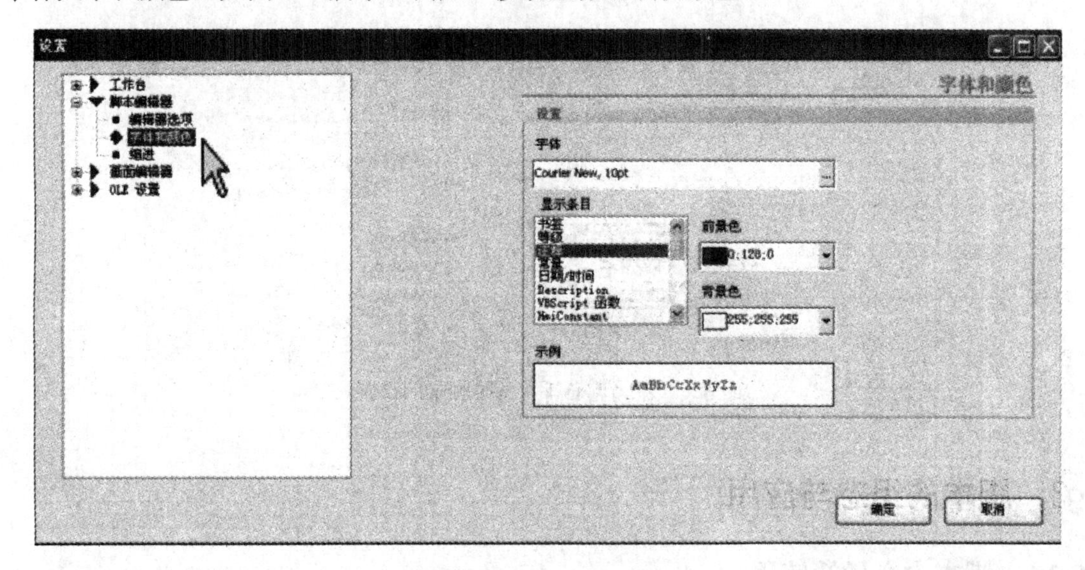

图 9-6　改变字体和颜色

（3）缩进

单击“脚本编辑器”文件夹中的“缩进”，可以改变缩进和制表符的位置，如图 9-7 所示。

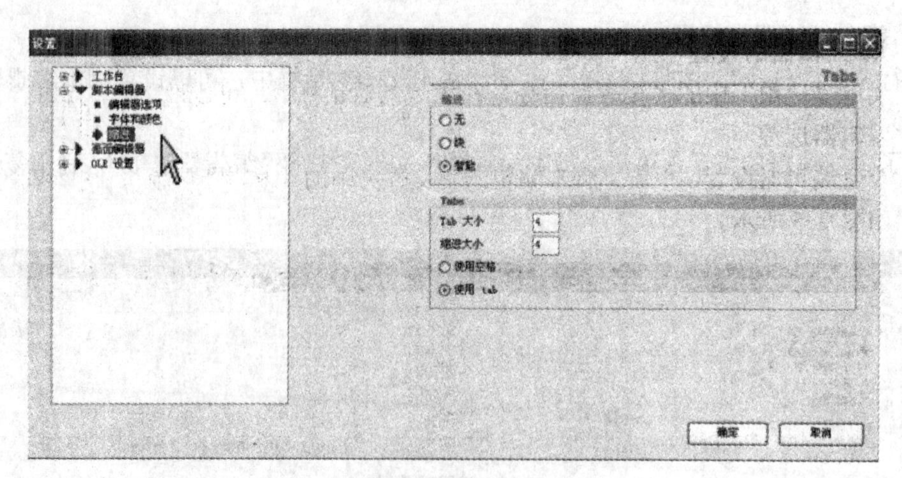

图 9-7　改变缩进

4．传送到 HMI 设备时脚本的设置

在项目视图的“设备设置”文件夹中，双击“设备设置”，在打开的“设备设置”对话框中，如果不激活“显示脚本注释”复选框和“传送名称”复选框，在传送脚本时可以节省 HMI 设备上的存储空间。而在调试程序中测试脚本时，由于显示了对象名和注释，代码将变得更为清晰，如图 9-8 所示。

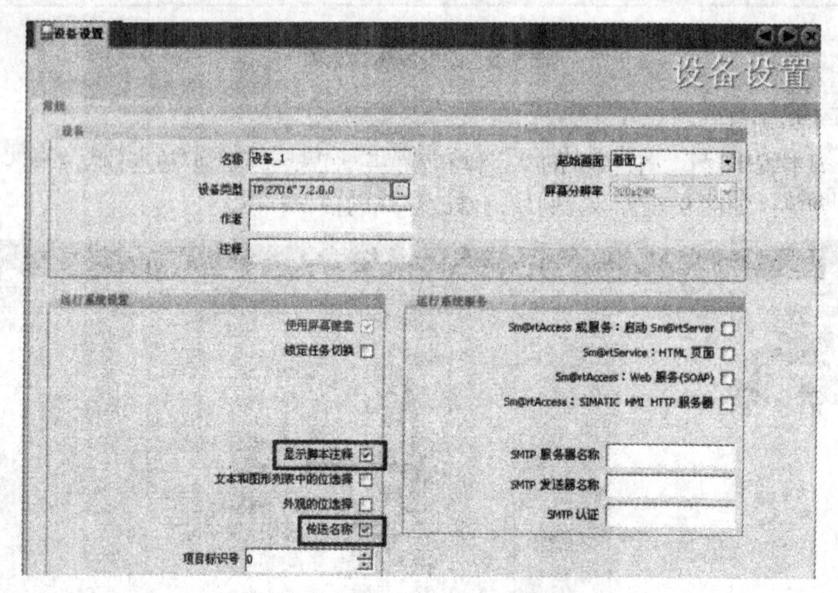

图 9-8　传送到 HMI 设备时脚本的设置

9.3　脚本的组态与应用

9.3.1　脚本中变量的使用

1．访问项目变量

在脚本中可以访问在变量编辑器中所创建的两种项目变量，即外部变量和内部变量。变量值可以在运行时读取或改变。在脚本工作区域，可以使用拖放功能将项目变量从“对象”窗口拖出，直接放入脚本中相应的代码行中；或按下智能感知工具栏中的“列出对象”按钮，在弹出的“变量”对话框中进行选择，如图 9-9 所示。

如果项目中的变量名称符合 VBS 名称规定，则变量可以直接在脚本中使用，否则必须在变量名称之间添加 SmartTags 标签，如图 9-9 所示。

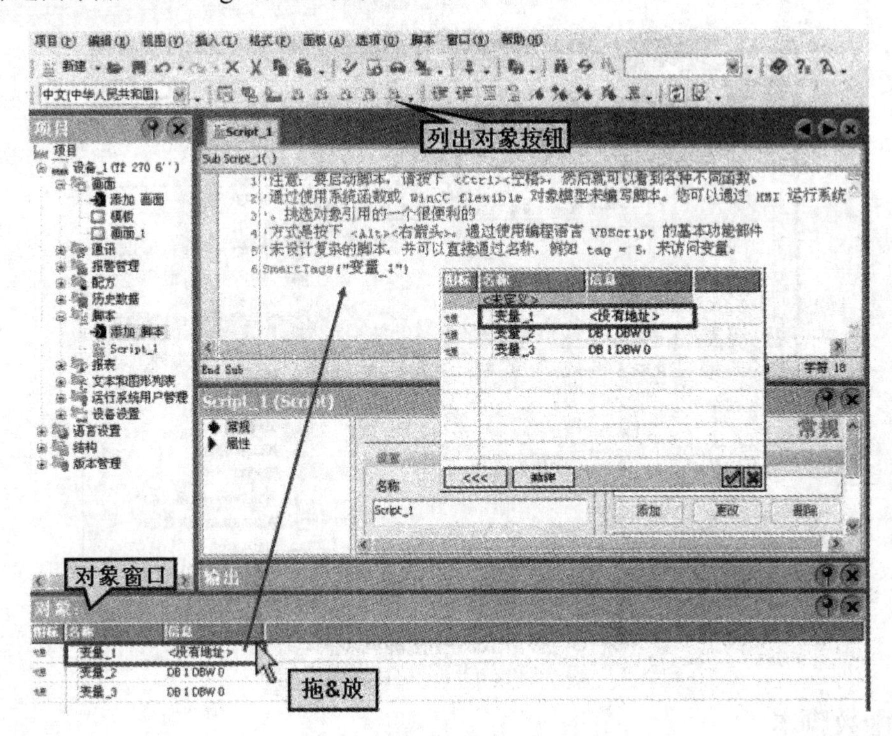

图 9-9　在脚本中使用项目变量

2．访问局部变量

在脚本中，除了可以访问项目变量以外，还可以像其他高级语言（C、VB、VC）一样定义自己的局部变量。局部变量只能在脚本中使用，与项目无关，不会出现在项目中的变量编辑器中。

在脚本编辑器中使用 Dim 语句定义局部变量。例如：

- Dim A：声明一个变量。
- Dim A（9）：声明一个包含 10 个元素的数组。
- Dim A()：声明一个动态数组。
- Dim X，Y：声明两个变量，分别为 X 和 Y。

此外，Dim 语句还可以使用在 For 循环语句中。例如：

```
Dim X
For X=1 to 100
Next
```

3．变量的同步

在 WinCC flexible 中，对变量名称的修改将会影响到整个项目。在脚本编辑器中变量的改变被称为“同步”。例如，在变量编辑器中将“变量_1”的名称改为“变量 1”，则在脚本编辑器中将会看到原代码中“变量_1”的名称下方出现蓝色波浪下画线。这时，进行编译不会出现错误信息和警告信息，但会影响运行。当光标放在蓝色波浪下画线处时，将出现相应的提示。单击鼠标右键，在弹出的快捷菜单中选择“同步”命令，则系统自动对其进行更改，如图 9-10 所示。

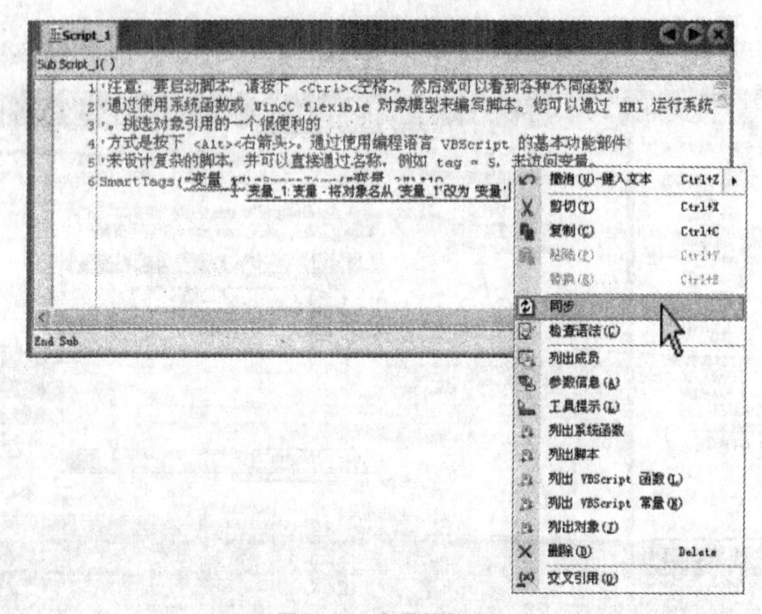

图 9-10　变量的同步

9.3.2　函数脚本

下面以一个实例来介绍函数脚本的应用，该函数脚本可以求出任意 3 个整数的平均值，即 average=（number1+number2+number3）/3。

新建一个项目，选择 HMI 设备为 TP 270 6" Touch。生成和打开名为“函数脚本”的画面，并将其定义为起始画面。在变量表中创建以下变量，见表 9-2。

表 9-2　变量表

变 量 名 称	数 据 类 型	地　址
变量_1	Int	DB0.DBW0
变量_2	Int	DB0.DBW2
变量_3	Int	DB0.DBW4
Out	Int	DB0.DBW6

1．创建组态脚本

在项目视图的“脚本”文件夹中，双击“添加脚本”，打开脚本编辑器。系统自动创建一个新的脚本，在其属性视图的“常规”类对话框中，将其名称设置为“average”，如图 9-11 所示。需要注意的是，脚本名称的第一个字符必须是字母，后面的字符必须是字母、数字或下画线，不能使用汉字来命名。

在其属性视图的“常规”对话框中，设置该脚本的类型为“函数”，如图9-11所示。脚本有两种类型，分别是“Sub（子程序）”和“函数”。函数类型的脚本有一个返回值。子程序类型的脚本没有返回值，作为“过程”使用。

在其属性视图的“常规”对话框的“参数”文本框中，输入函数脚本的参数名称“number1”，单击“添加”按钮。使用同样的方法，添加参数“number2”和“number3”，如图9-11所示。需要注意的是，脚本参数名称的第一个字符必须是字母，后面的字符必须是字母、数字或下画线，不能使用汉字来命名。

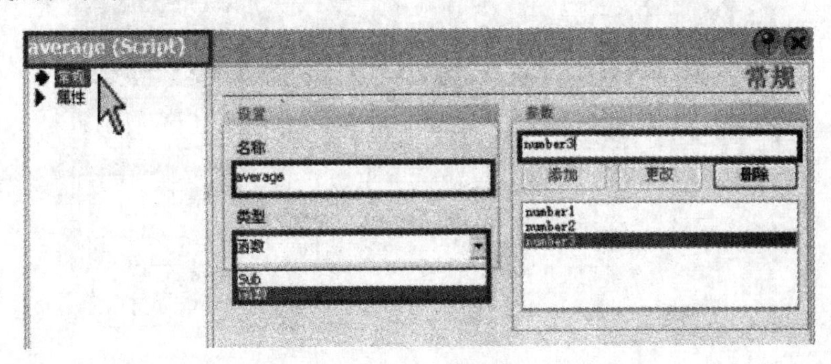

图9-11　脚本的“常规”对话框

2. 编写脚本代码

在脚本的工作区域编写脚本代码，如图9-12所示。

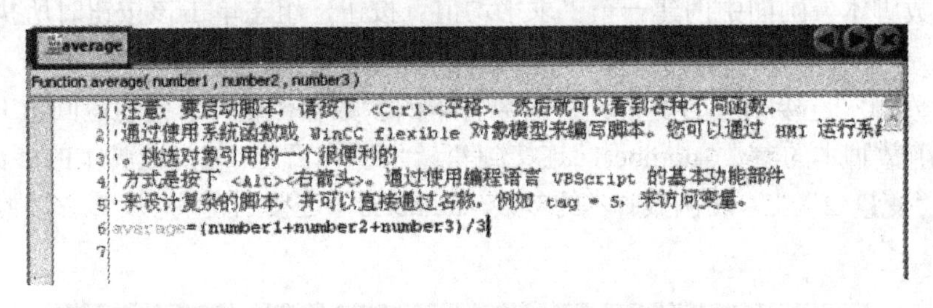

图9-12　函数脚本的代码

脚本组态结束后，在函数列表中将会出现新生成的脚本average，如图9-13所示。

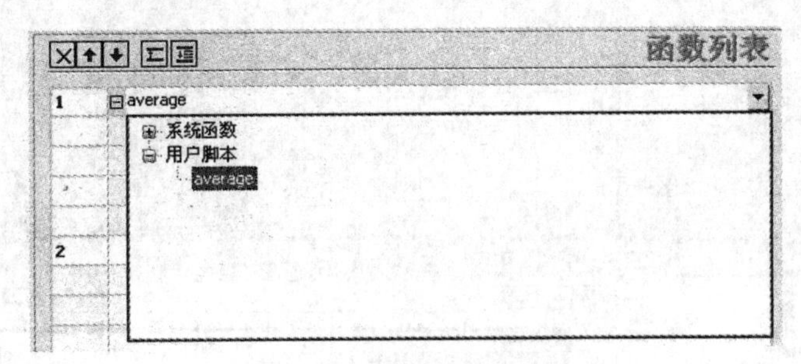

图9-13　函数列表中的脚本

3. 组态“函数脚本”画面

在“函数脚本”画面中组态4个文本域和4个I/O域。这4个I/O域分别与变量表中的4个变量相连接，其“模式”都设置为“输入/输出”，“格式类型”设置为“十进制”，“格式样式”设置为“999”，如图 9-14 所示。

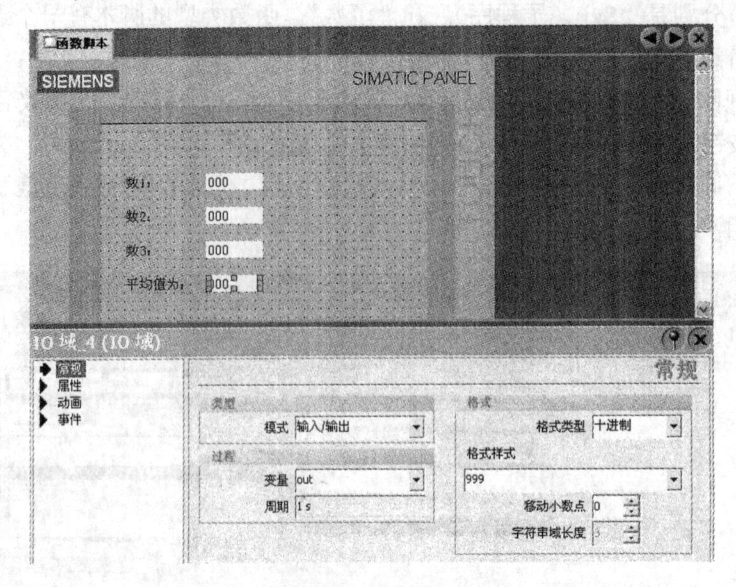

图 9-14 “函数脚本”画面的组态（一）

4．组态触发脚本执行的事件

当单击“求平均值”按钮时调用函数脚本，其组态过程如下。

在“函数脚本”画面中创建一个“求平均值”按钮，组态单击该按钮时所执行的函数，选择“average”，如图 9-15 所示。

为该函数脚本连接相应的变量。将函数脚本的参数输出值（函数的返回值）连接到变量“out”上，将函数脚本的参数“number1”连接到变量“变量_1”上，将函数脚本的参数“number2”连接到变量“变量_2”上，将函数脚本的参数“number3”连接到变量“变量_3”上，如图 9-15 所示。

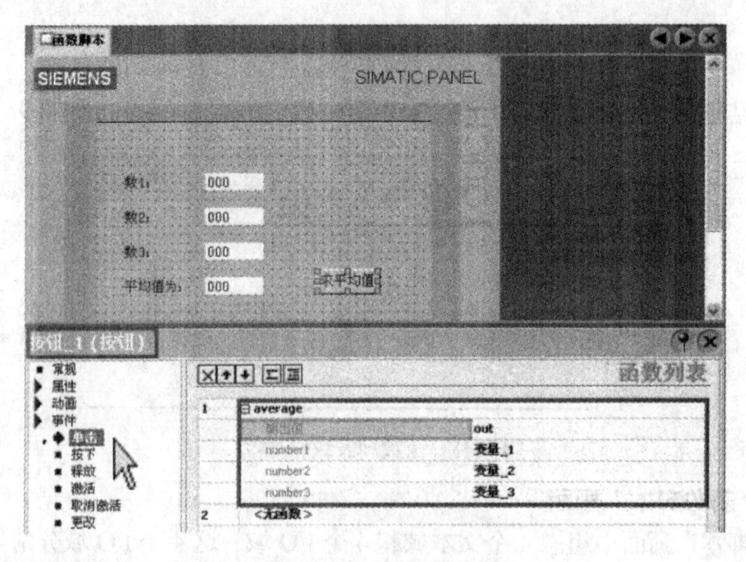

图 9-15 “函数脚本”画面的组态（二）

5．离线模拟运行

单击 WinCC flexible 工具栏中的 按钮，启动带模拟器的运行系统，开始离线模拟运行。在“数 1:”、“数 2:”和“数 3:”文本框中输入不同的数值，单击“求平均值”按钮后，将在“平均值为:”文本框中显示出这 3 个数的平均值，如图 9-16 所示。

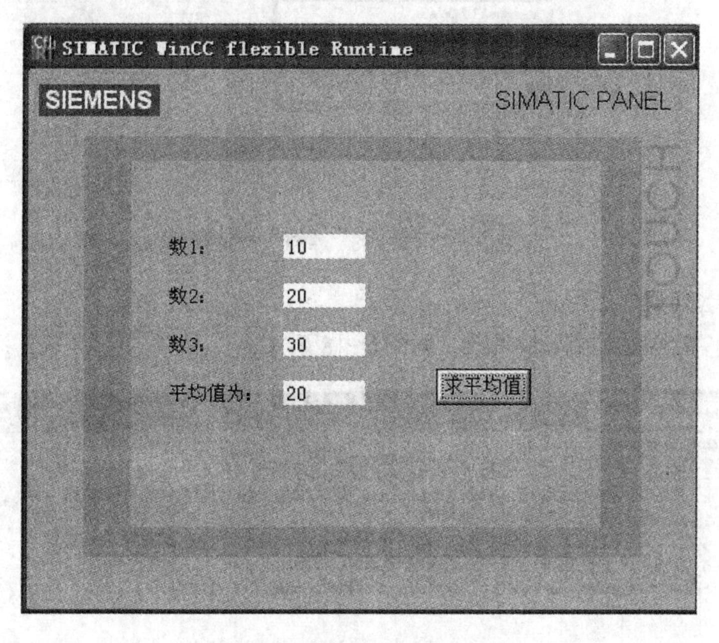

图 9-16　函数脚本的运行结果

9.3.3　子程序脚本

子程序脚本与函数脚本的区别是子程序脚本没有返回值。

下面以一个实例来介绍子程序脚本的应用，该子程序脚本可以实现华氏（Fahrenheit）温度与摄氏（Celsius）温度的转换。该转换公式如下：

$$Celsius = (Fahrenheit-32)\times(5/9) \tag{9-1}$$

生成和打开名为“子程序脚本”的画面，并将其定义为起始画面。在变量表中创建以下变量，见表 9-3。

表 9-3　变量表

变 量 名 称	数 据 类 型	地　址
Fahrenheit	Real	DB0.DBD8
Celsius	Real	DB0.DBD12

1．创建组态脚本

在项目视图的“脚本”文件夹中，双击“添加脚本”，打开脚本编辑器。系统自动创建一个新的脚本，在其属性视图的“常规”对话框中，在“名称”文本框中输入“Fahrenheit to Celsius”，在“类型”下拉列表框中选择“Sub”，如图 9-17 所示。

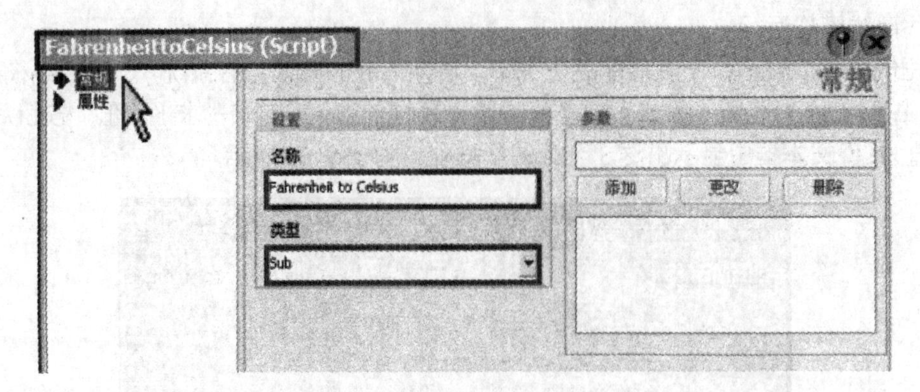

图 9-17　脚本的“常规”对话框

2．编写脚本代码

在脚本的工作区域编写脚本代码，如图 9-18 所示。

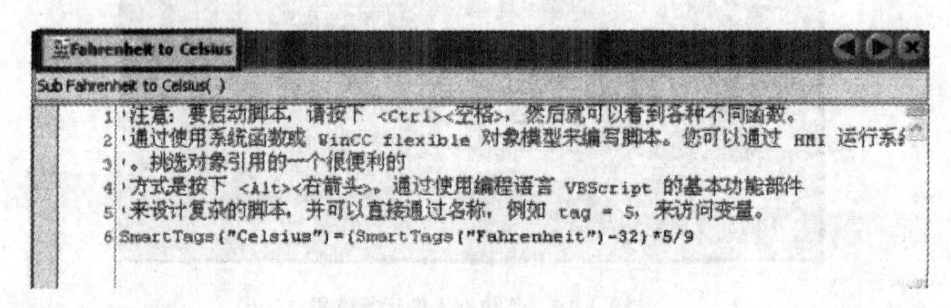

图 9-18　函数脚本的代码

脚本组态结束后，在函数列表中将会出现新生成的脚本“Fahrenheit to Celsius”，如图 9-19 所示。

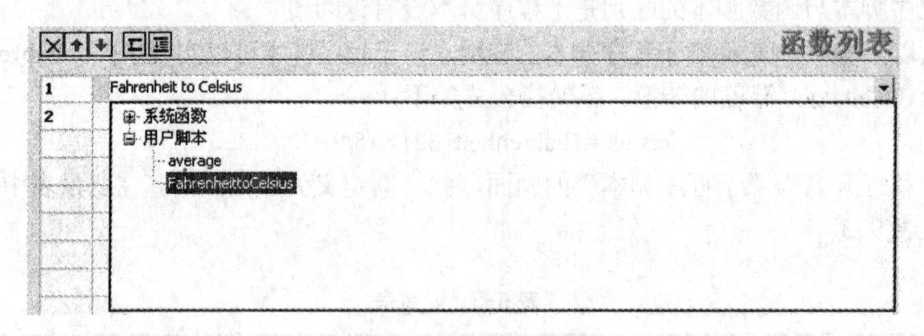

图 9-19　函数列表中的脚本

3．组态“子程序脚本”画面

在“子程序脚本”画面中组态两个文本域和两个 I/O 域。“华氏温度”I/O 域与变量表中的变量“Fahrenheit”相连接，将其“模式”都设置为“输入/输出”，“格式类型”设置为“十进制”，“格式样式”设置为“999”；“摄氏温度”I/O 域与变量表中的变量“Celsius”相连接，将其“模式”都设置为“输出”，“格式类型”设置为“十进制”，“格式样式”设置为“999”，如图 9-20 所示。

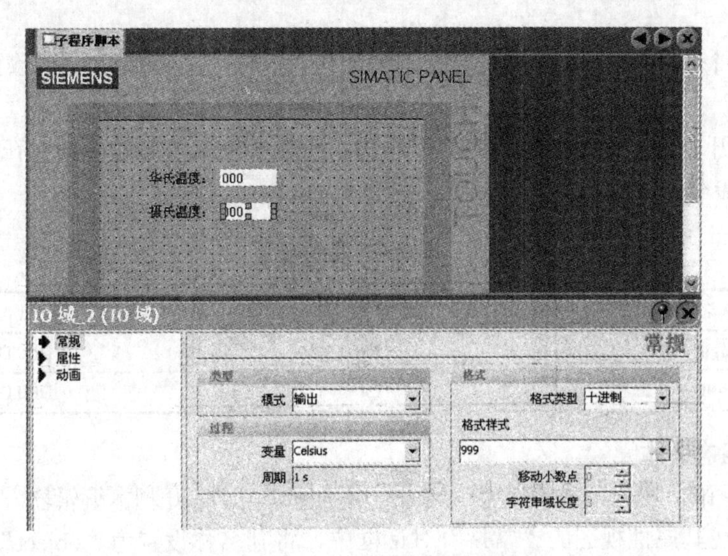

图 9-20 “子程序脚本”画面的组态

4．组态触发脚本执行的事件

在变量“Fahrenheit”的值发生变化时调用子程序脚本，其组态过程如下。

打开变量编辑器，选中变量“Fahrenheit”，在其属性视图的“事件”类的“更改数值”对话框中，组态其函数，选择子程序脚本“Fahrenheit to Celsius”，如图 9-21 所示。

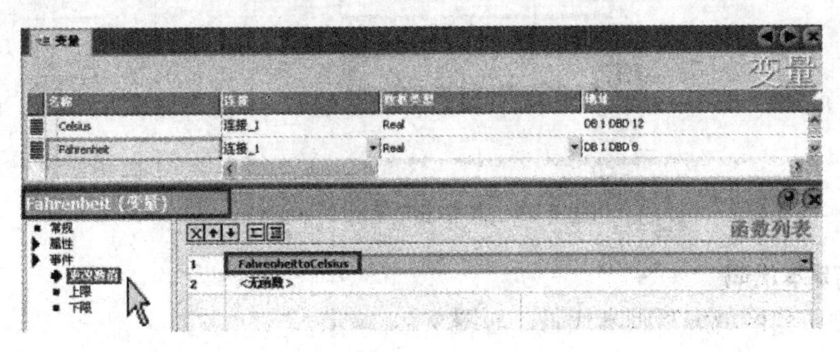

图 9-21 组态调用子程序脚本

5．离线模拟运行

单击 WinCC flexible 工具栏中的按钮，启动带模拟器的运行系统，开始离线模拟运行，其运行结果如图 9-22 所示。当输入一个华氏温度值后，在“摄氏温度”文本框中将显示出对应的摄氏温度值。

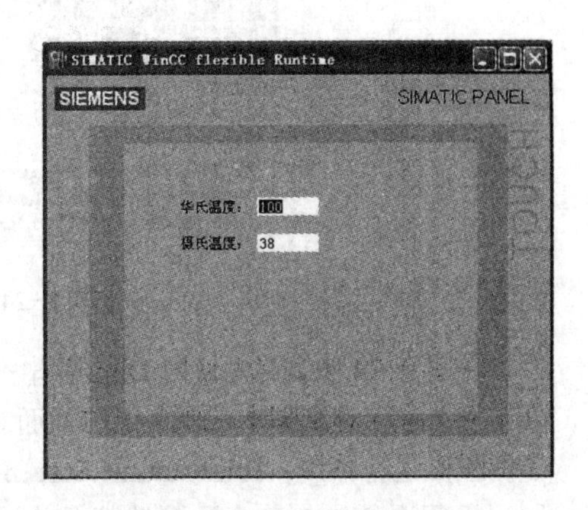

图 9-22 子程序脚本的运行结果

9.3.4 运行对象脚本

在 WinCC flexible 的脚本中，用户除了可以访问项目变量之外，还可以访问更多项目中的对象，并采用特定的方法对某个对象的属性进行控制。

下面以一个实例来介绍运行对象脚本的应用，该运行对象脚本可以改变画面中矩形的大小。

生成和打开名为“运行对象脚本”的画面，并将其定义为起始画面。在变量表中创建以下变量，见表 9-4。

表 9-4 变量表

变量名称	数据类型	地址
Height	Int	DB0.DBW16
Width	Int	DB0.DBW18

1. 创建组态脚本

在项目视图的“脚本”文件夹中，双击“添加脚本”，打开脚本编辑器。系统自动创建一个新的脚本，在其属性视图的“常规”对话框中，将其名称设置为“object”，设置该脚本的类型为“Sub”，如图 9-23 所示。

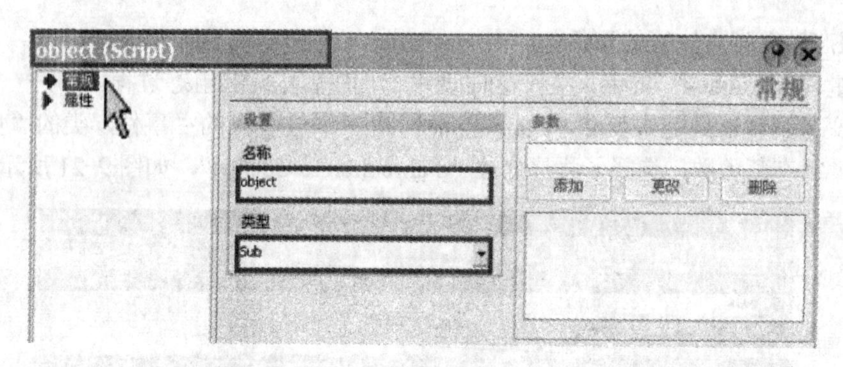

图 9-23 脚本的“常规”对话框

2. 编写脚本代码

在脚本的工作区域编写脚本代码，如图 9-24 所示。

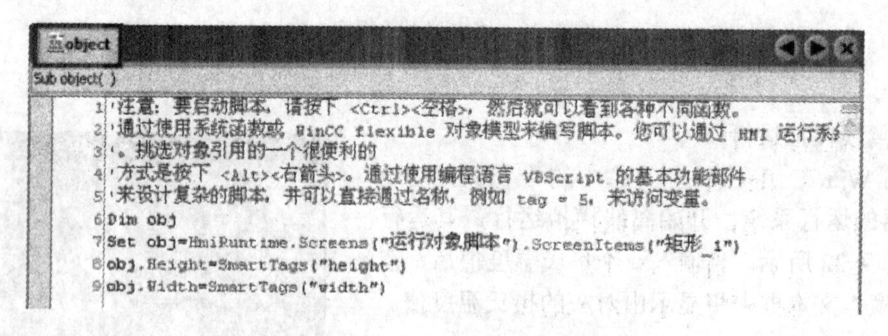

图 9-24 运行对象脚本的代码

在图 9-24 中，首先使用 Dim 语句声明一个局部变量 obj，用于该脚本内部。然后使用 Set 语句将“运行对象脚本”画面中的画面对象“矩形_1”的参数赋给局部变量 obj。HmiRuntime 是指图形运行系统；HmiRuntime.Screens 是指图形运行系统中的某个画面；ScreenItems 是指图形运行系统中的某个画面的某个画面对象。最后，设置该矩形的长度参数，赋值为变量

"height"；设置该矩形的宽度参数，赋值为变量"width"，通过 SmartTags 标签来实现。

脚本组态结束后，在函数列表中将会出现新生成的脚本"object"，如图 9-25 所示。

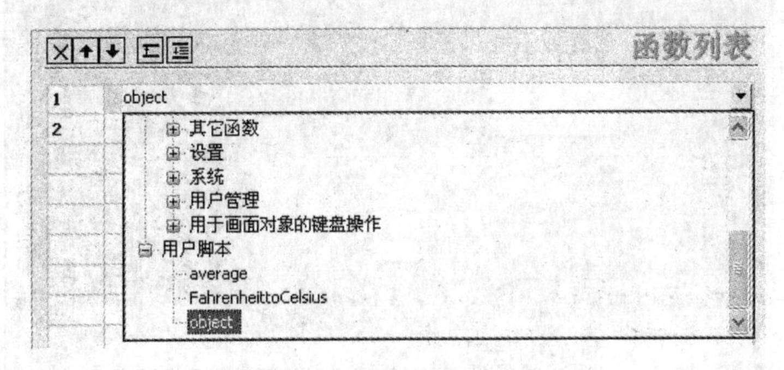

图 9-25 函数列表中的脚本

3．组态"运行对象脚本"画面

在"运行对象脚本"画面中组态一个矩形对象、两个文本域和两个 I/O 域。"长度"I/O 域与变量表中的变量"Height"相连接，"宽度"I/O 域与变量表中的变量"Width"相连接，将其"模式"都设置为"输入/输出"，"格式类型"设置为"十进制"，"格式样式"设置为"999"，如图 9-26 所示。

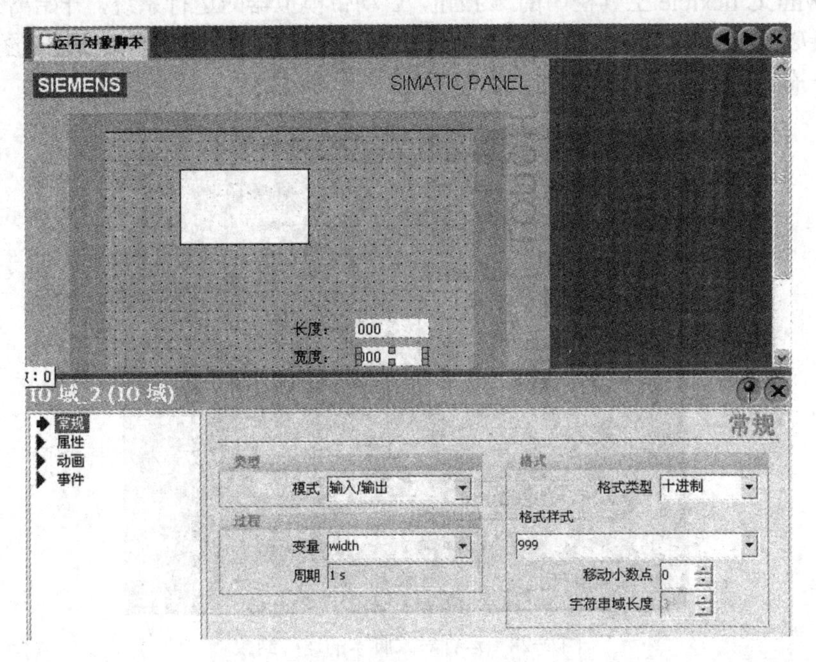

图 9-26 "运行对象脚本"画面的组态

4．组态触发脚本执行的事件

当单击"改变矩形的大小"按钮时调用运行对象脚本，其组态过程如下。

在"运行对象脚本"画面中创建一个"改变矩形的大小"按钮，组态单击该按钮时所执行的函数，选择"object"，如图 9-27 所示。

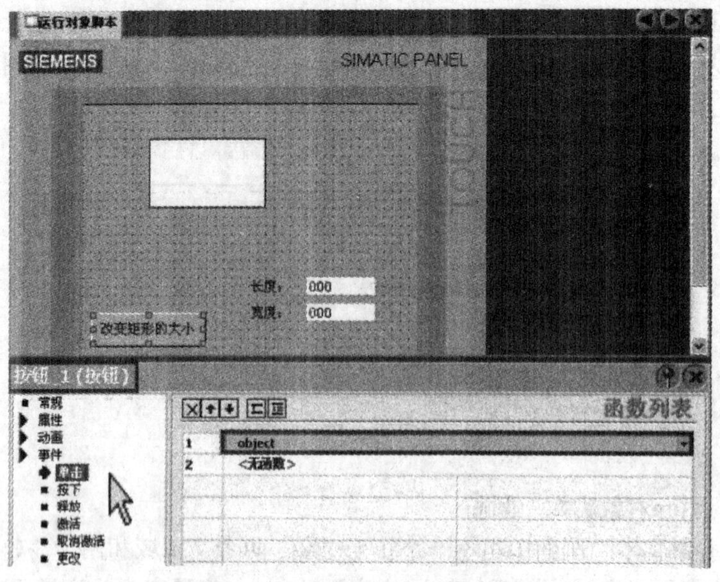

图 9-27　组态调用运行对象脚本

5. 离线模拟运行

单击 WinCC flexible 工具栏中的按钮，启动带模拟器的运行系统，开始离线模拟运行，其运行结果如图 9-28 所示。当输入不同的长度值与宽度值后，单击“改变矩形的大小”按钮，画面中的矩形的大小随输入数值的大小而变化。

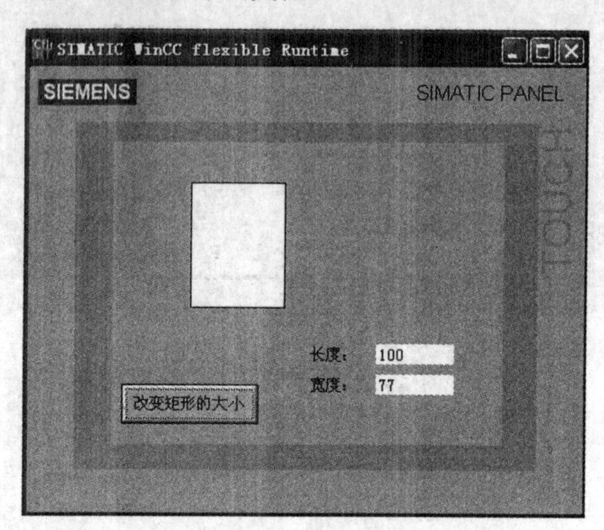

图 9-28　运行对象脚本的运行结果

9.4 练习题

1. 如何组态函数脚本？
2. 如何组态子程序脚本？
3. 如何组态运行对象脚本？

第 10 章　多语言项目

10.1　多语言项目概述

由于世界经济的发展，某些产品将被销往世界上多个国家和地区。在 WinCC flexible 中，可以组态多语言项目，在多个国家使用同一个项目。在调试 HMI 设备时，仅相应工程现场处操作员使用的语言被传送到 HMI 设备。

由于世界文化的交流，工厂企业中将会有许多不同国籍的员工共同工作生活。多语言项目可以将该项目提供给使用不同语言的操作员。HMI 设备的用户界面是多语言的，用户可以根据需要进行语言切换。

在 WinCC flexible 中，多语言项目中的语言可以分为用户界面语言和项目语言两种。

1．用户界面语言

在组态期间，在 WinCC flexible 菜单和对话框中显示的是用户界面语言。执行“选项”菜单中的“设置”命令，在出现的对话框中，单击“工作台”中的“用户界面语言”来设置用户界面语言，如图 10-1 所示。在安装 WinCC flexible 时，可以选择需要的用户语言。如果安装了几种语言，可以切换它们。

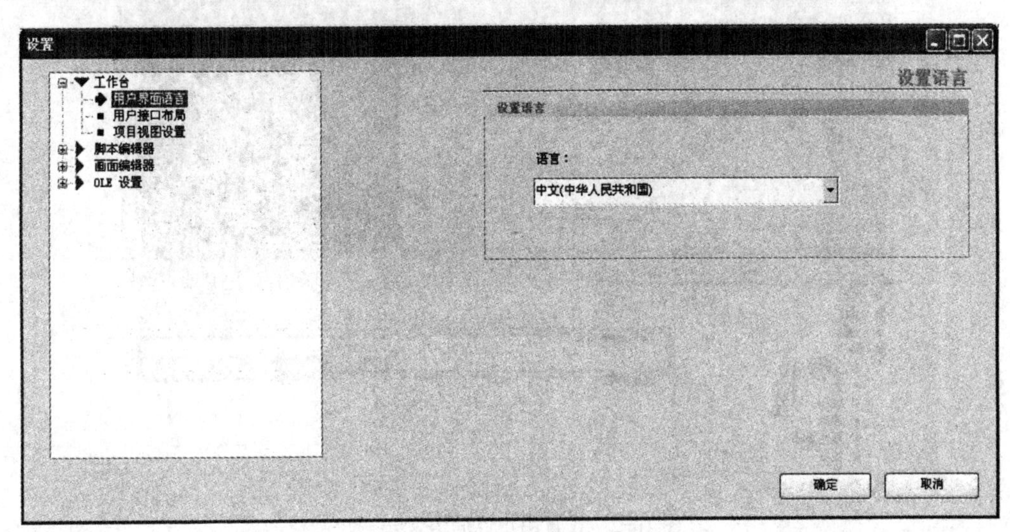

图 10-1　设置用户界面语言（一）

2．项目语言

项目语言分为参考语言、编辑语言和运行语言 3 种。

- 参考语言：最初用来组态项目的语言。在组态期间，选择一种项目语言作为参考语言。使用参考语言作为翻译的模板。先用参考语言创建项目的所有文本，然后进行翻译。

翻译文本时，可同时使用参考语言显示文本。

- 编辑语言：用编辑语言创建文本的译文。一旦用参考语言创建了项目，就可将文本翻译为其他的项目语言。为此，选择一种项目语言作为编辑语言，并编辑该语言的文本。用户可以在任何时候改变编辑语言。
- 运行语言：传送到 HMI 设备的项目语言。用户可根据项目要求，决定将哪些项目语言传送到 HMI 设备。必须提供合适的操作员控制单元，以便运行时操作员可在语言之间进行切换。

10.2 组态多语言项目

下面介绍多语言项目的组态过程，使其可以在中文与英文之间进行语言切换。新建一个项目，选择 HMI 设备为 TP 270 6" Touch。生成和打开名为“画面_1”的画面，并将其定义为起始画面。

1．使用中文创建项目及其画面对象

在画面_1 中放入一个文本域，设置为“多语言项目”；放入一个按钮，其显示为“切换语言”，组态单击该按钮时所执行的系统函数。选择的系统函数为“设置”文件夹中的函数“SetLanguage”，将“语言”栏设置为“Toggle（切换至下一语言）”，如图 10-2 所示。

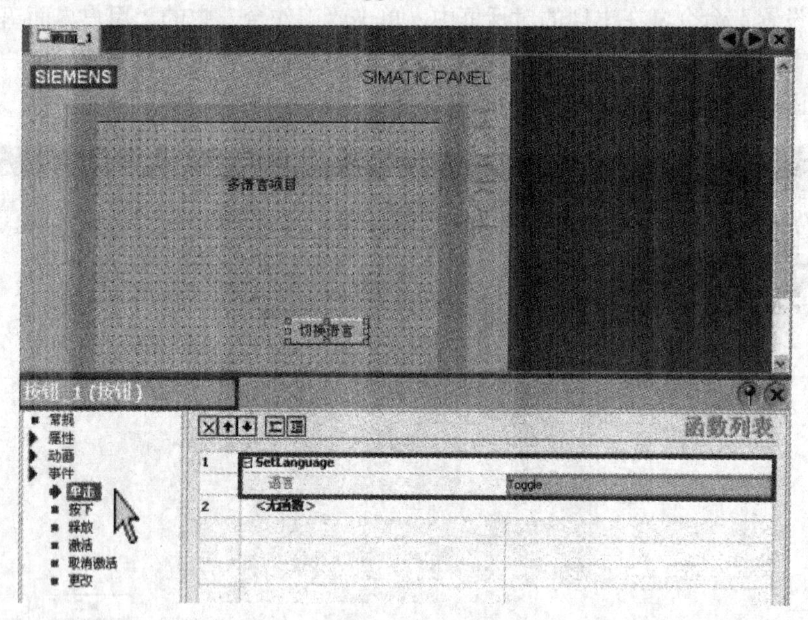

图 10-2 设置用户界面语言（二）

2．设置参考语言和编辑语言

在项目视图的“语言设置”文件夹中，双击“项目语言”，打开项目语言编辑器。在项目语言编辑器中，添加英语为项目语言，设置英语为编辑语言，设置中文为参考语言，如图 10-3 所示。

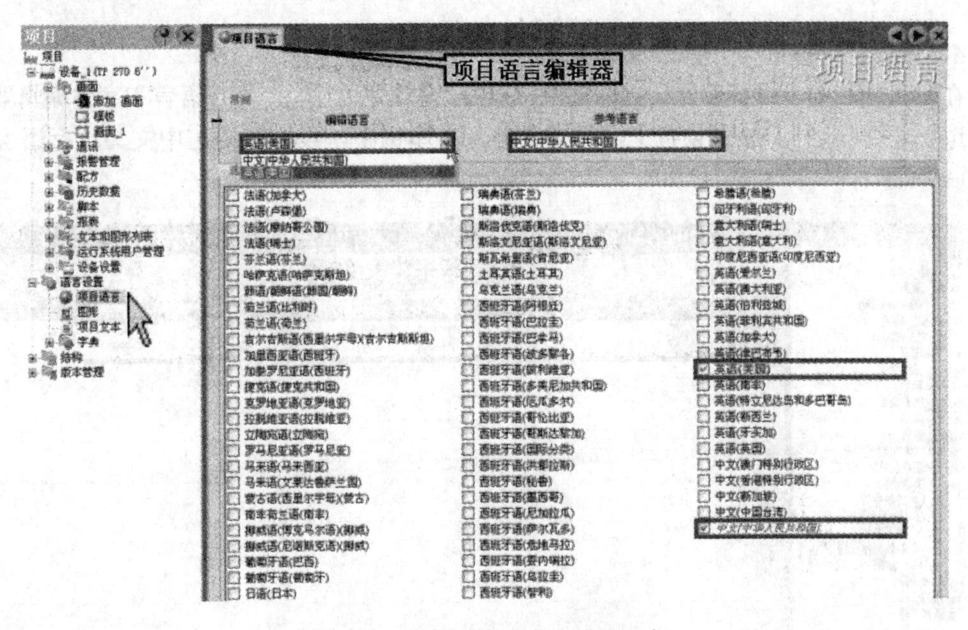

图 10-3　设置参考语言和编辑语言

3. 输入多语言的项目文本

将英语设置为编辑语言，中文设置为参考语言后，打开“画面_1”，这时需要重新输入在“文本域”和“按钮”中显示的文本。为了方便输入，执行菜单“视图”中的“引用文本”命令，打开“引用文本”窗口，在该窗口显示的是用参考语言显示的项目文本，可以作为翻译的源文本。根据引用文本窗口的显示，在“文本域”和“按钮”中输入相应的英文，如图 10-4 所示。

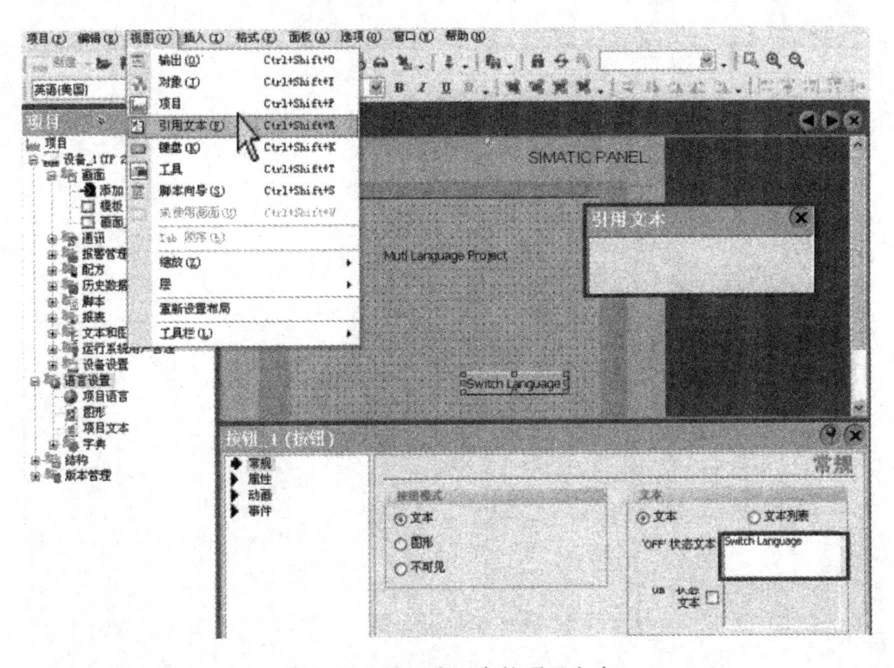

图 10-4　输入多语言的项目文本

4．设置运行语言

在项目视图的“设备设置”文件夹中，双击“语言和字体”，打开语言和字体编辑器，在其中选择将要传送到 HMI 设备上运行的语言。在本例中，设置英语与中文为运行语言，如图 10-5 所示。

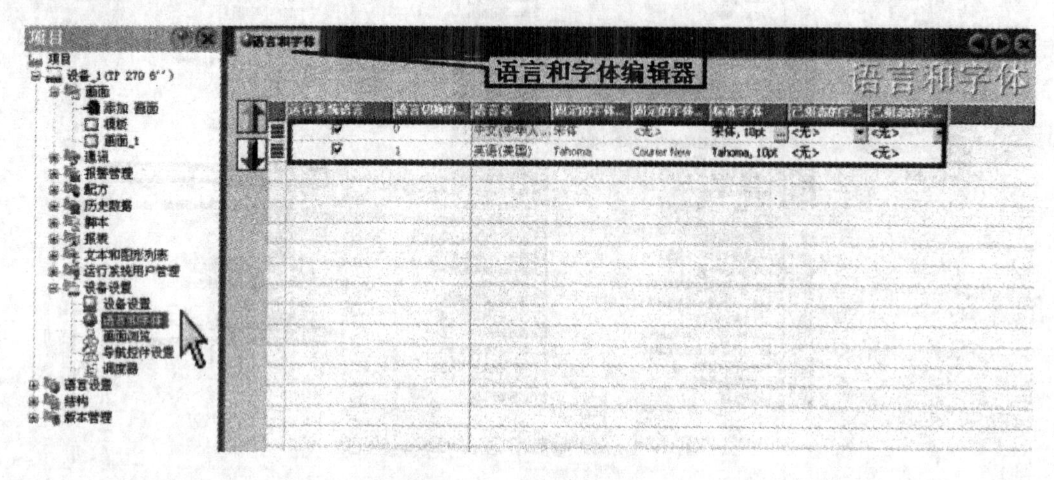

图 10-5　设置运行语言

10.3　练习题

1．多语言项目的应用场合是什么？

2．如何组态多语言项目？

参 考 文 献

[1] 西门子公司. HMI 设备 TP177A、TP117B、OP177B（WinCC flexible）操作手册.

[2] 西门子公司. HMI 设备 TP270、OP270\MB270B（WinCC flexible）操作手册.

[3] 西门子公司. HMI 设备 MB370B（WinCC flexible）操作手册.

[4] 西门子公司. WinCC flexible2007 操作手册.

[5] 廖常初. 西门子人机界面（触摸屏）级态与应用技术[M]. 北京：机械工业出版社，2007.

[6] 陈瑞阳. 西门子工业自动化项目设计实践[M]. 北京：机械工业出版社，2009.